W0263413

Muser · Drings **Baunutzungskosten**

Baunutzungskosten

DIN 18 960

**Erfahrungswerte und praktische Verwendung
bei Planung und Betrieb von Gebäuden**

mit 70 Abbildungen und 35 Tabellen

von

Dipl.-Ing. Bernd Muser
Regierungsbaudirektor, Finanzministerium Baden-Württemberg

und

Dipl.-Ing. Hans-Rüdiger Drings
Oberregierungsbaurat, Finanzministerium Schleswig-Holstein

» vieweg

CIP-Kurztitelaufnahme der Deutschen Bibliothek

Muser, Bernd
Baunutzungskosten: DIN 18960; Erfahrungswerte
u. prakt. Verwendung bei Planung u. Betrieb von
Gebäuden / von Bernd Muser u. Hans Rüdiger Drings.
— 1. Aufl. — Braunschweig: Vieweg, 1977.

NE: Drings, Hans-Rüdiger:

ISBN 978-3-528-08655-8   ISBN 978-3-322-91764-5 (eBook)
DOI 10.1007/978-3-322-91764-5

© Friedr. Vieweg & Sohn Verlagsgesellschaft mbH, Braunschweig 1977

Satz: H. Erhart Henninger, Wiesbaden

Inhalt

Vorbemerkungen

Die mit dem technischen Betrieb zusammenhängenden jährlichen Kosten für Gebäude haben eine Höhe erreicht, die dazu führen kann, daß die Investitionen für Neubauten erheblich eingeschränkt werden müssen.

Um so nachdenklicher muß es daher stimmen, daß zwar für Neubaumaßnahmen im allgemeinen ausgereifte Verfahren angewandt werden, um die Baumittel bestimmungsgemäß auszugeben, für die in den letzten Jahren sprunghaft gestiegenen Betriebskosten jedoch eine entsprechende Kostenüberwachung weitgehend fehlt.

Um diese Kosten überwachen und damit auch auswerten zu können, müssen Besitzer und Betreiber der Gebäude eine gleiche Sprache sprechen. Den entscheidenden Anfang in dieser Richtung macht die DIN 18 960 — Baunutzungskosten von Hochbauten. Sie ist gleichermaßen — um Beispiele zu nennen — für Einfamilienhäuser und hochinstallierte Krankenhäuser anwendbar.

Im vorliegenden Buch werden die einzelnen Kostengruppen kommentiert, Erfahrungswerte für unterschiedliche Gebäudearten nebst Einsparungsmöglichkeiten genannt und Erfassungs- bzw. Auswertungsbögen für die Baunutzungskosten vorgestellt.

Der Kommentar beabsichtigt — um es an einem Beispiel zu demonstrieren — nicht, eine Bauweise zu propagieren, die sich durch schießschartengroße, gerade noch für die Innenraumbeleuchtung ausreichende Fenster auszeichnet. Es soll auch nicht der Eindruck erweckt werden, als ob Lüftungs- und Klimaanlagen einen unnötigen Luxus darstellen, den man vermeiden kann, wenn nur ausreichend massiv und wärmegedämmt gebaut wird.

Mit dem Kommentar soll vielmehr gezeigt werden, welche Kostenhöhen in den einzelnen Kostengruppen anfallen und wie sie sich beeinflussen lassen. Im wesentlichen wird die Beeinflussung der Kosten bereits während der Planung geschehen. Die Beratung durch Architekten und Ingenieure — als zuständige Fachleute am Bau — ist notwendig. Sie kennen die gegenseitige Beeinflussung der vielfältigen Faktoren. Für Gespräche der Bauherren oder der späteren Benutzer mit diesen Fachleuten soll der Kommentar zugleich Anregung und Hilfe sein. Er darf nicht als Do-it-yourself-Ratgeber mißverstanden werden.

Zusammenhänge zwischen Investitions-, Betriebs- und Bauunterhaltungskosten werden dargestellt. Da es bezüglich dieser drei Kostengruppen keinen perfekten Bau geben kann, wird immer ein Kompromiß erforderlich werden. Es sollte aber klar sein, daß ein solcher Kompromiß durch eine — nach wie vor Zeit erfordernde — gute Planung erreicht werden kann und sich positiv über die lange Lebensdauer eines Gebäudes in geringeren Baunutzungskosten niederschlagen wird.

Die Autoren danken Herrn Regierungsbauamtmann Probul und Herrn Regierungs-
direktor Dreher vom Finanzministerium des Landes Baden-Württemberg für die
freundliche Beratung bei der Auswertung der Unterlagen. Besonderer Dank gebührt
Herrn Regierungsbaudirektor Meyer von der Oberfinanzdirektion Kiel, dessen für die
Landesbauverwaltung Schleswig-Holstein entwickelten Erfassungs- und Auswertungsbögen dieses Buch wesentlich bereichern.

Frühjahr 1977   Die Verfasser

Ziffern in eckigen Klammern verweisen auf Positionen des im Literaturverzeichnis unter „Benutzte
Quellen" aufgeführten Schrifttums.

1 Einführung

1.1 Anlaß zur Aufstellung der neuen Norm „Baunutzungskosten von Hochbauten" (DIN 18 960)

Bei dem Bemühen um ein „wirtschaftliches Bauen", im besonderen bei den Kostenanalysen von Gebäuden, machte sich in zunehmendem Maß das Fehlen einer von allen Beteiligten anwendbaren einheitlichen Gliederung der laufenden Kosten bemerkbar, und zwar nicht nur für deren Kontrolle während der Lebensdauer des Bauwerks, sondern vor allem für die planerischen Entscheidungen im investiven Bereich. Besonders die Einführung von Kostenrichtwerten* ließ bei den am Bau Beteiligten die Erkenntnis reifen, daß das eigentliche Ziel einer Kostenbegrenzung — bei gegebenen Nutzeranforderungen — in der Reduzierung der über die Nutzungsdauer verteilten gesamten Investitions- und Baunutzungskosten gesehen werden müsse. Nachdem bereits die zweite Fassung der DIN 276 „Kosten von Hochbauten" mit ihren drei Blättern „Begriffe", „Gliederung" und „Kostenermittlung" eingeführt ist, war die Inangriffnahme einer entsprechenden Norm für die Baunutzungskosten eine längst fällige Konsequenz. Den letzten und nachhaltigsten Anstoß mag der sprunghafte Anstieg der Energiekosten im Gefolge der Energiekrise gegeben haben. Auch der immer geringer werdende Investitionsspielraum, beispielsweise der öffentlichen Hand, und der Zwang zur Begrenzung der Bewirtschaftungskosten machten die Einführung der neuen Norm immer dringender. Nur mit ihrer Hilfe können die jährlich wiederkehrenden Milliardenausgaben für die Nutzung bestehender Gebäude übersichtlich und damit kontrollierbar gemacht werden. Dies aber ist eine wesentliche Voraussetzung für die erforderliche sparsame Bewirtschaftung dieser Mittel.

1.2 Bisherige Berücksichtigung der zu erwartenden laufenden Kosten

Bisher wurden die zu erwartenden laufenden Kosten vor allem im Rahmen von Wirtschaftlichkeitsbetrachtungen berücksichtigt.
Wirtschaftlichkeitsbetrachtungen von Hochbauten unterscheiden sich im wesentlichen durch die vorgesehene Nutzung der Gebäude. Bei Mietobjekten, z. B. im Wohnungsbau, sind Nutzen-Kosten-Untersuchungen ausreichend. Dabei werden die Betriebskosten bisher — soweit sie vom Mieter getragen werden — weitgehend vernachlässigt, weil sie weder auf den Ertrag noch auf die Kosten des Vermieters Einfluß hatten. Bisher von der Wohnungswirtschaft verwandte Betriebskostengliede-

rungen (etwa entsprechend der II. Berechnungsverordnung) hatten als Hauptaufgabe, die von den haus- und betriebstechnischen Anlagen ausgehenden Kosten möglichst gerecht auf die Nutzer bzw. Mieter zu verteilen.

Bei eigengenutzten Gebäuden im gewerblichen Bereich gehen die Investitionskosten bzw. deren Abschreibung als Baunutzungskosten in die Gesamtkalkulation ein. Steuerliche Gesichtspunkte führen allerdings vielfach dazu, daß die Investitionskosten bzw. die Baunutzungskosten unterschiedlich bewertet werden. Diese Bewertung folgt nicht immer den betriebswirtschaftlichen Regeln.

Vielfach werden aus steuerlichen Überlegungen hohe, steuerlich unvorteilhafte Investitionen vermieden und höhere jährliche Betriebskosten — steuerlich günstiger bewertet — in Kauf genommen.

Eigengenutzte Gebäude der öffentlichen Hand sind in aller Regel nicht zur Erwirtschaftung von Erträgen bestimmt. Maßstab für Ausstattung und Betriebsstandards waren deshalb bisher vorwiegend die Nutzungsbedingungen. Wegen deren Vielfalt ist die Erarbeitung einheitlicher Bewertungsmaßstäbe für Nutzen—Kosten-Untersuchungen wenn nicht unmöglich, so doch unzweckmäßig. Maßstab für die Wirtschaftlichkeit von Baumaßnahmen im öffentlichen Bereich werden deshalb Vergleichswerte (Kostenvergleich alternativer Lösungen) oder Richtwerte (aus Mittelwerten abgeleitete und festgelegte Erfahrungswerte) sein. Eine Erfassung und Verbuchung der Betriebs- und Unterhaltungskosten wurde daher im Rahmen des Staatshaushaltsplans, ohne den Anspruch auf eine entsprechende Gliederung durch eine besondere Strategie betreiben zu können, bisher für ausreichend gehalten.

Die hier behandelte DIN 19 960 Teil 1, Baunutzungskosten von Hochbauten, hat nicht den Zweck, diese unterschiedlichen Bewertungen zu nivellieren. Sie soll vielmehr die notwendigen Unterschiede verständlich machen und so dazu beitragen, daß nur Vergleichbares verglichen wird, aber auch wirklich verglichen werden kann. Dem dient auch das Bestreben, eine einheitliche Verwendung der gewählten Begriffe zu bewirken.

Einen Überblick über die bisher üblichen Kostengruppen bzw. Teilbetriebskosten und ihre Vergleichbarkeit miteinander gibt Abb. 1.

1.3 Sinn und Nutzen der DIN 18 960

Die neue Norm soll vor allem bei der Betrachtung, Analyse und Wertung der Baunutzungskosten bestehender Gebäude, aber auch bei der Beurteilung der langfristigen Wirtschaftlichkeit von Neubauvorhaben helfen.

Bei *bestehenden* Gebäuden soll im einzelnen folgendes erleichtert werden:
a) Erfassung des Energie- und Medienverbrauchs (Rückgriff auf bereits vorhandene Daten) auf einer einheitlichen Grundlage
b) Erfassung des Aufwandes für Dienstleistungen im Zusammenhang mit der Sicherung der für die vorgesehene Nutzung vorausgesetzten Aufenthalts- und Arbeitsbedingungen
c) Bildung von Erfahrungs-, Orientierungs- und Richtwerten

Baunutzungskosten DIN 18 960 im Vergleich mit bisher üblichen Kostengliederungen

II. BV Zweite Berechnungsverordnung	DIN 18 960 Bl. 1 Baunutzungskosten
Laufende Aufwendungen (Belastungen)	**Baunutzungskosten**
KAPITALKOSTEN (ohne verlorene Baukostenzuschüsse, einschließlich Tilgung)	1. KAPITALKOSTEN (ohne Tilgung) 1.1 Fremdmittel 1.2 Eigenleistungen
ABSCHREIBUNG	2. ABSCHREIBUNG
VERWALTUNGSKOSTEN	3. VERWALTUNGSKOSTEN
LAUFENDE ÖFFENTLICHE LASTEN	4. STEUERN

BETRIEBSKOSTEN*
– Hausreinigung und Ungezieferbekämpfung
– Wasserversorgung – Entwässerung
– Heizungsanlage, Brennstoffversorgungs-
  anlage, Fernwärme
– Warmwasseranlage, Fernwarmwasser,
  Warmwassergeräte
– Beleuchtung
 	
– Hauswart
 	
– Schornsteinreinigung, Aufzüge, Antennen
– Wascheinrichtungen
– öffentliche Straßenreinigung und
  Müllabfuhr – Gartenpflege
 	
– Sach- und Haftpflichtversicherungen
	5. BETRIEBSKOSTEN
	5.1 Gebäudereinigung
	5.2 Abwasser/Wasser
	5.3 Wärme/Kälte
	
	5.4 Strom
	
	5.5 Bedienung
	5.6 Wartung
	
	5.7 Verkehrs- und Grünflächen
	
	5.8 Sonstiges

* (Die Reihenfolge wurde verändert)
  (je einschl. Bedienung, Überwachung,
  Pflege, Wartung, Reinigung und
  verbrauchte Medien.)

INSTANDHALTUNGSKOSTEN einschließlich Instandsetzung ohne Wertverbesserungen	6. BAUUNTERHALTUNG
MIETAUSFALLWAGNIS	

Abb. 1

VDI 2067 Bl. 1 (Entwurf) **Wirtschaftl. Berechnungen von ...**	**Haushaltspläne der öffentl.** **Verwaltungen (z.B. Land Ba–Wü)**
Nutzkosten	**Ausgaben**

KAPITALGEBUNDENE KOSTEN
 – Kapitaldienst
  (Verzinsung und Abschreibung)
 – Instandhaltung
  einschließlich Instandsetzungen
	KAPITALKOSTEN und ABSCHREIBUNG
	 entfallen
	
	 VERSCHIEDENE TITEL

VERBRAUCHSGEBUNDENE KOSTEN
 	
 – Brennstoff- bzw. Energiekosten
 	
 – Kosten für elektrische Hilfsenergien
 – Kosten für sonstige Betriebsmittel
 BETRIEBSGEBUNDENE KOSTEN
 (BEDIENUNG, WARTUNG, PERSONAL)
 – Bedienungs- und Wartungskosten
 	
 SONSTIGE KOSTEN
 – Versicherungen
	TIT. 517 01 – BEWIRTSCHAFTUNG
	 DER GRUNDSTÜCKE, GEBÄUDE
	 UND RÄUME
	
	 1. Heizung
	
	 2. Gas- und Elektrizität
	
	 3. Reinigung, Müllabfuhr usw.
	  Be- und Entwässerung
	
	 4. Feuerversicherung, Steuern und Abgaben)
	  (Grundsteuer, Lastenausgleichsabgaben)

– Steuern – Abgaben – anteilige Verwaltungskosten Erscheint unter KAPITALGEBUNDENE KOSTEN	5. Geräte aller Art 6. Sonstige Hausbewirtschaftungskosten TIT. 519 01 UNTERHALTUNG DER GRUNDSTÜCKE UND BAULICHEN ANLAGEN

d) Beurteilung der Betriebsergebnisse konkreter Objekte

e) Hinweis für Einsparungsmöglichkeiten (z. B. günstigere Energielieferverträge, angemessene rationelle Wartung, Einsatz moderner Techniken, wie z. B. Verbesserung der regeltechnischen Anlagen entsprechend dem Fortschritt der Technik)

Dies erscheint besonders wichtig für höher installierte, komplexe Bauten, wie große Wohnblocks, gemischt genutzte Bauten mit Läden, Praxen, Büros und Wohnungen, Schulbauten, Verwaltungsbauten, sowie vor allem Krankenhäuser, Institute usw.

Bei *Neubauvorhaben* soll die Gliederung der DIN 19 960 folgendes erleichtern:

a) Einbeziehung der Betriebskosten in die Wirtschaftlichkeitsberechnungen zur Auswahl der günstigsten Planungskonzeption

b) Energiesparendes Bauen, d. h. Vorausberechnungen der voraussichtlichen Betriebskosten

c) Minimierung der langjährigen Gesamtbaunutzungskosten von Kapitaldienst, Energie und Medienkosten, Personalaufwand und Bauunterhaltungskosten

d) Anwendung von Orientierungswerten für besondere Gebäudegruppen, d. h. Rückgriff auf im Betrieb gemessene Werte bestehender Bauten zum Vergleich mit Neuplanungen.

1.4 Aufstellung der neuen DIN 18 960

Die DIN 18 960 „Baunutzungskosten von Hochbauten" wurde von einem Unterausschuß des Fachnormen-Ausschusses Bau, „Kostengliederung von Hochbauten", von Mitte 1973 bis Ende 1975, also innerhalb von 2½ Jahren, erarbeitet. In diesem Unterausschuß waren Vertreter des Bundes, der Länder und der Gemeinden, der Wohnungswirtschaft, der freien Wirtschaft und von wissenschaftlichen Institutionen vertreten. Ferner waren sowohl Vertreter von seiten der Planer als auch von seiten der Betreiber bzw. Nutzer öffentlicher Gebäude an der Arbeit beteiligt. Hierdurch war die Gewähr gegeben, daß die neue Norm sowohl den Planern als auch den Nutzern der Gebäude bei ihrer künftigen Aufgabe behilflich sein wird. Die DIN 18 960 wurde Ende 1975 in einem Gelbdruck der Öffentlichkeit vorgestellt und unter Berücksichtigung berechtigter Einwendungen und Anregungen im April 1976 als Weißdruck DIN 18 960 Teil 1 veröffentlicht.

1.5 Besondere Schwierigkeiten bei der Erarbeitung der neuen Norm

Gewisse Schwierigkeiten bereitete die Abstimmung mit der etwa zum gleichen Zeitpunkt verabschiedeten DIN-Norm 31 051 „Instandhaltung" sowie die weitestmögliche Rücksichtnahme auf die Zweite Berechnungsverordnung (II. BV). Die Vertreter des Normenausschusses „Instandhaltung" gingen bei ihrer Festlegung hauptsächlich von der organisatorischen Gegebenheit aus, daß die Aufgaben des Betreibens genauso wie die des Bauherrn bzw. der beauftragten Bauverwaltung zur Unterhaltung der

Gebäude in ein und derselben Verwaltung erledigt werden. Während dies für weite Bereiche der freien Wirtschaft und einen Teil der Kommunen durchaus zutrifft, liegen bei den Bauverwaltungen des Bundes und der Länder organisatorische Verhältnisse vor, die ein Abweichen von der vom DIN-Ausschuß „Instandhaltung" für zweckmäßig angesehenen Gliederung erforderlich machten. Auch die Zweite Berechnungsverordnung, die sich ja bereits in weiten Bereichen der Wohnungswirtschaft durchgesetzt hat, konnte nicht voll übernommen werden, da die Anforderungen des Planers als auch neue Gesichtspunkte zur energiesparenden Bewirtschaftung von Gebäuden, insbesondere von hochinstallierten Gebäuden, eine abweichende Untergliederung der Betriebskosten, notwendig machten.

Über eine sinnvolle Untergliederung der Bauunterhaltungskosten konnte keine einheitliche Meinung erzielt werden. Somit ist mit der vorliegenden Norm nur ein Vorschlag unterbreitet worden.

Ganz allgemein zeigte sich, daß die Interessen der Planer, die Betriebskosten auf die Gebäudeelemente gemäß DIN 276 sinnvoll beziehen zu können, durch die beschränkten Möglichkeiten einer Messung durch die Betreiber nicht voll befriedigt werden können. In der Regel sind sowohl beim älteren Gebäudebestand als auch bei den in den vergangenen Jahrzehnten errichteten Neubauten nur Meßreinrichtungen insoweit vorhanden, als sie für die Abrechnung mit den Energieversorgungsunternehmen dringend notwendig sind. Das heißt, pro Gebäude ist vielfach nur *eine* Messung für die verschiedenen Energiearten sowie für den Wasserverbrauch vorhanden.

Eine befriedigende Lösung des Problems, die Betriebs- und Investitionskosten insbesondere der haus- und betriebstechnischen Anlagen im frühen Planungsstadium gebührend berücksichtigen zu können, wird sich nach Meinung der Verfasser nur mit einer den Gegebenheiten der Technik weitergehend angepaßten, d. h. in einigen Punkten neu überarbeiteten DIN 276 erreichen lassen.

---

* s. DIN 18 961 Blatt 1 (Entwurf), Kostenrichtwerte sind Verhältniswerte von Kosten und Bezugseinheiten.

2 Vorstellung und Erläuterung der DIN 18960 „Baunutzungskosten von Hochbauten"

2.1 DIN 18 960 im Wortlaut

Baunutzungskosten von Hochbauten*
Begriff, Kostengliederung

Diese Norm enthält die Begriffsbestimmung der Baunutzungskosten und ihre Gliederung nach Kostengruppen. Sie soll die Ermittlung der Baunutzungskosten nach einheitlichen Gesichtspunkten und damit Vergleiche ermöglichen.
Die Norm ist eine der Grundlagen zur Prüfung der Wirtschaftlichkeit von Hochbauten während der Planung und Nutzung.

Begriff

Baunutzungskosten sind alle bei Gebäuden, den dazugehörenden baulichen Anlagen und deren Grundstücken unmittelbar entstehenden regelmäßig oder unregelmäßig wiederkehrenden Kosten vom Beginn der Nutzbarkeit des Gebäudes bis zum Zeitpunkt seiner Beseitigung.
Als Gebäude gelten auch unterirdische Bauwerke, soweit sie einem vergleichbaren Zweck wie Hochbauten dienen.
Die betriebsspezifischen und produktionsbedingten Personal- und Sachkosten sind nicht nach dieser Norm zu erfassen, soweit sie sich von den Baunutzungskosten trennen lassen.
Die Kosten der Herstellung, des Umbaues oder der Beseitigung von Gebäuden sind Kosten von Hochbauten nach DIN 276.

---

* Wiedergegeben mit Genehmigung des DIN Deutsches Institut für Normung e. V. Maßgebend für das Anwenden der Norm ist deren Fassung mit dem neuesten Ausgabedatum, die bei der Beuth Verlag GmbH, 1000 Berlin 30 und 5000 Köln 1 erhältlich ist.

Kostengruppen	Abgrenzung
1 Kapitalkosten	Zinsen für Fremdmittel und vergleichbare Kosten Zinsen für den Wert von Eigenleistungen
1.1 Fremdmittel	Zinsen für Fremdmittel und vergleichbare Kosten z. B. Darlehenszinsen Leistungen aus Rentenschulden Leistungen aus Dienstbarkeiten auf fremden Grundstücken, soweit sie mit dem Gebäude in unmittelbarem Zusammenhang stehen Erbbauzinsen Sonstige Kosten für Fremdmittel z. B. laufende Verwaltungskosten Leistungen aus Bürgschaften.
1.2 Eigenleistungen	Eigenkapitalzinsen und Zinsen für den Wert anderer Eigenleistungen z. B. der Arbeitsleistungen der eingebrachten Baustoffe des vorhandenen Grundstücks vorhandener Bauteile
2 Abschreibung	Verbrauchsbedingte Wertminderung der Gebäude, Anlagen und Einrichtungen.
3 Verwaltungskosten	Fremd- und Eigenleistungen für Gebäude- und Grundstücksverwaltung.
4 Steuern	Steuern für Gebäude und Grundstücke z. B. Grundsteuer.
5 Betriebskosten	Sicherung der Bedingungen für die vorgesehene Nutzung der Gebäude und Außenanlagen.
5.1 Gebäudereinigung	Innenreinigung z. B. Fußböden Inneneinrichtung Vorhänge Sanitärobjekte oder Arbeitsplätze. Fensterreinigung einschließlich Sonnenschutzeinrichtungen. Regelmäßige Reinigung von Fassaden. (Reinigung der haus- und betriebstechnischen Anlagen gehört zu Abschnitt 5.6, Reinigung der Außenanlagen zu Abschnitt 5.7). Untergliederungsvorschlag: 1. Innenreinigung 2. Fensterreinigung 3. Fassadenreinigung

5.2 Abwasser und
Wasser

Abwasser, auch wenn die Kosten dafür in Form von Gebühren anfallen, außer zur Erzeugung von Wärme und Kälte in zusammenhängenden Systemen nach Abschnitt 5.3.
Brauch- und Trinkwasser, auch aus eigenen Brunnenanlagen, außer zur Erzeugung von Wärme und Kälte in zusammenhängenden Systemen nach Abschnitt 5.3.
(Chemikalien und Betriebsstoffe für Wasserbehandlung und Wasseraufbereitung gehören zu Abschnitt 5.6.)
Untergliederungsvorschlag:
1. Abwasser
2. Wasser

5.3 Wärme und Kälte

Heizstoffe, auch Fernwärme und Fernkälte zur Erzeugung von Raum-, Lüftungs- und Wirtschaftswärme oder -kälte.
(Hierzu gehören auch Wasser, Abwasser und Strom zur Erzeugung von Wärme und Kälte in zusammenhängenden Systemen.)
Gesamtverbrauch an Gas, jedoch nicht technische Gase.
Untergliederungsvorschlag:
1. Wärme
2. Kälte

5.4 Strom

Gesamtverbrauch, außer zur Erzeugung von Wärme und Kälte in zusammenhängenden Systemen nach Abschnitt 5.3.

5.5 Bedienung

Bedienen von haus- und betriebstechnischen Anlagen.

5.6 Wartung und
Inspektion

Wartung und Inspektion der haus- und betriebstechnischen Anlagen einschließlich damit zusammenhängender kleinerer Reparaturen, Auswechseln von Verschleißteilen, Gebühren.
Hilfs- und Betriebsstoffe
z. B. Lampen
      Chemikalien für Abwasser- und Wasseraufbereitung
      Filter
      Schmierstoffe
      Dichtungen.
(Hierzu gehören nicht allgemeine Hausdienste wie Pförtner, Nachtwächter oder Hausmeister.)

5.7 Verkehrs- und Grünflächen	Reinigung und Pflege der Verkehrsanlagen und Grünflächen einschließlich der notwendigen Hilfsstoffe

z. B. Unterhaltungsarbeiten bei Vegetationsflächen
Straßen- und Gehwegreinigung
Schneebeseitigung
Streudienst.

5.8 Sonstiges	Sonstige Betriebskosten

z. B. Abfallbeseitigung
Schornsteinreinigung
Aufsichts- und Hausmeisterdienst.
Versicherungen für das Gebäude oder Grundstück.

6 Bauunterhaltungskosten	Gesamtheit der Maßnahmen zur Bewahrung und Wiederherstellung des Sollzustandes von Gebäuden und dazugehörenden Anlagen, jedoch ohne Reinigung und Pflege der Verkehrs- und Grünflächen nach Abschnitt 5.7 und ohne Wartung und Inspektion der haus- und betriebstechnischen Anlagen nach Abschnitt 5.6.

(Nicht zur Bauunterhaltung gehören Maßnahmen zur Nutzungsänderung der Gebäude oder Liegenschaften.)

Untergliederungsvorschlag:

1 Bauwerk

1.1 Baukonstruktionen

1.2 Installationen und betriebstechnische Anlagen

1.3 Betriebliche Einbauten

2 Geräte

3 Außenanlagen

Erläuterungen

a) Diese Norm ergänzt die bisher für Kostenermittlungen vorliegende DIN 276 „Kosten von Hochbauten" in der Weise, daß sich Wirtschaftlichkeitsberechnungen auf die gesamte Nutzungszeit von baulichen Anlagen ausdehnen lassen.
Weiterhin wird sie für die Aufstellung von Richtwerten für Baunutzungskosten von Bedeutung sein; als Norm-Entwurf liegt z. Z. DIN 18 961 „Kostenrichtwerte im Hochbau" Teil 1 bis Teil 4 vor.

b) Die Norm ermöglicht eine einheitliche Datenerfassung und damit auch die Vorausberechnung von Baunutzungskosten für die Planung baulicher Anlagen.

c) Inwieweit diese Daten für die Wirtschaftlichkeitsberechnungen einzelner Bauwerksteile benutzt werden können, hängt von einer weiteren Untergliederung ab, die sich nach Möglichkeit an der DIN 276 orientieren soll.

d) Mit der Gliederung der Baunutzungskosten sollen vor allem die laufenden Kosten erfaßt werden, die gebäudeabhängig sind. Unter den nicht nach dieser Norm zu erfassenden betriebsspezifischen und produktionsbedingten Personal- und Sachkosten sind beispielsweise zu verstehen Fernmeldegebühren, Büromaterial, Reisekosten sowie Aufwendungen für Löhne, Gehälter, Maschinen, Geräte und Vergütungen, wenn sie in Erfüllung des Betriebs- oder Produktionszweckes entstehen.

e) Werden Baunutzungskosten als Einflußfaktoren in andere Berechnungen, z. B. Nutzen-Kostenuntersuchungen eingesetzt, so sollen sie auf der Grundlage dieser Norm errechnet werden. Dabei ergibt sich möglicherweise die Notwendigkeit einer weiteren Untergliederung und des Bezugs zu einer Gebäudeelementgliederung.

f) Die Gliederung der Baunutzungskosten in der 1. und 2. Spalte der Kostengruppen ist als verbindlich anzusehen, während in der Spalte „Abgrenzung" Vorschläge für die weitere Untergliederung gemacht werden, die zunächst erprobt werden sollen.
Zur weiteren Untergliederung eignen sich auch die Kosten von Personal, Material und Fremdfirmen.

g) Gliederung und Wortlaut der Norm beziehen bestehende Regelungen soweit wie möglich ein. In den Fällen, in denen an anderer Stelle und für andere Zwecke verbindliche Regelungen wie in der Verordnung über wohnungswirtschaftliche Berechnungen (Zweite Berechnungsverordnung — II. BV) bestehen, haben diese Regelungen Vorrang.

2.2 Erläuterung des Begriffsinhalts Baunutzungskosten

Der Begriff *Baunutzungskosten* wurde im Unterausschuß „Folgekosten" erarbeitet. Unter den weiter in der Diskussion befindlichen verwandten Begriffen (Folgekosten, Nutzungskosten, Baufolgekosten) erschien er für den Zweck der DIN 18 960 am ehesten geeignet.
Der Unterausschuß ging dabei von der Erwägung aus, daß der Begriff *Folgekosten* bereits in der Terminologie des Städtebaus und der Betriebswirtschaft, der Begriff *Nutzungskosten* in der Baunutzungsverordnung, und zwar jeweils in anderem Sinne verwendet wird — weshalb die Gefahr von Verwechslungen und Mißverständnissen besteht —, während der Begriff *Baufolgekosten* als zu eng erschien.
Der Titel der DIN 18 960 — „Baunutzungskosten von Hochbauten" — soll verdeutlichen, daß diese Norm, von der Benutzung von Hochbauten ausgehend, die damit zusammenhängenden Kosten — und zwar einschließlich derjenigen für zugehörige Anlagen, Grundstücke und Einrichtungen — erfaßt. Es wäre falsch, wenn aus dem Namen der neuen Norm abgeleitet würde, daß sie nur auf Gebäude und unter diesen nur auf Hochbauten beschränkt ist.

Baunutzungskosten sind alle bei Gebäuden, den dazugehörenden baulichen Anlagen und deren Grundstücken unmittelbar entstehenden regelmäßig oder unregelmäßig wiederkehrenden Kosten vom Beginn der Nutzbarkeit des Gebäudes bis zum Zeitpunkt seiner Beseitigung.

Als Gebäude gelten auch unterirdische Bauwerke, soweit sie einem Hochbauten vergleichbaren Zweck dienen.
Baunutzungskosten beziehen sich immer auf eine selbständige wirtschaftliche Einheit. Sie können sich also auf mehrere Gebäude beziehen, wenn diese — wie bei großen Wohnanlagen — eine wirtschaftliche Einheit bilden. Sie beziehen sich ferner auf die zu dieser wirtschaftlichen Einheit gehörenden baulichen Anlagen, sowie auf das zu Gebäude(n) und baulichen Anlagen gehörende Grundstück. Dabei sind mindestens die baurechtlich notwendigen Flächen anzusetzen, darüber hinaus solche Flächen, die tatsächlich dem Gebäude zuzurechnen sind. Ferner umfassen die Baunutzungskosten Aufwendungen für die haustechnischen Einrichtungen, wie Personen- und Lastenaufzüge, Müllbeseitigungsanlagen usw.
Nur ausnahmsweise beziehen sich die Baunutzungskosten auf *betriebs*technische Anlagen; bejaht wird dies für Waschküchen in Personalwohnheimen, Teeküchen in Verwaltungsgebäuden und ebenso für Zubehör, soweit es der Sicherung angemessener Aufenthaltsbedingungen für die vorgesehene Nutzung der Gebäude und Außenanlagen dient.
Alle nicht diesem Zweck dienenden betriebsspezifischen und produktionsbedingten Personal- und Sachkosten gehören nicht zu den Baunutzungskosten. Nicht zu den Baunutzungskosten zählen also etwa bei Verwaltungsgebäuden die Kosten für die Bedienung und das Betreiben von Büromaschinen, bei Hochschulgebäuden die Kosten für Lehre und Forschung, bei landwirtschaftlichen Betriebsgebäuden die Kosten für Trocknungs- oder Melkanlagen, bei Fabrikationsgebäuden die Kosten für Bearbei-

tung, Herstellung, Lagerung oder Transport von Produkten, wie etwa Werkzeugmaschinen oder Schmelzöfen, für die Bedienung und das Betreiben von Tankanlagen, Kochgeräten, Wascheinrichtungen, medizinischen Geräten, Filmvorführungsanlagen usw.

Auch durch diese begriffliche Klärung werden Schwierigkeiten bei der Abgrenzung im Detail — ähnlich wie bei der DIN 276 wohl weniger bei der Vorausschätzung als bei der Erfassung — nicht ausbleiben. Die Verfasser der DIN 18 960 haben dies bewußt und in der Erkenntnis in Kauf genommen, daß es nicht die Aufgabe dieser Norm sein kann, Zweifelsfragen im begrifflichen Bereich von vornherein auszuschließen, wohl aber bei den Anwendern das Problembewußtsein zu schärfen und Erfahrungen zu vermitteln.

2.3 Erläuterung der Kostengruppen

2.3.1 Kostengruppe 1: Kapitalkosten

Abgrenzung:
Zinsen für Fremdmittel und vergleichbare Kosten, Zinsen für den Wert von Eigenleistungen

Mit dem Begriff der Kapitalkosten sollen die laufenden Belastungen durch die Kosten baulicher Investitionen erfaßt werden, auch etwa diejenigen eines Umbaus. Dieser Begriff ist — ebenso wie die Unterteilung der Kapitalkosten in solche für Fremdmittel und Eigenleistungen — der II. BV (Neufassung vom 21.2.1975, BGBl. I. Seite 569) entnommen (vgl. dort insbes. §§ 18 ff). Es ist deshalb zweckmäßig, für die DIN 18 960 eine der II. BV entsprechende Abgrenzung vorzunehmen. Danach sind Kapitalkosten diejenigen Kosten, die sich aus der Inanspruchnahme von Finanzierungsmitteln ergeben, welche zur Deckung der Gesamtkosten einer baulichen Investition anzusetzen sind (§§ 19, 12 II. BV). Zu den Kapitalkosten gehören somit vor allem Zinsen, und zwar für Fremdmittel (z. B. Darlehen) und für Eigenmittel. Nicht zu den Kapitalkosten gehören dagegen Aufwendungen für sogenannte Nebenverträge — z. B. Prämien für eine Risiko-Lebensversicherung zur Absicherung eines Bauspardarlehens — oder verlorene Baukostenzuschüsse (§ 19 Abs. 2 und 3 II. BV). Die Höhe der Kapitalkosten hängt also zunächst von der Höhe der Gesamtkosten, im wesentlichen also der Herstellungskosten (= Kosten von Hochbauten nach DIN 276 + eingebrachte Bauteile und dgl. + ggfs. Nutzungsänderungskosten usw.) ab. Dazu gehört beispielsweise auch der Verkehrswert des Baugrundstücks (§ 142 Abs. 2 BBauG), auch wenn dieses nicht im Zusammenhang mit dem Bauvorhaben erworben, sondern etwa ererbt wurde.

Die für Kapitalkosten anzusetzende Summe bestimmt sich danach, wie die Gesamtkosten finanziert wurden, also nach dem Anteil von Fremd- und Eigenmitteln und nach den Bedingungen, zu denen die Fremdmittel zur Verfügung gestellt wurden.

Wenn die Daten, die zur Berechnung der Kapitalkosten erforderlich sind, nicht ermittelt werden können, sind sie zu schätzen, und zwar der Wert des Grundstücks nach den Richtwerten (§ 143b BBauG), die sonstigen Herstellungskosten nach Normalherstellungskosten, die Aufteilung zwischen Fremd- und Eigenmitteln nach den Eintragungen im Grundbuch zur dinglichen Absicherung des Fremdkapitals (wobei das zur Grundbuch-Einsicht gem. § 12 GBO erforderliche berechtigte Interesse unterstellt wird). Die Zinsen für Fremdkapital sind aus dem Grundbuch regelmäßig nicht ersichtlich; hierfür können die auf dem Kapitalmarkt üblichen Konditionen angesetzt werden.

2.3.1.1 Kostengruppe 1.1: Kapitalkosten-Fremdmittel

Abgrenzung:
Zinsen für Fremdmittel und vergleichbare Kosten z. B.
> Darlehenszinsen
> Leistungen aus Rentenschulden
> Leistungen aus Dienstbarkeiten auf fremden Grundstücken, soweit sie mit dem Gebäude in unmittelbarem Zusammenhang stehen
> Erbbauzinsen
> Sonstige Kosten für Fremdmittel
> z. B. laufende Verwaltungskosten
> Leistungen aus Bürgschaften.

Bei den Kapitalkosten für Fremdmittel handelt es sich in erster Linie um Zinsen für Darlehen; Tilgungsraten sind regelmäßig nicht anzusetzen (§§ 19 Abs. 4, 22 II. BV). Zu den Kapitalkosten für Fremdmittel gehören neben den Zinsen auch andere wiederkehrende Leistungen, etwa wenn statt der Bezahlung des Kaufpreises für das Baugrundstück eine Rentenschuld übernommen wird (§ 21 Abs. 1 II. BV). Dasselbe gilt von den Erbbauzinsen, wenn das Baugrundstück nicht erworben, sondern im Wege des Erbbaurechts zur Verfügung g estellt wird. Um die Bebaubarkeit eines Grundstücks zu erreichen, muß häufig ein Nachbargrundstück, etwa für ein Überfahrtsrecht, ein Leistungsrecht oder eine Baulast in Anspruch genommen werden, wobei meist eine dingliche Sicherung durch Eintragung einer Dienstbarkeit im Grundbuch des belasteten Grundstücks (§§ 1018 ff BGB) erfolgt; wird für die Einräumung der Dienstbarkeit eine Rente bezahlt, so gehört diese zu den Fremdkapitalkosten. Gleiches gilt von laufenden Aufwendungen zur Sicherung des Fremdkapitalgebers, etwa eine an einen Bürgen zu bezahlende laufende „Gebühr", wenn das Baudarlehen verbürgt wird. Zu den Fremdkapitalkosten gehören ferner alle sonstigen, an den Fremdkapitalgeber zu zahlenden laufenden Aufwendungen, wie etwa Ersatz von dessen Verwaltungskosten.

2.3.1.2 Kostengruppe 1.2: Kapitalkosten-Eigenleistungen

Abgrenzung:
Eigenkapitalzinsen und Zinsen für den Wert anderer Eigenleistungen
z. B. der Arbeitsleistungen
> der eingebrachten Baustoffe
> des vorhandenen Grundstücks vorhandener Bauteile.

Die nicht durch Fremdmittel gedeckten Gesamtkosten müssen durch Eigenmittel aufgebracht werden. Sie müssen nach dem der Norm zugrunde liegenden Kapitalkosten-Begriff verzinst werden. Ob diese Regelung in jedem Fall sinnvoll ist, muß die Praxis zeigen kann doch selbst im Rahmen der II. BV auf die Verzinsung von Eigenleistungen verzichtet werden. Zusätzliche Erkenntnisse für den Zweck der DIN 18 960 werden durch die Verzinsung von Eigenleistungen nur in beschränktem Maß gewonnen werden können, da es sich bei diesen Zinsen um fiktive Ansätze handelt.

Zu den Eigenmitteln gehört zunächst das eingesetzte Eigenkapital. Hinzu kommt die Arbeitsleistung, die der Bauherr selbst und die ihn unterstützenden Dritten für die bauliche Investition erbringen. Dabei ist der Preis dieser Arbeitsleistung maßgebend, also diejenige Summe, die sonst an den Architekten, Bauunternehmer usw. zu bezahlen wäre. Zu den Eigenmitteln gehören ferner die eingebrachten Sachmittel, wie etwa ein bereits vorhandenes Grundstück, vom Bauherrn zur Verfügung gestellte Baumaterialien usw. Schließlich rechnen zu den Eigenleistungen etwa auch die unter 2.3.1 erwähnten Dienstbarkeiten, wenn für sie keine laufenden Renten, sondern einmalige Zahlungen (quasi Kaufpreise) geleistet werden.

Da die Höhe des Zinssatzes fiktiv und ohne eigene Aussagekraft ist, bietet sich auch insoweit eine Anlehnung an die II. BV an. Danach werden Eigenleistungen regelmäßig mit dem marktüblichen Zinssatz für erste Hypotheken angesetzt (§ 20 Abs. 2 II. BV).

2.3.2 Kostengruppe 2: Abschreibung

Abgrenzung:
Verbrauchsbedingte Wertminderung der Gebäude, Anlagen und Einrichtungen

Gegenstand der Abschreibung ist zunächst das Gebäude; auszugehen ist deshalb von den Baukosten, wozu die Kosten des Gebäudes selbst, die Kosten der Außenanlagen und die Baunebenkosten gehören (§§ 25 Abs. 1, 5. Abs. 3 II. BV). Der Hinweis auf „Anlagen und Einrichtungen" hat im wesentlichen deklaratorischen Charakter, da wie bei der II. BV zu den Baukosten ohnehin die Kosten der besonderen Betriebseinrichtungen und die Kosten des Gerätes und sonstiger Wirtschaftsausstattungen zu zählen sind, für den Bereich der DIN 18 960 allerdings mit der Einschränkung, soweit aus den besonderen Betriebseinrichtungen, Geräten und sonstigen Wirtschaftsausstattungen begrifflich Baunutzungskosten entstehen können (vgl. Erläuterungen unter 2.2).

Dagegen sind in die Abschreibung die Kosten des Baugrundstücks und der Erschließung (Ziff. 1 und 2 der DIN 276 Bl. 2) nicht einbezogen. Eine Ausnahme gilt jedoch für das Erbbaurecht. Da es nur zeitlich begrenzt bestellt wird, unterliegen dessen Gesamtkosten der Abschreibung, mithin außer den Baukosten auch die Kosten des Erbbaurechtserwerbs und der Erschließung (vgl. § 25 Abs. 2 II. BV).

Durch die Definition der Abschreibung als „verbrauchsbedingter" Wertminderung wird die Abschreibung einerseits gegen ähnliche Begriffe — wie technische Wertminderung wegen Alters im Wertermittlungsrecht (vgl. § 17 Wert V) oder die steuerliche Abschreibung nach §§ 7, 7b EStG — abgegrenzt und gleichzeitig bestätigt, daß der

Bezugszeitraum die gesamte Lebensdauer ist. Es dürfte zulässig sein, für Gebäude, Anlagen und Einrichtungen eine einheitliche Lebensdauer zugrunde zu legen (was auch § 25 II. BV alternativ zuläßt).
Die Abschreibung kann linear, progressiv oder degressiv sein. Für den Zweck der DIN 18 960 genügt eine lineare Abschreibung. Ein Objekt mit einer Lebensdauer von 100 Jahren wird danach mit jährlich 1 % abgeschrieben.

2.3.3 Kostengruppe 3: Verwaltungskosten

Abgrenzung:
Fremd- und Eigenleistungen für Gebäude- und Grundstücksverwaltung

Die Definition der Verwaltungskosten macht deutlich, daß hierzu nicht nur die an Dritte für Gebäude- und Grundstücksverwaltung zu bezahlenden Beträge rechnen, sondern auch diesbezügliche Eigenleistungen. Die Verwaltungskosten umfassen die zur Verwaltung des Gebäudes und Grundstücks selbst erforderlichen Personal- und Sachkosten. Nicht zu den Verwaltungskosten rechnen daher etwa die von einem Kreditinstitut für die Verwaltung eines Baudarlehens in Rechnung gestellten Beträge, die Kosten des allgemeinen Hausdienstes, die Bedienungs- und Wartungskosten, die Kosten für Aufsicht und Hausmeisterdienst.
Für die Höhe der Verwaltungskosten können die Sätze von § 26 II. BV einen Anhalt bieten. (Der in den Wertermittlungs-Richtlinien vorgesehene Satz von 3—5 % des Rohertrags dürfte aus praktischen Gründen für die DIN 18 960 nicht brauchbar sein.)

2.3.4 Kostengruppe 4: Steuern

Abgrenzung:
Steuer für Gebäude und Grundstücke, z. B. Grundsteuer

Hierzu rechnen alle öffentlich rechtlichen Abgaben, die aus dem Grundstück zu entrichten sind und nicht zu den Betriebskosten gehören. Neben der Grundsteuer kommen in Betracht: Realkirchensteuer, Deichabgaben und — anders als nach § 27 II. BV — die Hypothekengewinnabgabe gemäß §§ 91 ff LAG. Nicht hierzu gehören dagegen etwa die beispielsweise in Hamburg erhobenen Sielgebühren (s. Kostengruppe 5.2) und die öffentlich-rechtlichen Abgaben zur Gebäudebrandversicherung, z. B. in Baden-Württemberg (s. Kostengruppe 5.8).
Sofern der Eigentümer die Höhe dieser Abgaben nicht mitzuteilen bereit ist, können sie geschätzt werden.

2.3.5 Kostengruppe 5: Betriebskosten

Abgrenzung:
Sicherung der Bedingungen für die vorgesehene Nutzung der Gebäude und Außenanlagen

Die bedeutendste Kostengruppe der Baunutzungskosten nach DIN 18 960 Teil 1 sind zweifellos die Betriebskosten.

Unter Betriebskosten nach DIN 18 960 sind diejenigen Kosten zu verstehen, die für die Aufrechterhaltung der Aufenthaltsbedingungen und die Nutzung eines Gebäudes einschließlich des dazugehörigen Grundstücks regelmäßig anfallen.

Die Sicherung der Aufenthaltsbedingungen bedeutet in der Regel, daß

- das Gebäude sauber gehalten wird,
- die für einen längeren Aufenthalt von Menschen notwendige hygienische Ver- und Entsorgung gewährleistet ist,
- ein dem Menschen zuträgliches Raumklima unterhalten wird,
- die für die Nutzung erforderliche Beleuchtung gegeben ist,
- die innerhalb eines Gebäudes (z. B. Hochhaus) notwendigen Verkehrsbeziehungen geboten werden.

Diese Aufenthaltsbedingungen werden heute von einer Vielzahl von haustechnischen Anlagen geschaffen. Die Kosten für deren Bedienung, Wartung (nicht Reparatur!) und Beaufsichtigung gehören neben dem für deren Betrieb erforderlichen Energie- und Wasserverbrauch deshalb zu den Betriebskosten.

Auch die laufenden Kosten für die Reinigung und Pflege der zum Gebäude gehörenden Grundstücke und anteiligen Straßen und Gehwege gehören sinngemäß zur Sicherung der Nutzungsbedingungen.

Schließlich werden zur Sicherung der Nutzungsbedingungen im weitesten Sinn auch die Kosten für Versicherungen (z. B. Brandversicherung, Wasserschadenversicherung) gerechnet.

Diese Gebäudebetriebskosten nach DIN 18 960 sollen primär die von der Bauweise, Grundrißaufteilung, städtebaulichen Lage, und der allgemeinen Gebäudenutzung abhängigen Kosten erfassen und gliedern.

Produktionsbedingte Aufwendungen für die Personal- und Sachkosten, d. h. die Aufwendungen für Löhne und Gehälter der Angestellten (ausgenommen Personal für die Betreuung der haus- und betriebstechnischen Anlagen sowie der Außenanlagen) und die Aufwendungen für beispielsweise Büromaterial, Maschinen und Geräte gehören nicht zu den Baunutzungskosten bzw. den Gebäudebetriebskosten. Bei besonderen Bauten, wie z. B. Instituten, Wäschereigebäuden, Mensen, Krankenhäusern, wied eine exakte Trennung von Gebäudebetriebskosten und produktionsbedingten Betriebskosten nicht möglich sein. Deshalb ist der Begriffsinhalt „Betriebskosten" derartiger Gebäude nur bei Gebäuden etwa gleichartiger Nutzung und vergleichbarer Ausstattungsbedingungen (gleichartige betriebstechnische Anlagen) miteinander zu vergleichen.

Bereits der Begriffsinhalt von „Betriebskosten von Wohnungen" kann beim Vergleich von Eigentumswohnungen mit Einfamilienhäusern infolge der unterschiedlichen Art der Kostenbetrachtung und Kostenabrechnung erheblich differieren.

Der Bewohner eines Einfamilienhauses wird schon aus meßtechnischen Gründen den gesamten Stromverbrauch einschließlich Strom für Kochen, Haushaltsmaschinen und Wohnungsbeleuchtung, ebenso die gesamten Reinigungskosten für die Wohnung (wöchentliche Putzfrau) durchaus im Sinne der DIN 18 960 zu den Betriebskosten rechnen.

Dem Bewohner einer Miet- oder Eigentumswohnung in einem Wohnblock werden von der Hausverwaltung jedoch nur Betriebskosten ohne den Koch- und Wohnungs-

beleuchtungsstrom sowie Reinigungskosten lediglich für die gemeinschaftlich benutzten Flächen in Rechnung gestellt. Diese von der Umlage ausgeschlossenen Stromkosten sind aber – um vergleichbare Baunutzungskosten zwischen Einfamilienhäusern und Eigentumswohnungen zu erhalten – gleichermaßen zu berücksichtigen.
Das Beispiel zeigt, welche Bedeutung der Abgrenzung der gebäudebedingten Betriebskosten von den allgemeinen Betriebskosten bereits bei einfachen Wohnbauten zugemessen werden muß.
Der Anteil dieser Kostengruppe ist direkt abhängig von Nutzungsart und Nutzungsintensität. Die Beeinflussung der Baunutzungskosten nach Beginn der Nutzbarkeit des Gebäudes ist in hohem Maße möglich.

2.3.5.1 Kostengruppe 5.1: Gebäudereinigung

Abgrenzung:
   Innenreinigung
   z. B. **Fußböden**
      Inneneinrichtung
      Vorhänge
      Sanitärobjekte
      oder
      Arbeitsplätze
   Fensterreinigung einschließlich **Sonnenschutzeinrichtungen Reinigung von Fassaden**

Entgegen der Zuordnung bei bisherigen Kostengruppen wird zu 5.1 Gebäudereinigung nicht die Außenreinigung (vgl. Kostengruppe 5.7) gezählt. Offen bleibt, ob die Reinigungsgeräte bei Eigenreinigung hier direkt zugeordnet werden können. Den überwiegenden Anteil der Kosten dieser Kostengruppe machen die Personalkosten aus. Die Grobreinigung im Zusammenhang mit Bauarbeiten fällt unter Nebenkosten und zählt daher zu den Erstellungskosten nach DIN 276. Falls Reinigungsarbeiten im Zusammenhang mit dem Bauunterhalt anfallen, sind sie dort zu verbuchen. Ungezieferbekämpfung, besondere Reinigungsverfahren und die Desinfektion wurden nicht besonders erwähnt, sind aber dieser Kostengruppe zuzuordnen.
Die Einordnung der Abfallbeseitigung und gewisser Bereiche der Reinigung ist nicht exakt möglich. Deshalb sollte so verfahren werden, daß das Entleeren der Papierkörbe und der Aschenbecher zur Gruppe „Reinigung" gehört, während die Beseitigung der anderen hausmüllähnlichen Abfälle zur „Müllbeseitigung" unter Gruppe 5.8 „Sonstiges" zählt.
Ist in einem Gebäude eine zentrale Staubsaugeanlage eingerichtet, so sind die Reinigungskosten unter verschiedenen Kostengruppen der Hauptgruppe „Betriebskosten" zu verbuchen:
die Stromkosten für den Betrieb der zentralen Staubsaugeanlagen bei Punkt 5.4, Bedienung, Wartung und Inspektion bei Kostengruppe 5.5 bzw. 5.6; nur die Personalkosten und Reinigungsmittel für das Personal, das mit Hilfe den zentralen Staubsaugeanlagen die Reinigungsarbeiten in kürzerer Zeit als mit dem gewohnten System durchführt, sind unter Kostengruppe 5.1 zu verbuchen.

Nicht zur Gebäudereinigung zählen die Abfallbeseitigung nach 5.8, die Schornsteinreinigung ebenfalls nach 5.8, die Reinigung von Außenanlagen einschließlich der
Beseitigung von Schnee nach 5.7 und die Reinigung von betriebstechnischen Anlagen
nach 5.6. Zur Gebäudereinigung zählen jedoch das Reinigen der betriebstechnischen
Räume, in denen die betriebstechnischen Anlagen untergebracht sind und das Reinigen der Dächer.

Eine Untergliederung in
1. Innenreinigung,
2. Fensterreinigung,
3. Fassadenreinigung
empfiehlt sich.

Eine Differenzierung nach Fassade und Fenster war notwendig, weil die Verhältnisse
von Fensteranteil zu Fassadenanteil bei den verschiedenen Gebäuden erheblich differieren und der Reinigungsaufwand für die Fenster sich deutlich vom Reinigungsaufwand für die Fassade unterscheidet.

2.3.5.2 Kostengruppe 5.2: Abwasser — Wasser

Abgrenzung:
**Abwasser, auch wenn die Kosten dafür in Form von Gebühren anfallen, außer zur
Erzeugung von Wärme und Kälte in zusammenhängenden Systemen nach Ab-
schnitt 5.3.
Brauch- und Trinkwasser, auch aus eigenen Brunnenanlagen, außer zur Erzeugung
von Wärme und Kälte in zusammenhängenden Systemen nach Abschnitt 5.3.
(Chemikalien und Betriebsstoffe für Wasserbehandlung und Wasseraufbereitung ge-
hören zu Abschnitt 5.6)**

Der Begriff Abwasser- und Wasserkosten nach DIN 18 960 unterscheidet sich wesentlich von dem bisher in Anlehnung an die Zweite Berechnungsverordnung gewohnten Begriffsinhalt, insbesondere dann, wenn der Nutzer aus einer im selben
Gebäude befindlichen Wassergewinnung bzw. Wasseraufbereitungsanlage versorgt
bzw. von einer Abwasseranlage entsorgt wird. Die Zweite Berechnungsverordnung
versteht unter Kosten für Wasser und Abwasser alle für den Betrieb der Wasserversorgung (z. B. auch Pumpenanlagen mit entsprechendem Stromverbrauch) bzw. Ab-
wasserbeseitigungsanlagen anfallenden Kosten. Die DIN 18 960 ist mit diesem Begriffsinhalt nur identisch, soweit notwendige Aufwendungen zur Anlieferung des
Wassers außerhalb des Gebäudes — entsprechend der Rechnung des Wasserversor-
gungsunternehmens — darunter verstanden werden. Innerhalb des Gebäudes z. B. für
den Betrieb von Druckerhöhungsanlagen, für Wartung und Inspektion der verschiedenen Wasserzähler anfallende Kosten sind jedoch gemäß Abbildung 2 zu verrechnen.
Dieselben Überlegungen und Abgrenzungen gegenüber der Zweiten Berechnungsverordnung gelten analog auch für die hauseigenen Wasseraufbereitungsanlagen wie z. B.
thermische Desinfektionsanlagen von Krankenhäusern oder Neutralisationsanlagen
von Instituten.

Erst wenn derartige Anlagen außerhalb des Gebäudes z. B. zentral für eine Universität unterhalten werden und verschiedene Gebäude daran angeschlossen sind, werden die zur Anlieferung bis zum Eintritt in das Gebäude entstandenen Kosten unter Punkt 5.2 DIN 18960 verrechnet.

Ähnliche Abgrenzungen ergeben sich auch für die anderen Energien entsprechend Abb. 2, wie im folgenden noch ausführlich dargelegt werden wird.

Unter Abwasser bzw. Wasser zur Erzeugung von Wärme oder Kälte in zusammenhängendem System ist beispielsweise das Wasser bzw. Abwasser zu verstehen, das durch die Verwendung für Kühlzwecke in wassergekühlten Kältemaschinen verbraucht wird. Der Wasserverlust ist umfangreichen Warmwasserheizungen infolge Undichtheit des Wasserleitungssystems gehört ebenfalls nicht hierher.

Wie aus Abbildung 2 ersichtlich ist, zählt auch der Verbrauch von Wasser für die Reinigung und Pflege der zum Gebäude gehörenden Verkehrsanlagen und Grünflächen zu den unter Punkt 5.2 DIN 18960 auszuweisenden Kosten. Eine Ausnahme ist denkbar, wenn die zu dem Gebäude gehörenden Außenanlagen wesentlich größer sind als zur baulichen Nutzung erforderlich.

Eine weitergehende Gliederung über die Aufteilung in „Abwasser" und „Wasser" hinaus empfiehlt sich für Großabnehmer, wie z. B. Warmwasserverbrauch, Wasserverbrauch für Außenanlagen.

Produktionsbedingter Wasserverbrauch z. B. für den Betrieb von Wäschereien zählt definitionsgemäß nicht zu den Baunutzungskosten nach DIN 18 960.

Kostengruppe 5.3: Wärme und Kälte

Abgrenzung:
Heizstoffe, auch Fernwärme und Fernkälte zur Erzeugung von Raum-, Lüftungs- und Wirtschaftswärme oder -kälte.
(Hierzu gehören auch Wasser, Abwasser und Strom zur Erzeugung von Wärme und Kälte in zusammenhängenden Systemen.) Gesamtverbrauch an Gas, jedoch nicht technische Gase.

Wärme und Kälte ist im Hinblick auf die abzusehende Entwicklung der integrierten Energieversorgung (z. B. Wärmeverschibung mittels Wärmepumpen von der Süd- zur Nordseite eines Gebäudes) und auch im Hinblick auf die zusammenhängende Aufgabe der Schaffung behaglicher Raumluftbedingungen in Gebäuden zur Sommer- wie zur Winterzeit zusammengefaßt worden.

Als Heizstoffe kommen vorwiegend Öl, Kohle, Gas, aber auch Strom in Frage. Die Hilfsenergie zur Umwälzung des Heizwassers, evtl. Verbrauch von Wasser, Personalkostenanteile für die Betreuung der heizungstechnischen Anlagen, die Reinigung und Wartung der Kessel, deren Bedienung sowie Schornsteinreinigung, gehören zu den Betriebskosten nach Punkt 5.2, 5.4, 5.5, 5.6 bzw. 5.8.

Diese strenge Abgrenzung der Betriebskostengruppe „Wärme und Kälte" vom Begriff der Kosten für die Heizungsanlagen bzw. Kälteerzeugungsanlagen gilt nach dem Prinzip dieser DIN-Norm nur, soweit die Medien innerhalb des Gebäudes verteilt werden.

Vergleich der Aufteilung der Betriebs-Kosten nach DIN 18960 und nach II. BV sowie VDI 2067

II. BV ⟨Anl. 3 (zu § 27 Abs. 1)⟩ Kosten für — DIN 18960 Teil 1	1. Kapitalkosten	2. Abschreibung	3. Verwaltungskosten	4. Steuern	5.1 Gebäudereinigung	5.2 Abwasser und Wasser	5.3 Wärme und Kälte	5.4 Strom	5.5 Bedienung	5.6 Wartung und Inspektion	5.7 Verkehrs- u. Grünflächen	5.8 Sonstiges	6. Bauunterhaltungskosten
1. Steuern				x									
2. Wasser						x		x	x	x		x	
3. Heizung							x	x	x	x		x	
4. Warmwasser						x		x	x	x		x	
5. Aufzug								x	x	x		x	
6. Straßenreinigung + Müll											x	x	
7. Abwasser						x		x	x	x			
8. Reinigung					x								
9. Garten											x		
10. Beleuchtung									x	x			
11. Schornsteinreinigung												x	
12. Versicherung												x	
13. Hauswart												x	
14. Antennen									x	x			
15. Wascheinrichtung						x		x		x		x	
16. Sonstiges												x	
Instandhaltungskosten										x			x
VDI 2067													
1. Kapitalgebundene Kosten	x												x
2. Verbrauchsgebundene Kosten						x	x	x				x	
3. Betriebsgebundene Kosten										x	x	x	
4. Sonstige Kosten		x	x	x								x	

Die Kopfspalte trägt über der Betriebskosten-Gruppe 5.1–5.8 die zusammenfassende Überschrift **Betriebskosten DIN 18960**.

Abb. 2

Kommt die Wärme als Fernwärme bzw. Fernkälte von außen an das Gebäude heran, so sind in diesen ebenfalls hier zu verrechnenden Kosten in der Regel alle mit der Lieferung der Wärme bzw. Fernkälte zusammenhängenden Nebenkosten für Personal-, Umwälzstrom, Kapitaldienst, Verwaltung, Steuern sowie Bauunterhaltung enthalten.

Wärme und Kälte aus zusammenhängenden Systemen ist wie folgt zu verstehen:
Wird Kälte durch Nutzung der relativ niederen Temperatur von Leitungswasser erzeugt, so gehören die Kosten für das verwendete Trinkwasser, die Abwassergebühren sowie der Strom zur Umwälzung dieses Kühlwassers zu Kostengruppe 5.3. Ebenso gehören die Kosten für Strom zur direkten Raumwärmeerzeugung bzw. Raumkälteerzeugung z. B. für den Betrieb von örtlich aufgestellten Klimaschränken hierher.
Die Kosten für Gasverbrauch, der nicht für die Erzeugung von Raumwärme bzw. Wirtschaftswärme benötigt wird, gehören nicht zu den Baunutzungskosten. Die Kosten für den Betrieb von beispielsweise Bunsenbrennern in Instituten sind eindeutig produktions- bzw. betriebsspezifische Kosten (z. B. für Forschungen).

Neben dem Gliederungsvorschlag wird bei hochinstallierten Gebäuden noch eine weitere Untergliederung der Wärme bzw. der Kälte in folgende Untergruppen zweckmäßig sein:
a) Transmissionswärme- und Fugenlüftungswärmebedarf nach DIN 4701,
b) Lüftungswärme zur Erwärmung der Luft in lufttechnischen Anlagen,
c) Wärme zur Warmwasserbereitung (für Sterilisations- und Kochzwecke).

Handelt es sich um einen großen Anteil von Kochwärmebedarf, z. B. bei einer Zentralküche, so können die Kosten, die für das Kochen anfallen, als betriebsspezifische bzw. produktionsbedingte Kosten des Nutzers ausgeschlossen werden, da sie nicht zu den Baunutzungskosten zu zählen sind.
Analog könnte die Untergruppe „Kälte" in Kälte für raumlufttechnische Behandlung, sonstige technische Anlagen und Geräte und in Kälte für Wirtschaftszwecke aufgeteilt werden.

2.3.5.4 Kostengruppe 5.4: Strom

Abgrenzung:
Gesamtverbrauch außer zur Erzeugung von Wärme und Kälte in zusammenhängenden Systemen nach Kostengruppe 5.3

Was bereits zu „Abwasser — Wasser" und „Wärme und Kälte" als wichtigen Unterscheidungsmerkmalen gegenüber dem Begriff der Zweiten Berechnungsverordnung hervorgehoben wurde, gilt analog auch für die Stromkosten. So werden hier lediglich die vom Energieversorgungsunternehmen in Rechnung gestellten Meßpreise, Leistungs- und Arbeitspreise angesetzt, nicht jedoch die Kosten für Wartung, Inspektion und Bedienung der elektrotechnischen Anlagen. Diese sind unter Punkt 5.5 und 5.6 zu verbuchen.
Auch der für die Beleuchtung der Außenanlagen und der privaten Verkehrsflächen verbrauchte Strom ist hier analog der Verrechnung des Wasserverbrauchs gemäß

Punkt 5.2 zu verbuchen. Wird jedoch der Strom zur direkten Erzeugung von Wärme oder zum Betrieb von Kälte für Klimaanlagen verwendet, so zählen die hierfür aufgewandten Stromkosten zu den Betriebskosten nach Punkt 5.3.

Der Stromverbrauch für den Betrieb beispielsweise großer Kühlräume in Metzgereien oder Instituten gehört zu den produktionsbedingten Kosten, also nicht zu den Baunutzungskosten. Von den Kosten für den Betrieb von Notstromanlagen sind nach Ansicht der Verfasser lediglich die Kraftstoffkosten hier zu verbuchen. Die Kosten für Bedienung, Inspektion und Wartung derartiger Anlagen sind unter Punkt 5.5 und 5.6 zu verrechnen. Diese Abgrenzung für Notstromanlagen gilt nur, sofern sich diese Anlagen im Gebäude befinden.

Gerade beim Stromverbrauch läßt sich eine Trennung in Strom für Baunutzungskosten nach DIN 18 960 und produktionsbedingten Stromverbrauch z. B. für Institutsgebäude in der Praxis kaum durchführen. Lediglich Großverbraucher, wie z. B. Versuchsanlagen, werden separat zu erfassen sein, so daß Gebäudeart und spezifischer Stromverbrauch zum Zwecke von Vergleichen miteinander zu koppeln sind.

Eine Aufgliederung in Strombedarf für Beleuchtung und Kraftstrom ist empfehlenswert. Für Zwecke der Analyse des Strombedarfs- und Verbrauchs empfiehlt sich eine weitere Aufteilung in Kosten aus dem Leistungspreis und Kosten aus dem Arbeitspreis sowie gegebenenfalls für Tag- und Nachtstromverbrauch.

2.3.5.5 Kostengruppe 5.5: Bedienung

Abgrenzung:
Bedienen von haus- und betriebstechnischen Anlagen

Unter Bedienung versteht man Tätigkeiten bei der Betreuung von haus- und betriebstechnischen Anlagen wie Betätigen (Ein- und Ausschalten, auch Einstellen von z.B. Zeitschaltuhren), Beobachten (Funktionskontrolle), Beschicken, Nachfüllen — soweit hier keine besondere Fachkunde erforderlich ist. Die Abgrenzung zum Begriff „Warten und Inspizieren" ist aus der nachfolgenden Erläuterung zur Kostengruppe 5.6 ersichtlich.

Obwohl bereits in zahlreichen Bauten die Bedienung der haus- und betriebstechnischen Anlagen zusammen mit der Inspektion und einem Teil der Wartung von den gleichen Personen erledigt wird, ist nach der vorliegenden DIN-Norm eine getrennte Erfassung aus folgenden Gründen vorgesehen worden:

a) Bedienen ist eine andere Art der Betreuung von haus- und betriebstechnischen Anlagen als Wartung (vergl. Steuern eines Autos und dessen Wartung und Inspektion durch die KfZ-Werkstatt bzw. den TÜV).

b) Auch die DIN 31 051 Blatt 1 „Instandhaltung, Begriffe" hat die Tätigkeit Bedienung nicht angesprochen.

c) Je nach Grad der Automation der haus- und betriebstechnischen Anlagen kann bei der Betrachtung der Betriebskosten der Personalaufwand für die Bedienung von erheblicher Bedeutung sein (z. B. Heizzentralen mit Bedienung durch 5–7 Kesselwärter rund um die Uhr oder automatische Heizanlagen ohne ständige Beaufsichtigung).

Zu den Kosten der Bedienung zählen nicht die Pflegearbeiten gemäß nachfolgender Erläuterung unter Punkt 5.6.
Hierher kann jedoch ein Teil der Kosten für den Hausmeister bei mittleren Gebäuden, bei großen und mittleren Gebäuden ein Teil des Personals, das beispielsweise die Steuer- und Regeleinrichtungen bedient, gerechnet werden.

2.3.5.6 Kostengruppe 5.6: Wartung und Inspektion

Abgrenzung:

Wartung und Inspektion der haus- und betriebstechnischen Anlagen einschließlich damit zusammenhängender kleinerer Reparaturen, Auswechseln von Verschleißteilen, Gebühren. Hilfs- und Betriebsstoffe

z. B. Lampen
   Chemikalien für Abwasser- und Wasseraufbereitung
   Filter
   Schmierstoffe
   Dichtungen.
(Hierzu gehören nicht allgemeine Hausdienste wie Pförtner, Nachwächter oder Hausmeister.)

Diese beiden Tätigkeiten wurden zusammengefaßt, weil sie ineinandergreifende Tätigkeiten darstellen und in vielen Fällen von den gleichen Fachkräften erledigt werden können.

Warten beinhaltet Tätigkeiten an haus- und betriebstechnischen Anlagen, die in der Regel eine besondere Fachkenntnis voraussetzen, wie

- Ein- und Nachstellen — soweit nicht bei 5.5 eingeordnet
- Schmieren und Nachfüllen von Betriebsstoffen und Hilfsstoffen, z. B. Chemikalien für Abwasser und Wasseraufbereitungsanlagen, Auffüllen von Öl, Aufladen von Akkumulatoren u.a. — soweit nicht bei 5.5 eingeordnet
- Auswechseln von Verschleißteilen und Betriebsstoffen wie Keilriemen, Lagerbüchsen, Kugellager, Ventile, Hähne, Sicherungen, Dichtungen, Lampen. Ferner Nachfüllen von Öl und Ersetzen von Filtern.
- Ausbessern und Austauschen von fehlerhaften Bauteilen bzw. Kleinreparaturen, z.B. Ersetzen elektronischer Regler, Erneuerung von Schützen und Stellmotoren und andere Kleinreparaturen, sofern sie mit relativ geringem zeitlichen Aufwand durchzuführen sind und das technische System der Anlagen nicht verändern.
- Reinigen an haus- und betriebstechnischen Anlagen wie Filtern, Wassereinläufen, Sieben, nicht jedoch das Reinigen der Räume (siehe Gruppe 5.1).

Die Wartung hat somit mehr mit der Pflege der haus- und betriebstechnischen Anlagen zu tun mit der Schwerpunkttätigkeit Reparaturen oder Instandsetzung nach DIN 31051.

Die *Inspektion* beinhaltet die Prüfung (auch Kontrolle, Revision, oder Überwachung) einschließlich der Feststellung und Beurteilung des Zustandes, der Betriebsbereitschaft und Betriebssicherheit der haus- und betriebstechnischen Anlagen — soweit nicht einfache Funktionskontrollen im Rahmen der Bedienung erledigt werden.

Diese regelmäßig wiederkehrende Prüftätigkeit läßt sich nach drei Arten unterscheiden:

a) Zustandsprüfung, d. h. Feststellung von Mängeln, wie z. B. Undichtheiten, durch
   Inaugenscheinnahme.
b) Funktionsprüfung, d. h. Feststellung von Betriebsabläufen, eventuell mittels besonderer Prüfgeräte, z. B. beim Ein- und Ausschalten der Ölfeuerungen.
c) Technische Prüfung, d. h. Feststellung von Betriebsdaten (= Messung) mittels besonderer Prüfgeräte zwecks Vergleich mit Sollwerten, z. B. Temperaturen,
   Drücken oder Luftmengen.

Diese Prüfungstätigkeiten gehen in der Regel der Wartung und Reparatur der haus-
und betriebstechnischen Anlagen (= Bauunterhaltung gemäß Gruppe 6) voraus.

Die Inspektion der *baulichen* Anlagen, die sogenannten Bauschauen, gehören zum
Aufwand, der unter Gruppe 6 ,,Bauunterhaltungskosten'' zu verbuchen ist.

Gebühren fallen an:
● für die Überwachung des TÜV, z. B. bei Aufzügen, Heizkesselanlagen, Tankanlagen usw.,
● für die Überwachung von Feuerlöscheinrichtungen seitens der Feuerwehr,
● für die Überwachung der Feuerstellen durch den Schornsteinfeger,
● für die Überwachung durch das Gesundheitsamt, z. B. für Brunnenanlagen und
   Badeanlagen, und schließlich
● für die Überwachung oder Wartung durch Betreuungsfirmen, z. B. im Rahmen
   eines Inspektions- und Wartungsvertrages.

Aus dieser Definition ergibt sich, daß der Wachdienst und zumindest ein Teil der
allgemeinen Hausmeistertätigkeit, wie Schließen der Räume, Beaufsichtigen des
Gebäudebetriebs usw. nicht zu dieser Gruppe zu zählen ist. Sofern sich die Hausmeistertätigkeit nicht unmittelbar auf die Beaufsichtigung des ordnungsgemäßen
Betriebs der haus- und betriebstechnischen Anlagen bezieht und weder Bedienung,
Inspektion noch Wartungstätigkeit darstellt, kann diese Tätigkeit zu 5.8 gezählt
werden.

2.3.5.7 Kostengruppe 5.7: Verkehrs- und Grünflächen

Abgrenzung:
**Reinigung und Pflege der Verkehrsanlagen und Grünflächen einschließlich der not-
wendigen Hilfsstoffe**
z. B. Unterhaltungsarbeiten bei Vegetationsflächen
    Straßen- und Gehwegreinigung
    Schneebeseitigung
    Streudienst

Hier sind die Pflegekosten für diejenigen Verkehrs- und Grünflächen zu verbuchen,
die zum Gebäude gehören. Kosten für umfangreichere Parkanlagen werden nur zum
Teil hier abzusetzen sein. (Vgl. Ausführung zu Wasserverbrauch und allgemeine Einführung.) Pflegekosten für zu Erwerbszwecken benutzte Vegetationsflächen und Anpflanzungen gehören nicht zu den Baunutzungskosten nach dieser DIN.

Welche Hilfsstoffe zur Pflege der Vegetations- und Grünflächen hier zu verbuchen sind, gibt DIN 18 919 an:
Dünger- und Bodenverbesserungsstoffe,
Saatgut,
Pflanzenschutzmittel,
Unkrautbekämpfungsmittel,
Baumpfähle,
Bindegut,
Drähte,
Schutzmittel gegen Wildverbiß.
Von dieser Aufzählung ausgenommen sind jedoch die Wasserkosten, die unter Punkt 5.2 der DIN 18 960 zu verbuchen sind.
Die Personalkosten für Pflanzungen und Rasenflächen sind hier anteilsmäßig zu verrechnen, soweit sie zur Pflege der Grün- und Vegetationsflächen anfallen. Auch die Kosten für Reinigung und Pflege der Spielflächen und der Wäschetrockenplätze gehören hierher.
Nicht hierzu zählen jedoch die Personalkosten für die Beaufsichtigung der Spielplätze und Parkplätze. Diese Kosten können unter „Verschiedenes" verbucht werden, soweit sie vom Hausmeister im Rahmen seiner allgemeinen Pflichten übernommen werden.
Kosten für die Straßen- und Gehwegreinigung einschließlich Streudienst sind ebenfalls hier zu verbuchen.
Die Kosten für das Streichen von Holzzäunen und kleinere Ausbesserungen an Gartenmauern, Treppen und an Zäunen gehören zu den Bauunterhaltungskosten nach Kostengruppe 6 der DIN 18 960.

2.3.5.8 Kostengruppe 5.8: Sonstiges

Abgrenzung:
**Sonstige Betriebskosten
z. B. Abfallbeseitigung
Schornsteinreinigung
Aufsichts- und Hausmeisterdienst.
Versicherungen für das Gebäude oder Grundstück.**

Hier sind alle Kosten anzusetzen, die als Betriebskosten mit der Bewirtschaftung des Gebäudes und dessen bestimmungsgemäßer Nutzung unmittelbar zusammenhängen, aber in den Kostengruppen 5.1—5.7 nicht erfaßt sind.

Kosten der Abfallbeseitigung

Zu ihnen gehören in erster Linie die Gebühren für die gemeindliche Müllabfuhr. Werden sie nicht mitgeteilt, so können sie der entsprechenden Gemeindesatzung entnommen werden. Ist mit der Müllabfuhr ein Privatunternehmen betraut, so ist das an diesen zu bezahlende Entgelt anzusetzen. Wird dieses nicht mitgeteilt, so wird es bei der Gemeindeverwaltung zu erfragen sein. Obliegt die Abfallbeseitigung dem

Hauseigentümer selbst, so kann hierfür der Betrag angesetzt werden, den er ggfs. an einen Dritten (Gemeinde, Privatunternehmen) zu bezahlen hätte. Dies gilt auch für die Kosten der Beseitigung von solchem Abfall, der der Müllabfuhr nicht unterliegt, aber doch der Gebäudenutzung und nicht etwa der Produktion zuzurechnen ist.

Kosten für Schornsteinreinigung

Kosten für die Schornsteinreinigung nach dem Schornsteinfegergesetz vom 15.9.1969 öffentlich-rechtlich betrieben. Die Länder bestimmen durch Rechtsverordnung, welche Gebühren und Auslagen der Bezirksschornsteinfegermeister erhebt. Die Gebührenordnungen sind daher öffentlich bekanntgemacht.
Sofern bestimmte Schornsteine, Feuerstätten und dgl. der Reinigungspflicht des Bezirksschornsteinfegermeisters nicht unterliegen, können für deren Reinigung zusätzliche Kosten anfallen; sofern derartige Kosten nicht vom Eigentümer geltend gemacht werden, kann ein Ansatz bei der Baunutzungskostenberechnung entfallen.

Kosten für Aufsichts- und Hausmeisterdienst

Die Kosten für Hausmeister usw. umfassen zunächst einmal die sogenannten allgemeinen Hausdienste, also die laufenden Arbeiten für Nutzung und Betrieb des Gebäudes, wie etwa Überwachung der Gemeinschaftsanlagen und technischen Betriebseinrichtungen, Schutzmaßnahmen bei Frost, Gewährleistung der Einhaltung der Hausordnung, Unterstützung des Eigentümers bei der Hausverwaltung usw.
Die Personalkosten hierfür gehören eindeutig zur Kostengruppe 5.8. Hierzu rechnen jedoch auch die Kosten eines Hausmeisters insoweit, als diesem ohne besonderes Entgelt Aufgaben im Zusammenhang mit anderen Betriebskostenarten nach 5.1—5.7 obliegen, also etwa die Überwachung der Haus- und Gehwegreinigung (soweit sie ihm nicht sogar selbst obliegt), die Bedienung der haustechnischen Einrichtungen einschließlich der Überwachung der Kundendienste und er Pflege der Außenanlagen. Insoweit ist also nicht etwa ein Personalkostenanteil für den Hausmeister bei den einzelnen Betriebskostenarten anzusetzen; die für diesen entstehenden Kosten werden vielmehr unter Nr. 5.8 zusammengefaßt. Etwas anderes gilt nur, wenn die Tätigkeit des Hausmeisters für eine bestimmte Betriebskostenart das übliche Maß übersteigt, wenn also ein Hausmeister wegen besonderer Kenntnisse Arbeiten übernimmt, die üblicherweise einem Dritten, etwa einem Handwerksunternehmen, übertragen werden oder wenn dem Hausmeister für bestimmte Tätigkeiten im Bereich der Kostengruppen 5.1—5.7 eine Sondervergütung gewährt wird. Diese Personalkosten sind dann nicht bei Nr. 5.8, sondern bei der jeweiligen Betriebskostengruppe zu veranschlagen.
Die Personalkosten sind, soweit sie nicht im einzelnen belegt sind, nach Erfahrungswerten zu schätzen.

Kosten für Versicherungen für Gebäude oder Grundstücke

Hierzu rechnen die Prämien der auf Gebäude und Grundstück bezogenen Sach- und Haftpflichtversicherungen, gleichfültig ob es sich um freiwillige oder Pflichtversiche-

rungen, um privatrechtlich oder öffentlich-rechtlich organisierte Versicherungsträger handelt. Zu den Betriebskosten gehören danach die Abgaben zur Gebäudebrandversicherungsanstalt (z. B. in Baden-Württemberg) ebenso wie die Prämien einer privaten Feuerversichrung in anderen Rechtsgebieten, ferner Aufwendungen für Versicherungen gegen Feuer-, Unwetter- oder Wasserschäden, für eine Glasbruchversicherung, eine Machinenversicherung, eine Luftfahrzeugschadenversicherung (soweit nicht Personenschäden versichert sind), sowie für Haftpflichtversicherungen für Gebäude und Grundstück und für bestimmte Einrichtungen, die eine Haftung des Eigentümers auslösen können (Aufzug, Öltank).
Nicht zu Nr. 5.8 gehören dagegen Versicherungen im Zusammenhang mit einer Baumaßnahme, wie etwa die Rohbauversicherung, Bauschädenversicherung oder Bauherrenhaftpflichtversicherung.

Sonstige Kosten

Zu Nr. 5.8 gehören auch alle weiteren mit der Bewirtschaftung des Gebäudes und dessen bestimmungsgemäßer Nutzung unmittelbar zusammenhängenden Betriebskosten, die nicht in die Kostengruppen 5.1 -5.7 eingeordnet werden können. Hierzu dürfte auch der Mietzins zu rechnen sein, wenn eine solche Anlage, z.B. eine Gemeinschaftsantenne, nicht dem Hauseigentümer gehört, sondern von diesem gemietet wird.

2.3.6 Kostengruppe 6: Bauunterhaltungskosten

Abgrenzung:
‚Gesamtheit der Maßnahmen zur Bewahrung und Wiederherstellung des Sollzustandes von Gebäuden und dazugehörenden Anlagen, jedoch ohne Reinigung und Pflege der Verkehrs- und Grünflächen nach Abschnitt 5.7 und ohne Wartung und Inspektion der haus- und betriebstechnischen Anlagen nach Abschnitt 5.6.
(Nicht zur Bauunterhaltung gehören Maßnahmen zur Nutzungsänderung der Gebäude oder Liegenschaften.)
Untergliederungsvorschlag:
   1   Bauwerk
   1.1 Baukonstruktionen
   1.2 Installationen und betriebstechnische Anlagen
   1.3 Betriebliche Einbauten
   2   Gerät
   3   Außenanlagen

Obwohl der Begriff der Bauunterhaltung im Bauwesen seit eh und je weitgehend üblich ist, ging es bei der Diskussion im Normenausschuß im wesentlichen um folgende zwei Prämissen:
a) Begriff und Definition sollten weitgehend mit der DIN 31051 abgestimmt sein.
b) Die Abgrenzung zu den anderen Kostengruppen, im besonderen zur Kostengruppe 5 „Betriebskosten", muß so eindeutig wie möglich sein.

Beide Ziele wurden mit der nunmehr gewählten Formulierung erreicht. Dabei ist zu berücksichtigen, daß der Begriff Instandhaltung gemäß DIN 31 051 nicht übernommen wurde, weil zu den reinen Instandhaltungsarbeiten auch zusätzliche Maßnahmen unter diese Kostengruppe aufgenommen werden, die unter die Begriffe „Betrieb und Bedienen" gehören, bzw. weil die Maßnahmen zur Bewahrung der haustechnischen Anlagen in die Tätigkeiten „Instandsetzung" (Reparaturen) und „Wartung" im Rahmen der Betriebsführung aufgeteilt werden müssen. Deshalb steht in der Spalte Abgrenzung der Begriff „Maßnahmen zur Bewahrung" — ausgenommen Wartung haustechnischer Anlagen. Die DIN 31 051 rechnet zu den „Maßnahmen zur Bewahrung des Sollzustandes" bei Gebäuden wie bei haustechnischen Anlagen auch die „Wartung". Wartung und Inspektion der haus- und betriebstechnischen Anlagen gehören aber zur Kostengruppe 5 „Betriebskosten", weil diese Tätigkeiten aus organisatorischen Gründen mit der Bedienung zusammenhängen – zumindest bei hochinstallierten Bauten mit hauptamtlichen Bedienungspersonal —, weil diese Tätigkeiten im Unterschied zur Bauunterhaltung in regelmäßigem Turnus anfallen (Vgl. auch in 2.3.5.6) und in der Regel nicht von dem gleichen Fachpersonal ausgeführt werden.

Bei allen anderen Anlagen bzw. Bauteilen ist es zumindest im Bauwesen nicht üblich, von „Wartung" zu sprechen, sondern von Pflege bzw. von Schönheitsreparaturen. Beide Begriffe sind in den Normen bisher nicht definiert. Sie sind aber Maßnahmen zur Bewahrung des Sollzustandes im Sinne der DIN 31 051. In der Bauunterhaltung sind meist auch Maßnahmen, die technische Verbesserungen gegenüber dem ursprünglichen Zustand enthalten, inbegriffen. Die Kosten hierfür sind bei den Bauunterhaltungskosten zu belassen, wenn sie nicht Nutzungsänderungskosten sind.

Bauunterhaltung umfaßt also in einem gewissen Maße auch Modernisierungsmaßnahmen. Voraussetzung ist allerdings, daß das Wirtschaftsgut von der Substanz (z. B. Größe) und der Gebrauchsfähigkeit her gesehen keine Änderung erfährt.

(Siehe hierzu auch Anmerkungen zu „Begriff der Baunutzungskosten"; vgl. die steuerlichen Regelungen z. B. in den Einkommensteuer-Richtlinien § 157 — Erhaltungsaufwand, Herstellungsaufwand — und in der II. BV § 28.)
Ersatzbeschaffungen für zerstörte, in Verlust geratene oder beschäftigte Teile gehören zur Kostengruppe 6 „Bauunterhaltungskosten".
Verbrauchsmaterial, Betriebsstoffe, Verschleißteile und dergleichen sind 5.6 „Wartung und Inspektion" zuzuordnen, ebenso die sogenannten Kleinreparaturen gemäß Abschnitt 2.3.5.6.

2.4 Allgemeine Hinweise zur Handhabung der DIN 18 960

Mit Hilfe der Gliederung der Investitionskosten nach DIN 276 und der Baunutzungskosten nach DIN 18 960 können, wenn die Zielgröße „optimale Nutzungsbedingungen" festgelegt ist, die einzelnen Variablen und die Ausführung von Veränderungen vollständig erfaßt und weitgehend vorausberechnet werden. Voraussetzung ist u. a. eine sinnvolle Handhabung der DIN 18 960. Diese Norm soll die Ermittlung der Baunutzungskosten nach einheitlichen Gesichtspunkten ermöglichen.

Unter Ermittlung ist hier analog zur DIN 276 Blatt 3 der der jeweiligen Planungsphase entsprechende Schärfegrad — also Kostenschätzung, Kostenberechnung, Kostenanschlag und Kostenfeststellung — zu verstehen. Einheitliche Gesichtspunkte gelten sowohl für die Abgrenzung der Baunutzungskosten zu anderen — etwa betrieblichen — Folgekosten als auch für die Gliederung der Berechnung entsprechend den Kostengruppen. Diese Gliederung ist also, wie der Begriff der Baunutzungskosten, bei Anwendung der DIN 18 960 verbindlich. Als Grundlage zur Prüfung der Wirtschaftlichkeit im Einzelfall ist die DIN 18 960 allein nicht ausreichend. Neben der geforderten

* Ermittlung der Baunutzungskosten nach einheitlichen Gesichtspunkten,
* zweckmäßigen Kostengliederung und
* einheitlichen Abgrenzung der Kostenfaktoren

ermöglicht erst das Vorliegen weiterer Rahmenbedingungen aussagekräftige Vergleiche und Wirtschaftlichkeitsuntersuchungen. Der Vergleich zwischen dem Kölner Dom und einem Bürohaus wird keine wesentlichen Erkenntnisse bringen, auch wenn Brutto-Rauminhalt und Gebäudehöhe gleich sein sollten. Innerhalb dieser Aussagen werden deshalb Rahmenbedingungen und Gruppierungen vorgeschlagen, die solche aussagekräftigen Vergleiche und Wirtschaftlichkeitsuntersuchungen ermöglichen könnten.

Selbst dann jedoch sind Vergleiche und Wirtschaftlichkeitsuntersuchungen dieser Art nicht vorbehaltlos brauchbar. Als Gründe für die Notwendigkeit weiterer Differenzierung sei beispielhaft auf unterschiedliche Umwelteinflüsse Klimazonen usw.), Unterschiede in der baulichen Gliederung und weitere in Nr. 7 der DIN 18 961 Teil 1 „Kostenkennwerte und Kostenrichtwerte im Hochbau" aufgeführte kostenbeeinflussende Faktoren hingewiesen.

Ein Fortschritt ist das Normblatt zur Optimierung von Bauwerken, Gebäuden und technischen Anlagen (s. auch DIN 19 236).

Der Erfolg der DIN 18 960 hängt zu einem ganz wesentlichen Teil von ihrer gleichartigen Anwendung ab. So wird die Brauchbarkeit von Vergleichen leiden, wenn etwa die Telefonkosten einmal zu den Baunutzungskosten, ein anderes Mal zu den betriebsspezifischen und produktionsbedingten Sachkosten gerechnet werden. Die Verfasser der DIN 18 960 waren sich bewußt, daß die erforderliche Gleichförmigkeit in der Anwendung der Norm Kompromisse bei der Zuordnung einzelner Kosten zu den vorgegebenen Kostengruppen erfordern wird, die nicht in jedem Einzelfall befriedigen mögen. Diese Kompromisse sind jedoch notwendig, um den Normzweck zu erreichen. Solche Schwierigkeiten können bei der Abgrenzung Grundstück/Bauwerk, bei der Zuordnung bestimmter Kosten zu den nutzungsbedingten, bei der Abgrenzung der Baunutzungskosten von den Personalkosten auftreten. Eine allzu enge am Wortlaut klebende Auslegung verbietet sich daher.

Die DIN 18 960 legt nicht fest, wie der Betrag der einzelnen Kostengruppen und damit der Baunutzungskosten insgesamt zu ermitteln ist. Dies ist unproblematisch bei für die gesamte Lebensdauer in etwa gleichbleibenden Kostengruppen. Zu den Kosten der Baunutzungskosten gehören jedoch alle hierfür während der Lebensdauer des Bauwerks erforderlichen Kosten und damit auch solche, die nur während eines

Teils der Lebensdauer anfallen, wie etwa diejenigen der Baufinanzierung (so liegt die Tilgungsfrist der Baudarlehen in aller Regel wesentlich unter der Lebensdauer des Gebäudes), ferner sporadisch auftretende Kosten (z.B. Prüfgebühren bei mehrjährigem Prüfungsturnus) und schließlich auch Kosten, die zwar während der ganzen Lebensdauer, aber in unterschiedlicher Höhe auftreten (wie die Bauunterhaltungskosten).

In all diesen Fällen ist die Festlegung der Baunutzungskosten sowohl nach auf den Anwendungszeitpunkt bezogenen tatsächlichen Kosten (etwa des vorangegangenen Kalenderjahres) als auch nach Mittelwerten möglich, die sich durch die Umrechnung auf jährliche Mittelwerte ergeben (also durch fiktive Streckung der Baufinanzierung auf die ganze Lebensdauer, die Umlegung der Fälle von sporadisch auftretenden Kosten bzw. der gesamten voraussichtlichen Bauunterhaltungskosten auf einen Durchschnittswert pro Jahr). Ob von den tatsächlichen Kosten oder vom Mittelwert ausgegangen wird, ist im Einzelfall nach Gründen der Zweckmäßigkeit zu entscheiden. Ein Vergleich von Baunutzungskosten — dies wird hier einen wesentlichen Teil der Anwendungsfälle der DIN 18 960 ausmachen — ist jedoch nur dort möglich, wo die gleiche Berechnungsweise angewandt wurde; es ist also zu vermeiden, daß Baunutzungskosten auf der Grundlage von Mittelwerte mit solchen auf der Grundlage tatsächlicher Kosten zum Bewertungszeitpunkt verglichen werden.

2.5 Ausblick und mögliche Weiterentwicklung

Der vorliegende Teil 1 der DIN 18 960 enthält die Begriffsdefinition und eine grobe Kostengliederung. Es wäre sicher zweckmäßig, weitere Normblätter mit Untergliederungen (z. B. nach Gebäudelementen), Berechnungsverfahren und Anwendungsbeispielen anzuschließen. Sie konnten wegen der Bindung an weitergehende Vorschriften wie der II. Berechnungsverordnung und vor allem wegen mangelnder praktischer Erfahrung bei der systematischen Erfassung von Baunutzungskosten bisher nicht erarbeitet werden. Die Weiterarbeit an den Folgeblättern ist deshalb zunächst zurückgestellt.

Erfahrungen werden vor allem bei den Schwerpunkten der Anwendung der DIN 18 960, also voraussichtlich im Bereich der Betriebskosten und der Kosten der Bauunterhaltung, erwartet. Erst wenn diese Erfahrungen vorliegen, läßt sich abschließend beurteilen, ob der mit der DIN 18 960 erzielbare Genauigkeitsgrad ausreicht oder ob zur Erzielung größerer Genauigkeit eine Untergliederung nach weiteren Gesichtspunkten notwendig wird. So kann z.B. die Untersuchung der Wirtschaftlichkeit von technischen Gewerken oder Anlagenteilen nach weiteren Kostengruppen zweckmäßig sein (vgl. z.B. die Kostengliederung der VDI-Richtlinie 2067).

3 Erfahrungswerte

3.1 Kapitalkosten, Abschreibung, Verwaltungskosten, Steuern

3.1.1 Kapitalkosten — Kapitaldienst (Zins und Abschreibung)

Die einmaligen Kosten baulicher Investitionen, auch die Umbaukosten, müssen mittels Verzinsung und kaufmännischer Abschreibung in laufende Kosten umgewandelt werden.

Zu verzinsen sind nur die noch in der Investition gebundenen Kapitalkosten. Die gebundenen Kapitalkosten reduzieren sich laufend um die Beiträge der jährlichen Abschreibung bis auf Null. Der zeitliche Verlauf der gebundenen Kapitalkosten wird durch die Abschreibungsmethode (linear, progressiv, degressiv) festgelegt und muß nicht mit der tatsähclichen Wertminderung der Investitionen, d. h. des Gebäudes, übereinstimmen.

Die Höhe der Zinskosten wird somit vom Neuwert des Gebäudes, vom zugrunde gelegten Zinssatz und von der Abschreibungsmethode — damit auch abhängig von der Standzeit des Gebäudes — bestimmt.

Der Zinssatz richtet sich danach, wie ein Gebäude finanziert wird, bzw. danach, zu welchen Teilen Eigenmittel und Fremdmittel eingesetzt sind. Die Zinsen für die Fremdmittel liegen um den Anteil der Finanzierungskosten über den Zinsen für Eigenmittel. Die Höhe der jeweiligen Zinssätze ist abhängig von der Situation am Kapitalmarkt und ist daher über die Jahre gesehen starken Schwankungen unterworfen.

Da stets nur das noch gebundene Kapital, d. h. die Investitionskosten abzüglich der bereits erfolgten Abschreibungen, zu verzinsen ist, wirkt sich die Abschreibungsmethode entscheidend auf die Zinskosten (Kapitalkosten) aus. Je länger das Kapital im Mittel gebunden ist, desto höher werden die gesamten Zinskosten. Ferner ergibt degressive Abschreibung niedrigere und progressive Abschreibung höhere Zinskosten als lineare Abschreibung.

Da dieser enge Zusammenhang mit der Abschreibung besteht, wird im Folgenden die gemeinsame Berechnung von *Zins* und *Abschreibung*, auch *Kapitaldienst* oder *Annuität* genannt, im Falle der linearen Abschreibungsmethode gezeigt: Die jährlichen kostanten Abschreibungssätze (a) ergeben sich aus der Umlage des Neuwertes (investiertes Kapital = K) auf die Zahl der Nutzungsjahre (n) zu:

$$a = \frac{K}{n}.$$

Das gebundene und zu verzinsende Kapital vermindert sich vom Anfangswert (K) jährlich um diese Abschreibungssätze.

Die jährlichen Zinsen (z) betragen bei einem Zinssatz von p = q−1 im Mittel:

$$p \cdot \frac{K}{2} \cdot \frac{(n+1)}{n}.$$

Bei genügend langer Standzeit ($\frac{(n+1)}{n} \approx 1$) berechnen sich demnach die mittleren Zinskosten aus der Verzinsung des halben Anlagenkapitals. Dies wird verständlich, wenn man bemerkt, daß im Mittel das halbe Kapital gebunden ist. Die durchschnittlichen jährlichen Kapitaldienstkosten oder Annuitäten (k) ergeben sich aus Abschreibung und Verzinsung somit zu

$$k = a + z = K \left(\frac{1}{n} + \frac{p}{2} \cdot \frac{n+1}{n} \right).$$

Die entsprechenden Nutzungsjahre der einzelnen Bauelemente sowie des Gesamtgebäudes können z.B. aus den Wertermittlungsrichtlinien entnommen werden (siehe Tabellen im Anhang). Unter Berücksichtigung der verschiedenen Nutzungsjahre der wesentlichen Gebäudegewerke kann der gesamte Kapitaldienst aus den Einzelelementen Investitionsanteilen sowie den jeweiligen Kapitaldienstansätzen der Einzelgewerke errechnet werden.

In der Praxis wird es jedoch vielfach so sein, daß je nach Art des Gebäudes eine bestimmte Lebensdauer angenommen wird, die zwischen 30 und 100 Jahren liegen dürfte.

Da es wegen der großen Streubreite der o. g. Bestimmungsgrößen jedoch keine einheitlichen Prozentsätze für Abschreibung und Verzinsung gibt, müssen mit jedem angesetzten Prozentsatz Ungenauigkeiten in Kauf genommen werden, die zu Kostenschwankungen führen, die jegliche Genauigkeit bei der späteren Betriebskostenberechnung als „vergebliche Mühe" erscheinen läßt. Man spricht deshalb in der Praxis auch bei dem Ansatz der Kapitaldienstkosten von sogenannten fiktiven Kosten und setzt bei vielen vergleichenden Betrachtungen einen festen Prozentsatz von rd. 10 % für *Zins* und *Abschreibung* für die gesamte Bauinvestition zusammen an. ($\hat{=}$ progressive Abschreibung gemäß Abb. 4)

Die Abbildungen 3 und 4 zeigen die bisher bekannten Tabellen in graphischer Darstellung; aus ihnen kann man zu einem vorgegebenen Wertepaar — Standzeit bzw. Nutzungsjahre (n) und Zinssatz (p) — den Anteil der durchschnittlichen jährlichen Kapitaldienstkosten (Annuität) aus dem Investitionskapital (K) entnehmen.

3.1.2 Abschreibung

Bereits im vorausgegangenen Abschnitt wurde gezeigt, daß die Abschreibungskosten am einfachsten zusammen mit den Kapitalkosten berechnet werden können. Hier wurde bereits erläutert, daß die Höhe der jährlichen Kosten für die Abschreibung außer von den Bauinvestitionen auch von der Nutzungsdauer (Lebensdauer) und vom zeitlichen Verlauf der Wertminderung abhängt. Diese Lebensdauer und der den Tatsachen entsprechende Wertminderungsverlauf streut sehr stark und ist im voraus nicht bestimmbar. Die hauptsächlichen Ursachen der Wertminderung sind vor allem

Annuität als Funktion der Standzeit (n) und des Zinssatzes (p) bei linearer Abschreibung

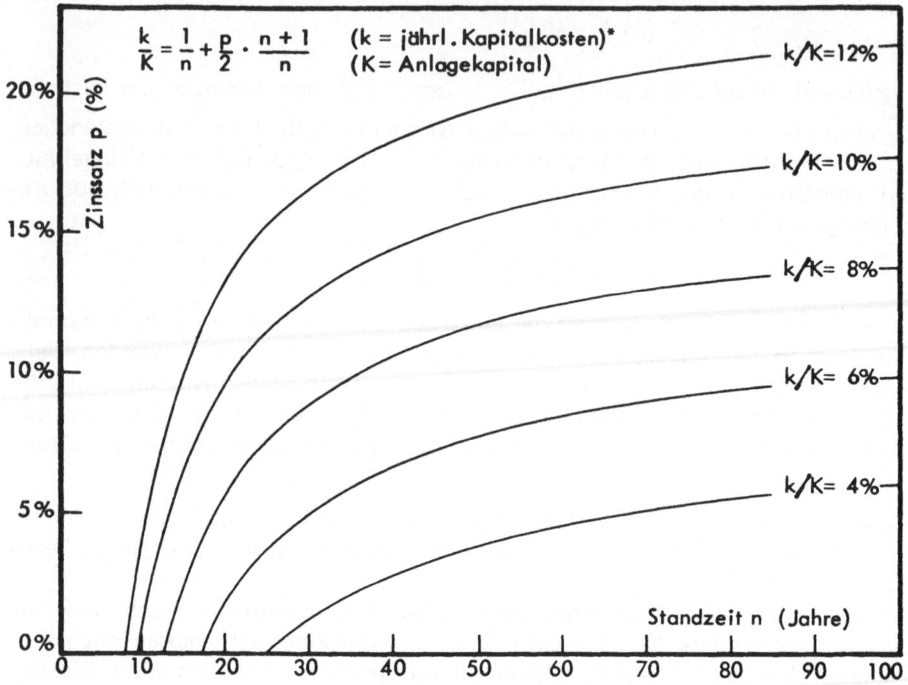

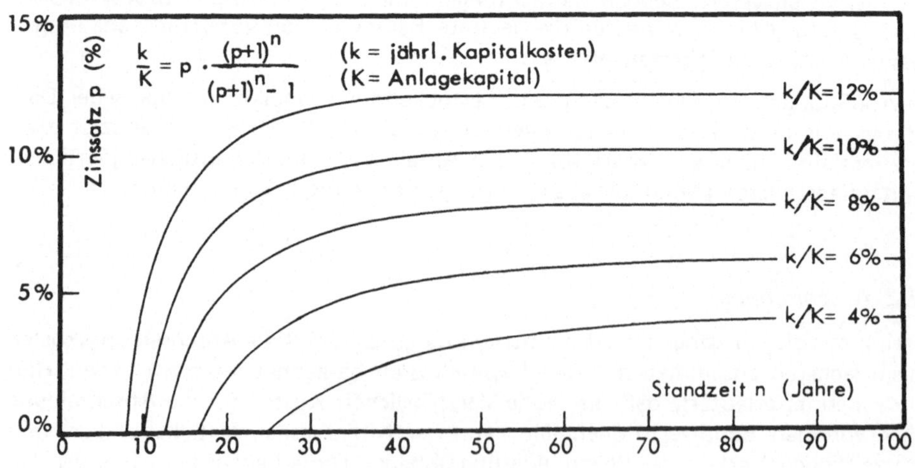

Abb. 3

Annuität als Funktion der Standzeit (n) und des Zinssatzes (p) bei progressiver Abschreibg.
("Rentenformel")

Abb. 4   * Der Begriff der Kapitalkosten beinhaltet nach Grün Zins und Abschreibung (Annuität)

42

ruhender Verschleiß, technischer Verschleiß, Katastrophenverschleiß, sowie technische und wirtschaftliche Überholung. Entsprechend der unterschiedlichen Intensität dieser Einflüsse haben die einzelnen baulichen und technischen Elemente sehr unterschiedliche Lebensdauer einen sehr unterschiedlichen Verlauf der Wertminderung.

Daher wird eine theoretische Abschreibungsmethode angenommen und dem über eine Zeitspanne reichenden Nutzen der baulichen Investitionskosten ein monitärer Aufwand zugeordnet, der regelmäßig auf die gleiche Zeitspanne verteilt wird. Als Anhaltswerte für Nutzungsdauern können die „technischen Lebensdauern" der Anlagen Nr. 5 aus den Wertermittlungsrichtlinien des Bundesministeriums für Raumordnung, Bauwesen und Städtebau von 1976 herangezogen werden. Im Anhang 7.2 dieses Buches sind die Lebensdauern für bauliche Anlagen und Bauteile, für Außenanlagen und für besondere Betriebseinrichtungen und Geräte wiedergegen

Wie diese Lebensdauern in die Berechnung der Abschreibungskosten und der Kapitalkosten einfließen und die Kostenbeträge zu errechnen sind, wurde bereits im vorangegangenen Abschnitt gezeigt.

3.1.3 Verwaltungskosten

Die Verwaltungskosten können gemäß § 26 Abs. 2 der II. BV bis zu 180,— DM/jährlich je Wohnung bzw. bei Eigenheimen, Kaufeigenheimen und Kleinsiedlungen je Wohngebäude betragen.

Eine andere Berechnungsmethode geht davon aus, daß ca. 3 bis 5 % des Rohmietertrages als Aufwandsentschädigung für Verwaltungsarbeiten für angemessen angesehen werden. Aus diesem Ansatz werden in vielen Fällen auch die Verwaltungskosten für Garagen ermittelt. Die Höhe der anfallenden Verwaltungskosten ist selbstverständlich an die allgemeine Einkommensentwicklung, d. h. die Entwicklung der Stundensätze gebunden.

3.1.4 Steuern

Die Grundsteuer ist eine Gemeindesteuer, die nach bundeseinheitlichen Grundsätzen für das Berechnungsverfahren, jedoch in unterschiedlicher Höhe von den Gemeinden für Grundstücke jeder Art erhoben wird.

Ermittlung der Grundsteuer

Für die Berechnung der Grundsteuer ist der vom Finanzamt festgestellte Einheitswert maßgebend. Dieser Einheitswert wird zunächst mit einer im Bundesgebiet einheitlichen Meßzahl, dann mit dem Hebesatz der Gemeinde, der unterschiedlich hoch ist, multipliziert. Das Produkt ergibt die jährliche Grundsteuer.

Ein Beispiel verdeutlicht die Berechnungsmethode:

Einheitswert (1.1.64) 200 000 DM, Meßzahl 3,5 % ,

Hebesatz der Gemeinde 250 %

$$\frac{200\,000 \cdot 3,5}{1000} = 700 \text{ DM}$$

Grundsteuermeßbetrag   = 100 DM

Bei einem Hebesatz von 250 % ergibt sich also eine Grundsteuer von $\dfrac{700 \cdot 250}{100}$ = 1 750 DM.

Am 12.8.73 ist das Grundsteuerreformgesetz in Kraft getreten, wonach neue Grund-steuermeßzahlen auf der Grundlage der neufestgestellten Einheitswerte zum Datum 1.1.1964 neu festgesetzt werden müssen. Nach dem Ergebnis der repräsentativen Vorerhebung zur Einheitswertstatistik 1964 für das Bundesgebiet (einschließlich Berlin-West) haben sich die Einheitswerte für bebaute Grundstücke im Durchschnitt wie folgt geändert:

	Einheitswert 1964 in % *
Mietwohngrundstücke	200 %
Geschäftsgrundstücke	335 %
Gemischtgenutzte Grundstücke	254 %
Einfamilienhäuser	275 %
Zweifamilienhäuser	250 %
Sonstige bebaute Grundstücke	350 %

* Einheitswert $\dfrac{1935}{10\ \%} = 10$

Nach einer Statistik in Baden-Württemberg beträgt das Verhältnis von Einheitswert 1964 zu bereinigtem Kaufpreis 1974 = 40 % des Kaufpreises von 1974. Der bereinig-te Kaufpreis 1974 versteht sich ohne Nebenkosten für Grunderwerbssteuer, für Messungskosten, Maklergebühren, Notariats- und Gerichtskosten.

Eine weitere Statistik des Statistischen Landesamtes Baden-Württemberg hat durch-schnittliche Grundsteuerhebesätze 1975 für die Grundsteuer B bei Stadtkreisen von 271 % und bei kreisangehörigen Gemeinden von 221 % ausgewiesen.

Vergünstigungen

Befreiungen von der Grundsteuer kommen für den privaten oder gewerblichen Grundstückseigentümer nicht in Betracht. Dagegen bestehen gewisse Grundsteuerver-günstigungen in Sonderfällen. Sie beruhen im wesentlichen auf sozialen Erwägungen. Für Grundstücke, die im sozialen Wohnungsbau oder im steuerbegünstigten Woh-nungsbau errichtet sind, darf die Grundsteuer 10 Jahre lang nur in der alten Höhe vor der Bebauung erhoben werden. Diese Steuervergünstigung setzt aber voraus, daß die auf dem Grundstück errichteten Wohnungen gewisse Größen nicht überschreiten.

3.2 Gebäudebetriebskosten

Die in diesem Abschnitt angegebenen Erfahrungswerte sind in der Praxis gewonnen worden. Zum Teil handelt es sich um Werte, die ihren Niederschlag bereits in der einschlägigen Fachliteratur gefunden haben. Zum anderen Teil wurden selbst um-fangreiche Untersuchungen und Auswertungen an bestehenden Gebäuden unter-schiedlicher Nutzungsart vorgenommen. Um das Zahlenmaterial in übersichtlichen

Grenzen zu halten, werden im wesentlichen Werte für Wohn- und Verwaltungsgebäude sowie für Schulen und Hochschulen und vereinzelt für Krankenhäuser genannt. Selbst hier kann es beispielsweise durch unterschiedlichen technischen Ausbaugrad zu erheblichen Unterschieden in allen Kostengruppen kommen.

Im allgemeinen werden die Gebäude nach ihrem Installationsgrad in „niedrig-installiert" mit einem Technikanteil von 15 bis 30 %, „mittel-installiert" mit einem Technikanteil von 30 bis 40 % und „hoch-installiert" mit einem Technikanteil von 40 bis 50 % unterschieden. Krankenhäuser und naturwissenschaftliche Institute können über diese Werte noch weit hinausgehen. Auch klimatologische und strukturelle Unterschiede in der Bundesrepublik Deutschland führen zu unterschiedlichen Werten. Bauweise — aufgelockert oder kompakt —, Materialwahl — leichte oder schwere Baustoffe — und weitere Randbedingungen müssen berücksichtigt werden, wenn man vergleichbare Gebäudebetriebskosten erhalten will.

Bei den in den nachstehenden Kostengruppen genannten Erfahrungswerten kann es sich also nur um Durchschnittswerte handeln. Untere und obere Extremwerte werden bewußt weggelassen.

3.2.1 Reinigung

Im allgemeinen werden die Reinigungskosten in ihrer Höhe unterschätzt. Dabei können sie durchaus die Heizkosten übersteigen. Bei niedrig installierten und z. T. auch bei mittel installierten Gebäuden erreichen sie häufig die gleiche Höhe, wie alle anderen Gebäudebetriebskosten und die Bauunterhaltungskosten zusammen. Reinigungskosten sind lohnintensiv. Ca. 90 % dieser Kosten sind Personalkosten. Der Rest sind Geräte- und Reinigungsmittelkosten. Vereinfacht kann gesagt werden, daß Lohn- bzw. Gehaltserhöhungen in voller Höhe auf die Reinigungskosten durchschlagen (siehe auch Abb. 5).

3.2.1.1 Innenreinigung

Gemäß dem in Abbildung 6 gezeigten Leistungsverzeichnis für die Gebäudeinnenreinigung für Verwaltungsgebäude und in ihrer Nutzung ähnlichen Gebäuden muß ein Mittelwert von 21 bis 23 DM/m² Reinigungsfläche jährlich angesetzt werden.

Für Schulen ist von einem Mittelwert von 18 bis 20 DM/m² Reinigungsfläche jährlich auszugehen.

Diese Mittelwerte gelten bei Fremdreinigung und für die bei den genannten Gebäudearten üblichen Arbeitsumständen. Es ist zu beachten, daß die Reinigungsfläche nicht identisch mit der Hauptnutzfläche ist. Die Reinigungsfläche ist ungefähr 1,5 bis 1,6mal so groß wie die Hauptnutzfläche.

Den angegebenen Kosten liegt der Preisstand von 1976 unter Berücksichtigung der durchschnittlichen Löhne der Innungen des Gebäudereiniger-Handwerks zugrunde. Bei den Reinigungskosten für Schulen sind z. T. die Ferien mit berücksichtigt, in denen eine Reinigung nicht stattzufinden braucht. Erfahrungsgemäß berücksichtigt man hier eine 10,5monatige Reinigungszeit im Jahr.

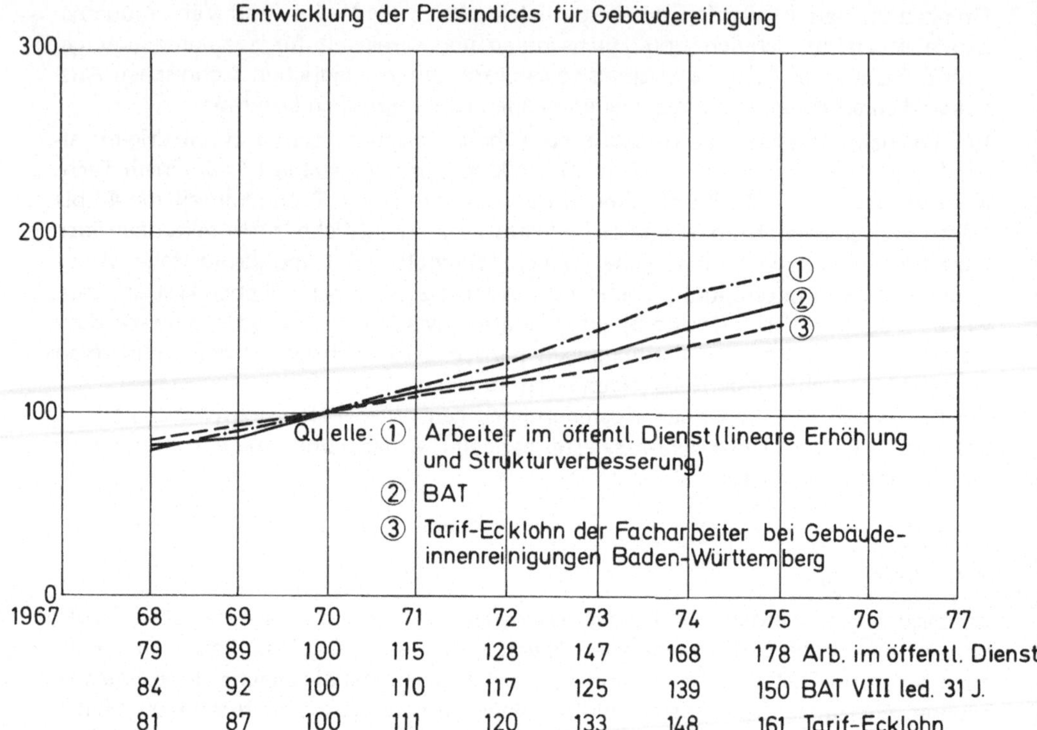

1967	68	69	70	71	72	73	74	75	
	79	89	100	115	128	147	168	178	Arb. im öffentl. Dienst
	84	92	100	110	117	125	139	150	BAT VIII led. 31 J.
	81	87	100	111	120	133	148	161	Tarif-Ecklohn

Abb. 5

3.2.1.2 Fensterreinigung

Bei nach innen zu öffnenden, leicht zugänglichen Fenstern können bei dreimaliger Reinigung im Jahr 3,40 bis 4,60 DM/m² Fensterfläche zugrunde gelegt werden. Dies gilt für einseitig gemessen und zweiseitig geputzt. Im Preis inbegriffen ist die Reinigung der Fensterrahmen einmal jährlich. Die Kostenangaben beziehen sich wiederum auf den Preisstand 1976 unter Zugrundelegung der durchschnittlichen Tarife der Innungen des Gebäudereiniger-Handwerks.

3.2.1.3 Fassadenreinigung

Für die Fassadenreinigung können keine gültigen Erfahrungswerte genannt werden. Fassaden der unterschiedlichen Stilepochen und einer Vielzahl verwendeter Baumaterialien müßten berücksichtigt werden. Auch der regional sehr unterschiedliche Schmutzanfall beeinflußt die Kosten der Fasssadenreinigung. Hier muß der Nutzer der Gebäude auf seine eigenen langjährigen Erfahrungswerte zurückgreifen.

LEISTUNGSVERZEICHNIS FÜR GEBÄUDEINNENREINIGUNG [10]

OBJEKT
BEREICH Verwaltungsgebäude

	wöchentlich							mtl.		jährlich			Bemerkungen
	7x	6x	5x	4x	3x	2x	1x	2x	1x	3x	2x	1x	
FUSSBODENPFLEGE													
Kehren, Fegen			X										
Staubsaugen			X										
Fleckenentfernung/Teppich													*bei Bedarf*
Feuchtwischen			X										
Halbnaß-/Naßwischen						X							
Pflegemittel aufsprayen						X							
Cleanern u. Polieren			X										
Polieren der Beschichtung													
Schrubben/Scheuern													
Neue Beschichtung auftragen													
MOBILIARPFLEGE- UND REINIGUNG													
Entleeren/Reinigen der Aschenb. Papierkörbe und Abfallbehälter			X										
Staubwischen auf Schreibtischen, Tischen, Schränken bis 1,60 m Höhe			X										
Staubwischen auf Fensterbänken (innen) und Heizkörper						X							
Entfernen von Griffspuren an Türen, Schränken u. Schaltern			X										
Ausstoßen der Fußmatten bzw. Schmutzfangroste							X						
Reinigen der Waschbecken, Spiegel und Kacheln			X										
Hygienisches Reinigen der Duschen			X										
Staubwischen auf Schränken Bilderrahmen, etc. über 1,60 m Höhe								X	X				
Feuchtes Abwischen an senkrechten Flächen wie Türen, Schränken								X					
Feuchtes Abwischen der Heizkörper Treppengeländer, Tisch- u. Stuhlbeine								X					
Feuchtes Abwischen von Fliesen, Glaswänden u. verglasten Türen			X					X					
Absaugen/Abbürsten der Polstermöbel						X							
Wandtafeln naß reinigen													*bei Bedarf*
Allgemeine Grundreinigung der Böden u. des gesamten Inventars											X		
Fenster										X			
Rahmen											X		

Abb. 6

3.2.2 Wasser/Abwasser

Rund 130 l Wasser pro Einwohner und Tag werden im Jahresdurchschnitt in der Bundesrepublik Deutschland verbraucht. Dieser Wert differiert stark nach der Größe der Gemeinden. Nachstehende Gesamt- und Einzelbedarfswerte können für die Planung und den Verbrauch zugrunde gelegt werden:

Tab. 1 [1]: Gesamtbedarf
Jahresdurchschnittswerte

Größe der Gemeinde nach Einwohnern	Haushalts-bedarf (l/E.Tag)	Gesamt-bedarf
unter 2 000 E	65	75
2 000 bis 10 000 E	80	95
von 10 000 bis 50 000 E	95	110
von 50 000 bis 200 000 E	105	125
über 100 000 E	120	140

Tab. 2 [1]: Gesamtbedarf
Jahresdurchschnittswerte

Art der Wohngebäude	Bedarf (l/E.Tag)
Einfamilien-Reihenhäuser	80–100
Einfamilien-Einzelhäuser	100–200
Mehrfamilienhäuser	100–120
Einfamilien-Einzelhäuser bzw. Komfortwohnungen (mit sanitären Höchstausstattungen)	200–400

Tab. 3 [1]: Einzelbedarf
Jahresdurchschnittswerte

Verwendung	Bedarf (l/E. Tag)
Trinken und Kochen	3– 6
Wäschewaschen	20–40
Geschirrspülen	4– 6
Raumreinigen	3–10
Körperpflege (ohne Baden)	10–15
Baden, Duschen	20–40
WC-Benutzung	20–40

Tab. 4 [1]: Einzelbedarf je Vorgang

Verwendung	Bedarf (l/Vorgang)
Geschirrspülen (je Mahlzeit zu 4-6 Personen)	
von Hand	10– 25
mit Maschine	20– 45
Wäschewaschen (4 kg)	
von Hand	250–300
mit Maschine	100–180
Körperpflege	
Handwaschbecken	2– 5
Dusche	40– 80
Duschbad	80–140
Wannenbad	200–250
Kinderbad	30– 40
Toilette	
WC mit Hochspülkasten	8– 12
WC mit Tiefspülkasten	12– 15
WC mit Druckspüler	6– 14
Autowäsche	
mit Eimer	20– 40
mit Schlauch	100–200

Tab. 5: Einzelbedarf

Verwendung	Bedarf
Gartensprengen an verbrauchsreichen Tagen	$5–10 \ l/m^2$
Standregen 1/2″ Anschluß $6–10 \ m^2$	$0,15–4 \ l/s$
Drehsprengen 3/4″ Anschluß $20–25 \ m^2$	$0,4–3 \ l/s$
Zapfhahn 1/2″ Anschluß normal geöffnet	10 l/Min

Tab. 6: Einzelbedarf für öffentliche Zwecke	
Verwendung	Bedarf (l)
Hallenbad, je Besucher ohne Wannenbäderabteilung	150–180
Freibäder, je Besucher	150–200
Schulen mit einfachem technischen Ausbaugrad	
je Schule und Schultag	10
mit Duschanlage	20
mit Schwimmbecken und Duschanlage	30– 50
Verwaltungsgebäude u. Bürohäuser einfacher techn. Ausbaugrad	
je Beschäftigten und Tag	20
Krankenhäuser, je Tag und Bett	250–600

Tab. 7 [1, 2]: Einzelbedarf	
Verwendung	Bedarf (l)
Kaufhäuser, je Beschäftigten und Tag	
einfaches Kaufhaus	50– 100
mit Restauration und mit Klimaanlage	500–1000
Bäcker, je Beschäftigten und Tag	150– 250
Fleischer, je Beschäftigten und Tag	250– 400
Friseure, je Beschäftigten und Tag	200– 300
Gaststätten, je Gast und Tag	15– 20
Hotels, je Bett und Tag	200– 600
Wäscherei, je 10 kg Trockenwäsche	400
Erwerbsgärtnereien pro m²	0,5–1

Zum Teil können sich recht erhebliche Abweichungen von den durchschnittlichen Wasserverbrauchswerten ergeben, wenn eine intensivere oder weniger intensive Nutzung vorliegt. So kann sich beispielsweise der Wasserverbrauch in Schulen dann erheblich erhöhen, wenn die Sporthalle nach Schulschluß bzw. in Ferienzeiten für den Vereinssport zur Verfügung gestellt wird.

In dem für Krankenhäuser angegebenen Wert pro Tag und Bett ist der Verbrauch für Küche und Wäscherei enthalten. Krankenhäuser mit besonderer medizinisch-technischer Ausstattung und damit verbundenem hohen Aufwand der Betriebstechnik können Werte von bis zu 2.000 l pro Tag und Bett erreichen.

Der durchschnittliche Wasserpreis beträgt im Bundesgebiet 1,00 bis 1,60 DM/m³.

Hierbei handelt es sich um den Preisstand von 1975. Der Wasserpreis hat in den letzten Jahren steigende Tendenz gezeigt (s. Abbildung 7). Aufgrund des Kostendeckungsprinzips kann in für die Wasserversorgung ungünstigen Gegenden der Preis wesentlich höher liegen.

Warmwasserbedarf

Untersuchungen in Hamburg durch Hadenfeldt haben ergeben, daß aus den Messungen keine Unterschiede abgeleitet werden konnten, die Hinweise auf die Sozialstruktur der Bewohner zulassen.

Jahresdurchschnittswerte des Warmwasserbedarfs sind in Tabelle 8 angegeben. Danach lag der Warmwasserverbrauch (45° C) im Jahresmittel bei 50 bis 55 l/Person.

Tab. 8 [3]: Warmwasserbedarf
Jahresdurchschnittswerte

Art der Gebäude	Verbrauch (l/Pers. · Tag) 45° C	Verbrauch (l/Pers. · Tag) 45° C Mittelwert	60° C
Einfamilienhäuser	22,7– 61,5	47,6	15,9–43,1
Eigentumswohnungen	23,1–100,9	55,8	16,2–70,7
Mietwohnungen	44,8– 57,7	50,7	31,4–40,4

Die Untersuchungen dürften auch für die übrigen Großstadtbereiche der Bundesrepublik Deutschland Gültigkeit besitzen.

Die Forschungsstelle für Energiewirtschaft (FfE) hat Planungswerte für den Nutzwärmebedarf der Brauchwasserbereitung im Haushalt ermittelt (Tabelle 9). Zum Vergleich dazu sind die Hamburger Mittelwerte von 1975 angegeben.

Der Warmwasserbedarf für einzelne Vorgänge wie Duschen, Baden, Kochen, Geschirrspülen usw. sowie für einzelne Verbraucher läßt sich unschwer aus dem Einzelbedarf im vorigen Abschnitt ermitteln.

Tab. 9 [3]: Nutzwärmebedarf der Brauchwasserbereitung
im Haushalt (Planwerte nach FfE)

Verbrauchergruppe	Tageswarm-Wasserbedarf (45° C)	Nutzwärmebedarf Q_N in kWh/Tag · Pers.	kcal/Tag · Pers.	Jahres-Nutzwärmebedarf Q_{Na} in kWh/a. Pers.	kcal/a. Pers.
Sozialer Wohnungsbau	60	2,44	2 100	891	766 500
Allgemeiner Wohnungsbau	70	2,85	2 450	1 040	894 240
Komfort-Wohnungsbau	80	3,26	2 800	1 190	1 022 000
Einfamilienhäuser	90	3,66	3 150	1 336	1 149 750
Villen und Landhäuser	120	4,88	4 200	1 761	1 533 000
Zum Vergleich: Hamburger Mittelwert von 1975	48 bis 56	1,95 bis 2,28	1 680 bis 1 960	713 bis 832	613 200 bis 715 400

Die Erwärmung von 1 m³ Wasser auf 45° C kostet je nach Energieart 3,20 bis 6,00 DM.

Der Kostenermittlung liegen Wärmepreise von 35,00 bis 60,– DM/Gcal zugrunde.

Abwasser

Abwasser besteht aus Schmutzwasser und Regenwasser. Im allgemeinen wird unterstellt, daß der Frischwasseranteil wieder als Schmutzwasser fortgeleitet werden muß. Entsprechend wird die gleiche Menge Schmutzwasser wie Frischwasser in Rechnung gestellt. Ausnahmen hiervon bilden

- Gartenbaubetriebe, die einen nicht unerheblichen Frischwasseranteil verrieseln lassen;
- Wäschereien, wo der Restfeuchtegehalt der Wäsche, der in Trockenräumen oder Mangeln verdunstet wird, nach Erfahrungswerten abgesetzt werden kann;
- Bäckereien, wo ein gewisser Wasserwert in den Backwaren berücksichtigt wird;
- Kühlanlagen im offenen System mit erheblichen Verdunstungswerten;
- Brauereien, wo ebenfalls nach Erfahrungswerten ein gewisser Frischwasseranteil abgesetzt werden kann.

Es empfiehlt sich in jedem Fall, sehr aufmerksam die örtliche Entwässerungssatzung zu studieren. In diesem Zusammenhang sei ebenfalls auf das Abwasserabgabengesetz des Bundes verwiesen, das einen wirtschaftlichen Anreiz bieten soll, die Schädlichkeit der Abwässer zu vermindern. Dies soll nach der Devise geschehen: Wer wenig verschmutzt, zahlt weniger, wer mehr verschmutzt, zahlt mehr. Nach dem Abwasserabgabengesetz werden pro Schadeinheit im Jahr berechnet:

ab 1. Januar 1981	12,00 DM
ab 1. Januar 1982	18,00 DM
ab 1. Januar 1983	24,00 DM
ab 1. Januar 1984	30,00 DM
ab 1. Januar 1985	36,00 DM
ab 1. Januar 1986	40,00 DM

Häusliche Abwasser haben üblicherweise die Schadeneinheit 1 pro Einwohner und Jahr.

Für Niederschlagswasser, das von befestigten an die Regenwasserkanalisation angeschlossenen Flächen abgeleitet wird, wird im allgemeinen zusätzlich zu den Gebühren für Schmutzwasser eine Sielgebühr erhoben.

Die Kommunen verfahren bei der Erhebung der Abwassergebühr unterschiedlich. Entweder wird gemeinsam für die Schmutz- und Regenwasserkanalisation eine Gebühr erhoben, oder die Gebührenerhebung erfolgt getrennt nach Schmutz- und Regenwasser. In den letzten Jahren hat sich auch bei den Abwassergebühren verstärkt das Kostendeckungsprinzip durchgesetzt (s. zur Preisentwicklung Abbildung 7). Durchschnittswerte für das Bundesgebiet sind

0,90 bis 1, - DM/m³ für Schmutzwasser

0,40 DM/m² an Kanalisation angeschlossene befestigte Fläche für Regenwasser · Jahr

Die Gebühren können je nach Entfernung zur nächsten Kläranlage erheblich differieren, da die dann unterschiedlichen Kapital- und Unterhaltungskosten berücksichtigt werden müssen.

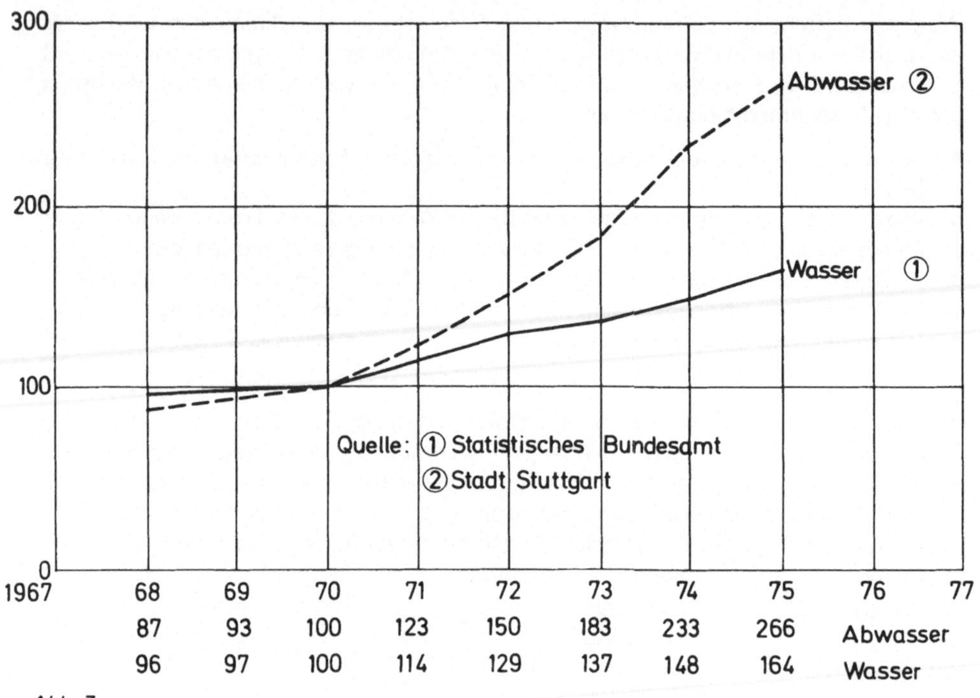

Abb. 7

3.2.3 Wärme, Kälte

Die DIN 4108 — Wärmeschutz im Hochbau — fordert einen Wärmeschutz, der ein hygienisch einwandfreies Innenraumklima gewährleistet und Bauschäden infolge Tauwasserbildung vermeidet. Die Baugenehmigungsbehörden der Länder haben für ihren Bereich diese Norm als verbindlich erklärt. Nach der Energiekrise von 1973 wurden durch die ebenfalls bauaufsichtlich eingeführten „Ergänzenden Bestimmungen zu DIN 4108" höhere Anforderungen an den Wärmeschutz gestellt.
Danach darf der „mittlere Wärmedurchgangskoeffizient $k_{m(W+F)}$ für alle Außenwände (einschließlich Fenster und Türen) von Gebäuden mit Aufenthaltsräumen je Geschoß höchstens

$$1,6 \ \frac{\text{kcal}}{\text{m}^2 \cdot \text{h} \cdot \text{grd}}$$

betragen".
Wärmedurchgangszahlen sind auch in den Empfehlungen zum energiesparenden Bauen in Abschnitt 5.2.3 angegeben. Der Primärenergiebedarf für das Jahr 1974 betrug in der Bundesrepublik Deutschland 425 Mio t Steinkohleneinheiten (SKE).

Eine SKE entspricht einem Kilogramm Steinkohle mit einem Heizwert von 7.000 kcal. Zum Vergleich hat ein Kilogramm Erdöl mit dem Heizwert von 10.100 kcal 1,44 SKE (siehe Tabelle 14).

Von dem Primärenergiebedarf konnten nur 196 Mio t SKE genutzt werden. Weit über die Hälfte ging bei Energieumwandlungsprozessen, beim Energietransport und als „ungenutzte" Energie verloren. Die Haushalte benötigten 104 Mio t SKE, wovon aber nur 47 t SKE genutzt wurden. Diese eindrucksvollen Zahlen sowie die Energiebilanz eines 4-Personen-Haushalts werden in den Abbildungen 8 und 9 gezeigt.

Die durchschnittlichen Heizkosten für verschiedene Gebäudearten sind Tabelle 10 zu entnehmen. Die große Bandbreite der Heizkosten ist im wesentlichen auf die unterschiedlichen Bauweisen, unterschiedliche Wärmedämmwerte und unterschiedliche Nutzungszeiten zurückzuführen. Auch durch die unterschiedlichen Raumhöhen werden die Heizkosten beeinflußt.

Die Heizkosten wurden auf m^2/Hauptnutzfläche bezogen. Bei Wohngebäuden sind Hauptnutzfläche und Wohnfläche nahezu identisch. Bei den anderen Gebäuden ist die beheizte Fläche etwa um den Faktor 1,5 bis 1,6 größer als die HNF.

Eine weitere Spezifizierung der in Tabelle 10 genannten Heizkosten wird bewußt vermieden. Es sollen hier in erster Näherung nur die Größenordnungen aufgezeigt werden. In jedem Fall sollten sich Wirtschaftlichkeitsberechnungen nach der VDI-Richtlinie 2067 als zweiter Schritt anschließen.

Das gleiche gilt für die Energiekosten von Lüftungsanlagen und von Klimaanlagen. Auch hier reicht es für die erste Schätzung aus, wenn das Verhältnis der Energiekosten von Heizungsanlagen zu Lüftungsanlagen mit ca. 1 : 2, von Heizungsanlagen zu Klimaanlagen mit ca. 1 : 4 angenommen wird. Für genauere Werte muß bekannt sein, ob es sich um eine einfache Be- und Entlüftungsanlage oder um eine Anlage mit Befeuchtung, Entfeuchtung, Luftheizung, Luftkühlung oder Kombinationen handeln soll. Ähnliches gilt für die verschiedenen Arten von Klimaanlagen.

Tab. 10: Durchschnittliche Heizkosten (Preisstand 1975)

Gebäudeart	DM/m² HNF · a
Verwaltungsgebäude	7–10
Schulen, einschichtig	6,50–8,50
Schulen, zweischichtig	7–10
große Wohngebäude	7,50–12
Reihenhäuser	10
freistehende Einfamilienhäuser	10–14
Krankenhäuser	12–20

Tab. 11: Gesamtwirkungsgrad

Energieträger	%
Heizöl EL	rd. 75
feste Brennstoffe	rd. 70
Gas	rd. 75
el. Strom	rd. 97
Fernwärme	rd. 97

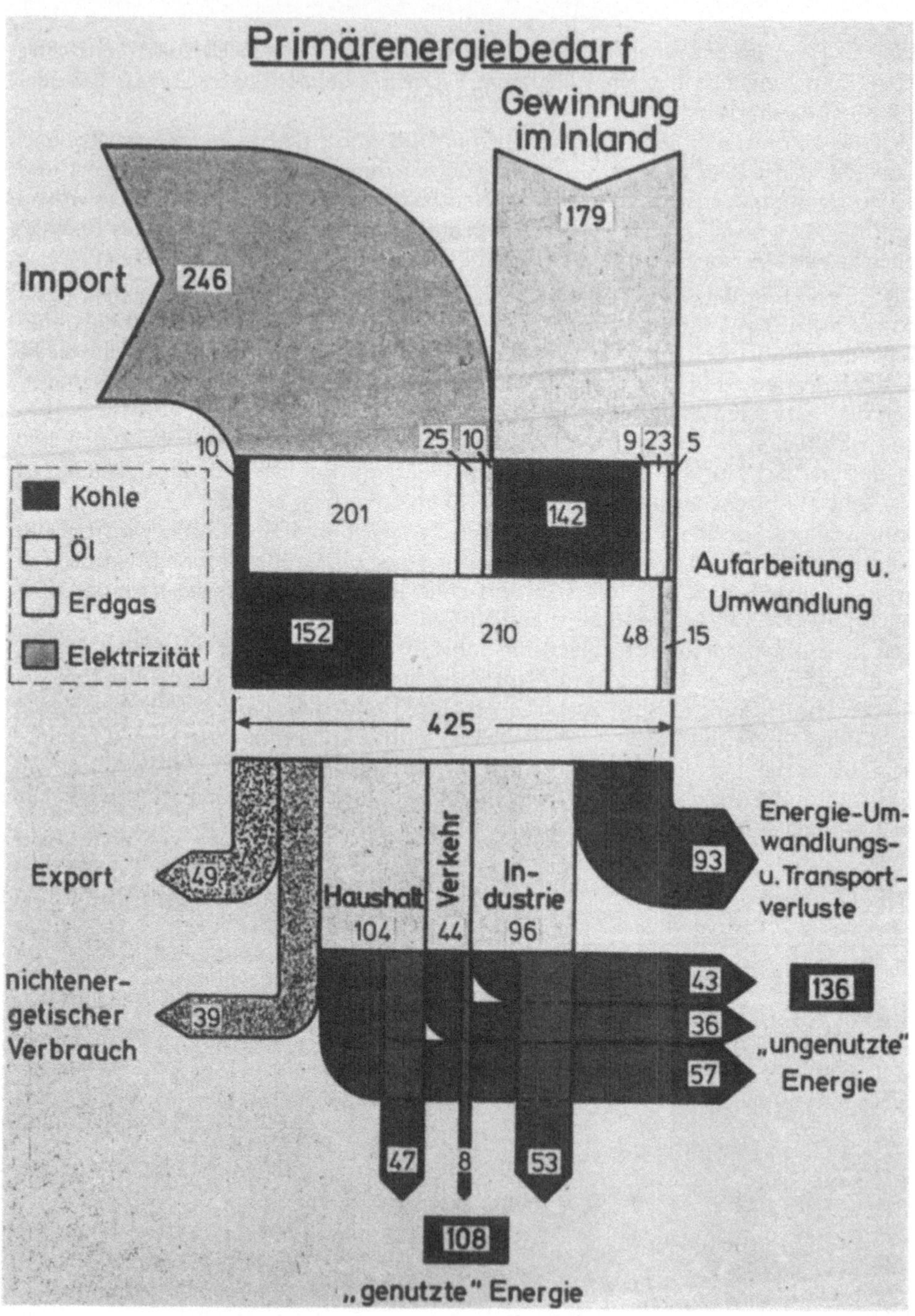

Abb. 8: Energiefluß der Bundesrepublik Deutschland

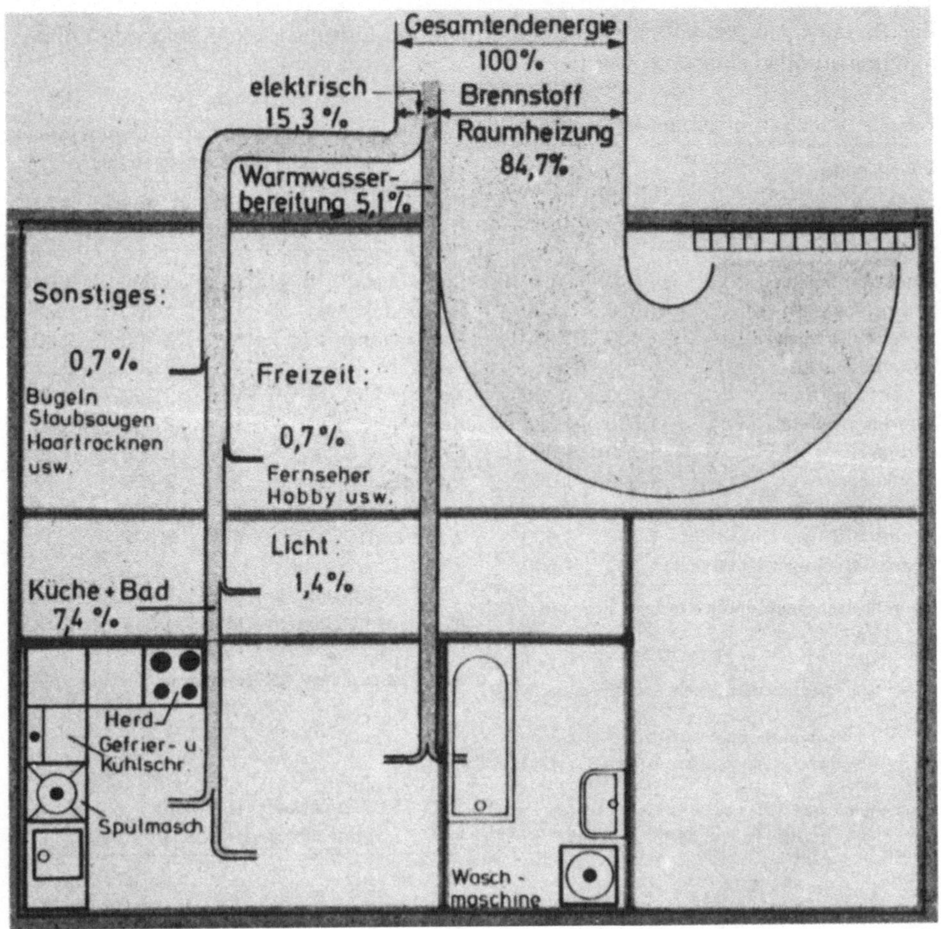

Abb. 9: Energiefluß eines Einfamilienhauses

Tab. 12: Heizwert und Kosten

Energieträger	H_U	Kosten	Kosten/Gcal
Heizöl EL	8.500 kcal/l	0,25—0,30 DM/l	39—48 DM
Brechkoks II	6.900 kcal/kg	0,28—0,31 DM/kg	57—64 DM
Erdgas	7.700 kcal/m³	0,20—0,35 DM/m³	35—61 DM
el. Strom (Schwachlast)	860 kcal/kWh	0,05—0,06 DM/kWh	58—70 DM
Fernwärme	—	—	38—60 DM

Für Raumheizung ohne Warmwasserbereitung und Lüftung können folgende Vollbenutzungsstunden eingesetzt werden:

Tab. 13: Vollbenutzungsstunden

Gebäudeart	b_p in h/Heizperiode	b_a in h/Jahr
Stockwerksheizung,		
einzelraumgeregelt	1.350	1.600
zentralgeregelt	1.400	1.650
Einfamilienhaus		
zentralgeregelt	1.450	1.700
Mehrfamilienhaus	1.500	1.800
Bürohaus	1.300	1.500
Krankenhaus	1.600	1.950
Schule,		
einschichtiger Unterricht	1.100	1.400
zweischichtiger Unterricht	1.300	1.500

Die Vollberechnungsstunden errechnen sich nach

$$b_p = \frac{Q_a}{Q_h}$$

b_p = Jahresbenutzungsstunden der Heizungsanlage in h/a

Q_a = Jahreswärmedarf nach VDI 2067 in kcal/a

Q_h = stündlicher Wärmebedarf nach DIN 4701 in kcal/h

Neubauten haben wegen der Baufeuchtigkeit im ersten Jahr einen 10 bis 20 % höheren Wärmeenergieverbrauch.

Tab. 14: Heizwerte und Umrechnungsfaktoren von wichtigen Primär-Energieträgern

Energieträger	Einheit	Heizwert in kcal	SKE
Steinkohlen	kg	7 000	1,00
Rohbraunkohle	kg	1 900	0,27
Hartbraunkohle	kg	3 500	0,50
Pechkohle	kg	5 000	0,71
Torf	kg	3 000	0,43
Brennholz	kg	3 500	0,50
Erdgas	m^3	8 000	1,10
Erdölgas	m^3	9 730	1,39
Erdöl	kg	10 100	1,44
Wasserkraft	kWh	2 377	0,34
Elektrischer Strom			
in Primärbilanz	kWh	2 377	0,34
in Erdenergiebilanz	kWh	875	0,123

Quelle: Statistik der Kohlenwirtschaft e.V., Essen 1974

Tab. 15: Wärmebedarf je Monat vom Jahreswärmebedarf

Januar	16 %	16,5 %
Februar	16 %	15 %
März	13 %	12,5 %
April	9 %	8 %
Mai	6 %	5 %
Juni	1 %	1,8 %
Juli	0,5 %	1,5 %
August	0,5 %	1,2 %
September	4 %	4 %
Oktober	9 %	7,5 %
November	11 %	12 %
Dezember	14 %	15 %

Die 1. Spalte gibt Werte an, wie sie von Wohnungsunternehmen bei Mieterwechsel berechnet werden.
Die Werte der 2. Spalte sind der VDI-Richtlinie 2067 Bl. 1 entnommen.

Aus dem Buch „Energie nach Maß" der ESSO-AG Hamburg stammen die Abbildungen 10—12. Sie wurden aber noch um den Anteil für den Kapitaldienst der baulichen Kosten für Heizräume, Schornsteinanlagen, Brennstofflagerung usw. ergänzt. Die Gesamtheizkosten wurden für eine 80 m² große Wohnung in einem Zehnfamilienhaus, für ein freistehendes Einfamilienhaus mit 130 m² Wohnfläche und für ein Reihenhaus mit 100 m² Wohnfläche bei jeweils 5 verschiedenen Heizstoffen und 3 Preisgruppen ermittelt. Der Berechnung liegt ein Zinssatz von 7 % zugrunde, es wurde eine in der VDI-Richtlinie 2067 angegebene Lebensdauer berücksichtigt.

Die Abbildungen zeigen sehr eindrucksvoll, wie wichtig eine ganzheitliche Betrachtung der Gesamtheizkosten ist. Der preiswerteste Brennstoff muß nicht zwangsläufig auch die niedrigsten Gesamtheizkosten erbringen. Es muß jedoch darauf hingewiesen werden, daß der angegebene Kapitaldienst nur für Neubauten gelten kann. Soll beispielsweise in einem vorhandenen voll unterkellerten Gebäude auf ein anderes Heizmedium umgestellt werden, wird der Kapitaldienst für den Heizraum und den Brennstofflagerraum anders zu bewerten sein, da die Räume ja bereits vorhanden sind.

Lüftungsanlagen

Die Kosten für Lüftungsanlagen können bei einem Preisstand von 1975 mit 18,00 bis 20,00 DM/m² belüfteter Fläche · Jahr angesetzt werden. Diese Werte gelten bei großen Verwaltungsgebäuden und Schulen ohne Wärmerückgewinnung und normalem technischem Ausstattungsgrad.

Vergleich des jährlichen Heizkostenanteils für eine Wohnung mit 80 m² Wohnfläche in einem zentralbezeihten 10-Familien-Haus bei 1.800 Jahresvollbenutzungsstunden und Verwendung verschiedener Energiearten zu verschiedenen Preisen.

Die in Ansatz gebrachten Energiepreise enthalten 11 % Mehrwertsteuer.

Unter den gleichen Voraussetzungen sind für klimatisierte Flächen 30,00 bis 38,00 DM/m² · Jahr in Rechnung zu stellen.

Kälte

Die Kosten für eine Gcal Kälte sind etwa zwei- bis viermal so hoch wie für eine Gcal Wärme. Große Anlagen ergeben niedrigere Kosten, kleine dezentrale Anlagen verursachen höhere Kosten. In den letzten Jahren hat sich die Kostendifferenz zwischen Wärme- und Kältekosten wegen der unterschiedlichen Preisentwicklung für Öl und Strom verringert.

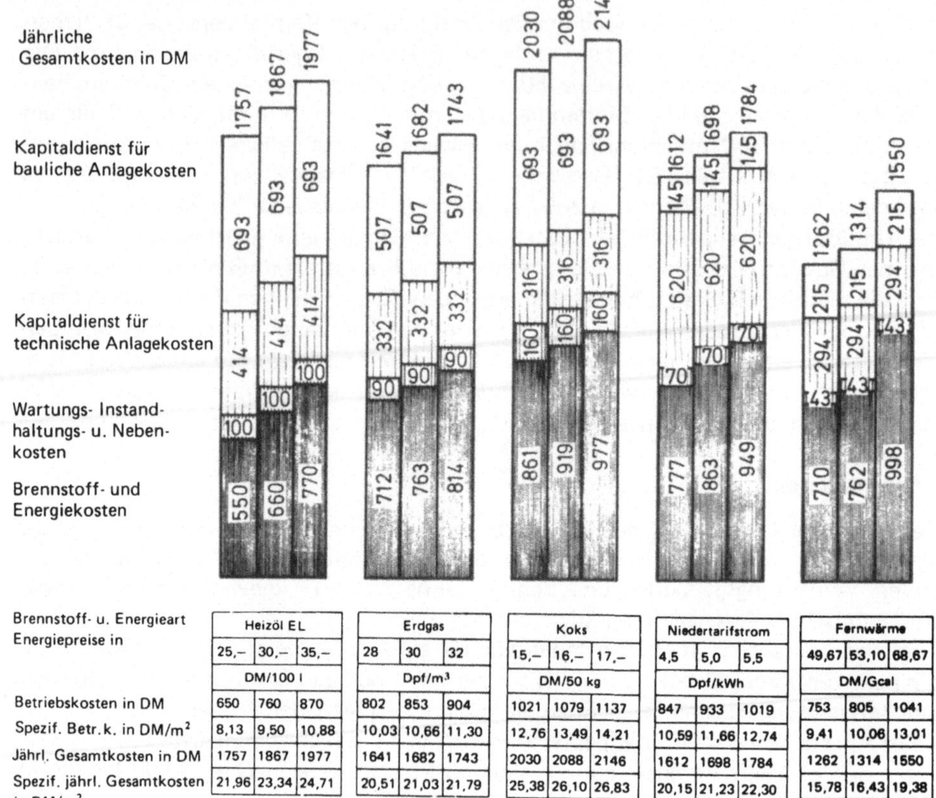

Brennstoff- u. Energieart Energiepreise in	Heizöl EL			Erdgas			Koks			Niedertarifstrom			Fernwärme		
	25,–	30,–	35,–	28	30	32	15,–	16,–	17,–	4,5	5,0	5,5	49,67	53,10	68,67
	DM/100 l			Dpf/m³			DM/50 kg			Dpf/kWh			DM/Gcal		
Betriebskosten in DM	650	760	870	802	853	904	1021	1079	1137	847	933	1019	753	805	1041
Spezif. Betr.k. in DM/m²	8,13	9,50	10,88	10,03	10,66	11,30	12,76	13,49	14,21	10,59	11,66	12,74	9,41	10,06	13,01
Jährl. Gesamtkosten in DM	1757	1867	1977	1641	1682	1743	2030	2088	2146	1612	1698	1784	1262	1314	1550
Spezif. jährl. Gesamtkosten in DM/m²	21,96	23,34	24,71	20,51	21,03	21,79	25,38	26,10	26,83	20,15	21,23	22,30	15,78	16,43	19,38

Abb. 10: Vergleich des jährlichen Heizkostenanteils für eine Wohnung mit 80 m² Wohnfläche in einem zentralbeheizten 10-Familien-Haus bei 1800 Jahresvollbenutzungsstunden und Verwendung verschiedener Energiearten zu verschiedenen Preisen. Die in Ansatz gebrachten Energiepreise enthalten 11 % Mehrwertsteuer.

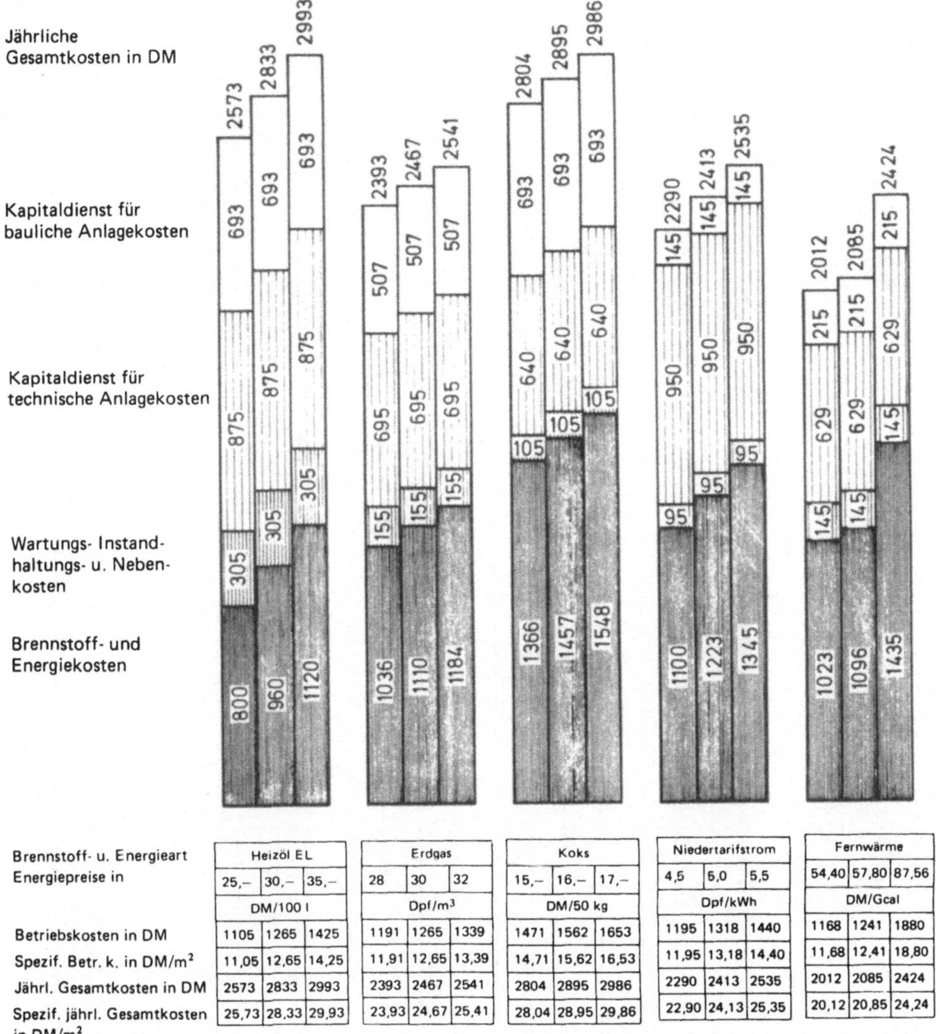

Brennstoff- u. Energieart Energiepreise in	Heizöl EL			Erdgas			Koks			Niedertarifstrom			Fernwärme		
	25,–	30,–	35,–	28	30	32	15,–	16,–	17,–	4,5	5,0	5,5	54,40	57,80	87,56
	DM/100 l			Dpf/m³			DM/50 kg			Dpf/kWh			DM/Gcal		
Betriebskosten in DM	1105	1265	1425	1191	1265	1339	1471	1562	1653	1195	1318	1440	1168	1241	1880
Spezif. Betr. k. in DM/m²	11,05	12,65	14,25	11,91	12,65	13,39	14,71	15,62	16,53	11,95	13,18	14,40	11,68	12,41	18,80
Jährl. Gesamtkosten in DM	2573	2833	2993	2393	2467	2541	2804	2895	2986	2290	2413	2535	2012	2085	2424
Spezif. jährl. Gesamtkosten in DM/m²	25,73	28,33	29,93	23,93	24,67	25,41	28,04	28,95	29,86	22,90	24,13	25,35	20,12	20,85	24,24

Abb. 11: Vergleich der jährlichen Heizkosten für ein zentralbeheiztes Einfamilien-Reihenhaus mit 100 m² Wohnfläche bei 1700 Jahresvollbenutzungsstunden und Verwendung verschiedener Energiearten zu verschiedenen Preisen.
Die in Ansatz gebrachten Energiepreise enthalten 11 % Mehrwertsteuer.

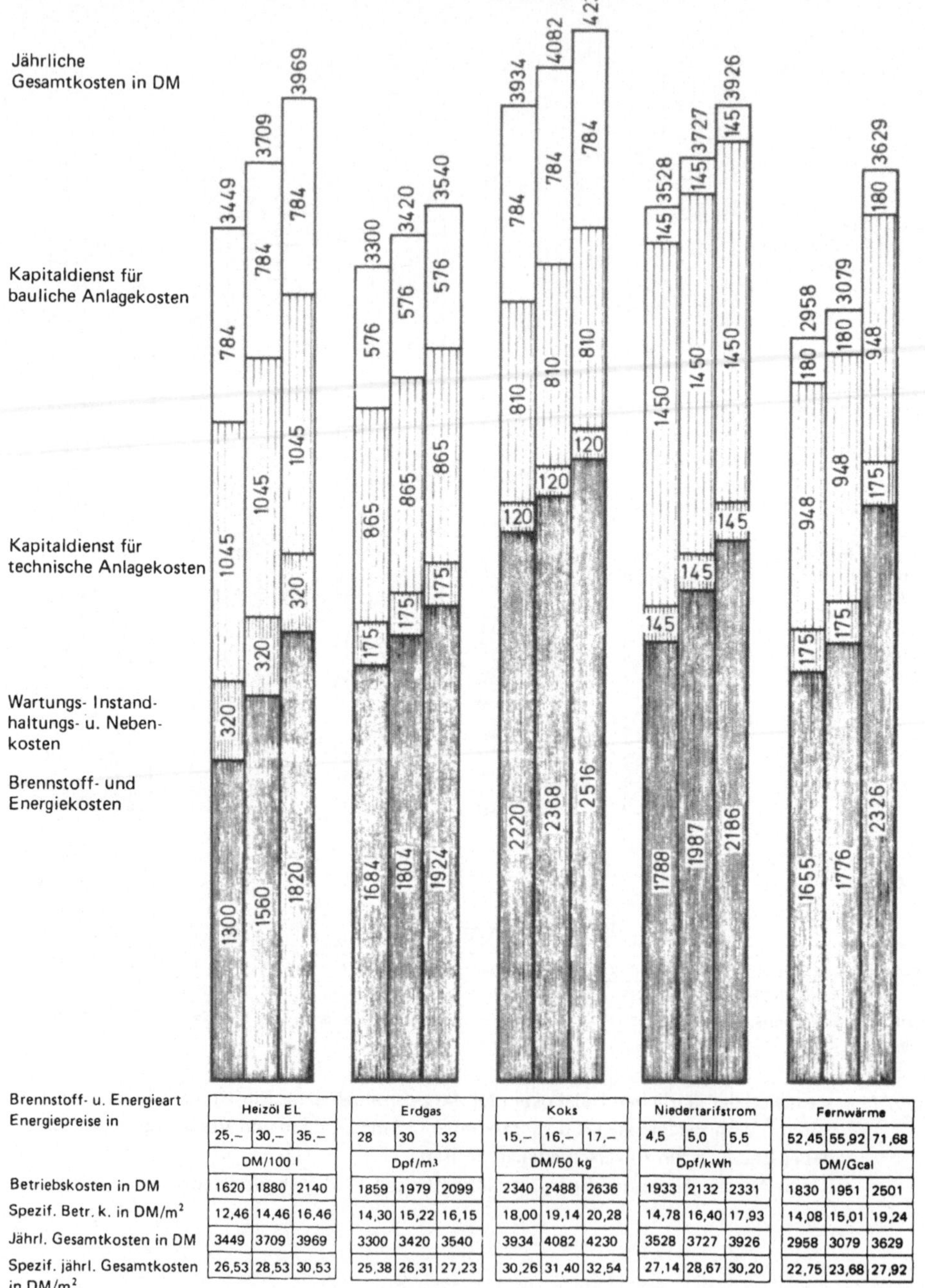

Brennstoff- u. Energieart Energiepreise in	Heizöl EL			Erdgas			Koks			Niedertarifstrom			Fernwärme		
	25,–	30,–	35,–	28	30	32	15,–	16,–	17,–	4,5	5,0	5,5	52,45	55,92	71,68
	DM/100 l			Dpf/m³			DM/50 kg			Dpf/kWh			DM/Gcal		
Betriebskosten in DM	1620	1880	2140	1859	1979	2099	2340	2488	2636	1933	2132	2331	1830	1951	2501
Spezif. Betr. k. in DM/m²	12,46	14,46	16,46	14,30	15,22	16,15	18,00	19,14	20,28	14,78	16,40	17,93	14,08	15,01	19,24
Jährl. Gesamtkosten in DM	3449	3709	3969	3300	3420	3540	3934	4082	4230	3528	3727	3926	2958	3079	3629
Spezif. jährl. Gesamtkosten in DM/m²	26,53	28,53	30,53	25,38	26,31	27,23	30,26	31,40	32,54	27,14	28,67	30,20	22,75	23,68	27,92

Abb. 12: Vergleich der jährlichen Heizkosten für ein zentralbeheiztes, freistehendes Einfamilienhaus mit 130 m² Wohnfläche bei 1700 Jahresvollbenutzungsstunden und Verwendung verschiedener Energiearten zu verschiedenen Preisen.
Die in Ansatz gebrachten Energiepreise enthalten 11 % Mehrwertsteuer.

60

	Zentralheizungs-anlage	Lüftungstech-nische Anlage	Klimaanlage
Bedienung, Wartung	1,20– 1,70	4,50– 5,30	7,00– 9,80
Betriebsstoffe und Energiekosten: Wärme, Strom, Wasser	9,50–12,00	16,50–20,5-	33,00–45,00
	10,70–13,70	21,00–25,80	40,00–54,80

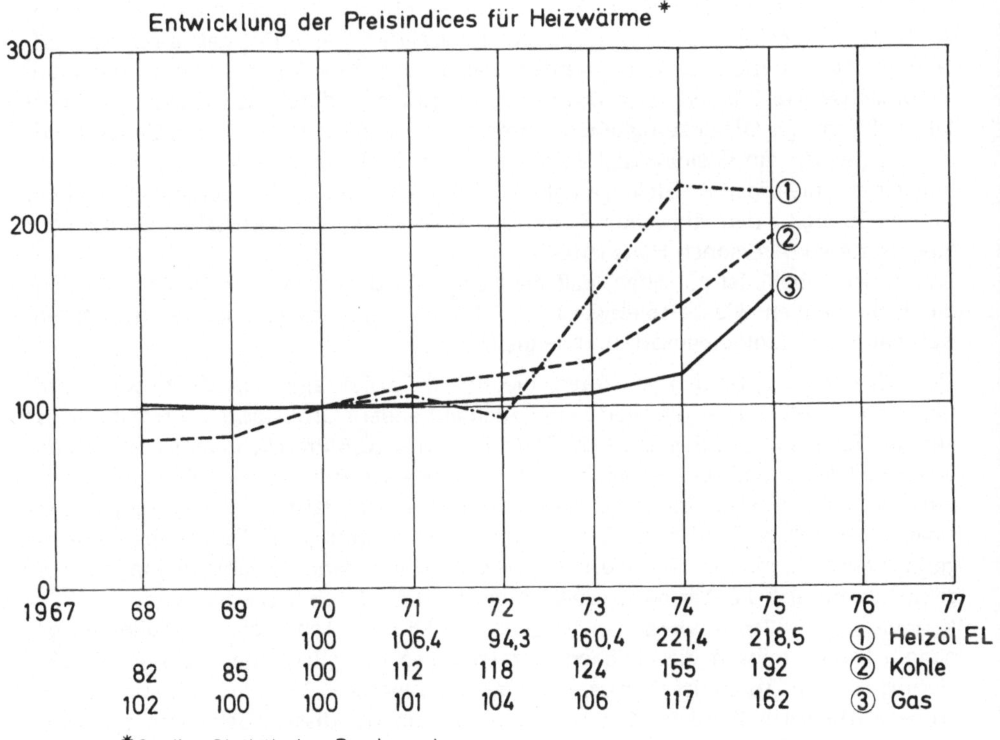

1967	68	69	70	71	72	73	74	75	
			100	106,4	94,3	160,4	221,4	218,5	① Heizöl EL
	82	85	100	112	118	124	155	192	② Kohle
	102	100	100	101	104	106	117	162	③ Gas

Abb. 13

3.2.4 Strom

Der Verbrauch elektrischer Energie hat eine ständig wachsende Bedeutung, was sich an den jährlich steigenden Verbrauchswerten am besten ablesen läßt.

In den Gebäuden wird der Stromverbrauch im wesentlichen durch die Beleuchtungsanlagen bestimmt. Die Kosten hängen von der Beleuchtungsstärke und der Brenndauer ab. Hier soll nicht im einzelnen auf die Frage eingegangen werden, welche Beleuchtungsstärke die zweckmäßigste ist.

Es kann eine elektrische Leistung von
- $15-20$ W/m² HNF für einfache, von
- $30-35$ W/m² HNF für mittlere und von
- $50-60$ W/m² HNF für hohe

Ansprüche zugrunde gelegt werden. Bei einer Jahresbenutzungsdauer von 1.200 bis 1.500 Stunden ergeben sich bei einem mittleren Strompreis von 0,12 DM/kWh von $3,00-9,00$ DM/m² HNF · a.

Wesentliche weitere Faktoren für den Stromverbrauch sind lüftungstechnische Anlagen und Aufzüge. Tabelle 17 zeigt die Gesamtjahresbenutzungsstunden für Strom. Nach einer Erfassung der Anschlußwerte von Großbauten (Angaben nach VEA* vom 22. 8. 1975) ergeben sich die in Tabelle 18 gezeigten Werte mit der jeweiligen Aufteilung. Hierbei muß bemerkt werden, daß es sich um Anschlußwerte, nicht um Verbrauchswerte handelt. Der Unterschied ergibt sich durch den Gleichzeitigkeitsfaktor (Werte für Gleichzeitigkeitsfaktoren siehe Tabelle 19). Für große Gebäude gilt im allgemeinen ein Gleichzeitigkeitsfaktor von 0,5 bis 0,6. Für Wohngebäude kann mit einem niedrigeren Gleichzeitigkeitsfaktor (Abbildung 14) gerechnet werden. Tabelle 20 ergibt den jährlichen Stromverbrauch eines mit elektrischen Geräten gut ausgestatteten 4-Personen-Haushaltes an.

Aus dieser Tabelle ist zu sehen, daß die Kosten für Beleuchtung in Haushalten nicht die Rolle spielen wie beispielsweise in Schulen, Verwaltungsgebäuden, Instituten, Kaufhäusern, Krankenhäusern und dergleichen.

Der Jahresstromverbrauch bei unterschiedlichen Tarifen eines Haushalts einer norddeutschen Großstadt — die Werte sind auch auf andere Großstädte übertragbar — ist aus den Tabellen $21-23$ ersichtlich. Beim Tarif von 10,5 Pfg/kWh handelt es sich um einen vollelektrifizierten Haushalt, jedoch ohne e-Heizung. Dieser Tarif ist in Verbindung mit dem Grundpreis für Haushalte mit hohem Jahresstromverbrauch interessant. Der höhere Tarif mit 13,5 Pfg/kWh wird bei geringerer Abnahme und damit geringerem Grundpreis für Haushalte beispielsweise dann gewählt, wenn mit Gas gekocht wird und die Warmwasserbereitung ebenfalls durch Gas erfolgt.

Kostenwerte für Strom werden in Tabelle 24 S. 65 für verschiedene Gebäudearten genannt. Jedoch müssen die gleichen Anmerkungen bezüglich einer weiteren Spezifizierung wie im Abschnitt Wärme/Kälte gemacht werden. Es kann sich also nur um grobe Mittelwerte handeln, die auch nur für den bei diesen Gebäuden typischen Installationsgrad Gültigkeit besitzen.

* Verband der Energieabnehmer

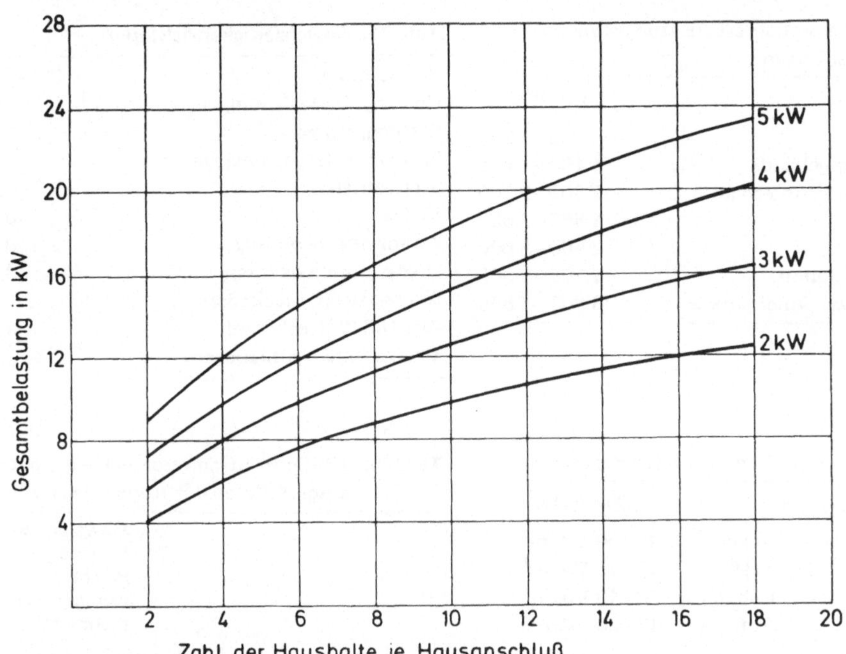

Abb. 14: Ermittlung des Gleichzeitigkeitsfaktors für Haushalte

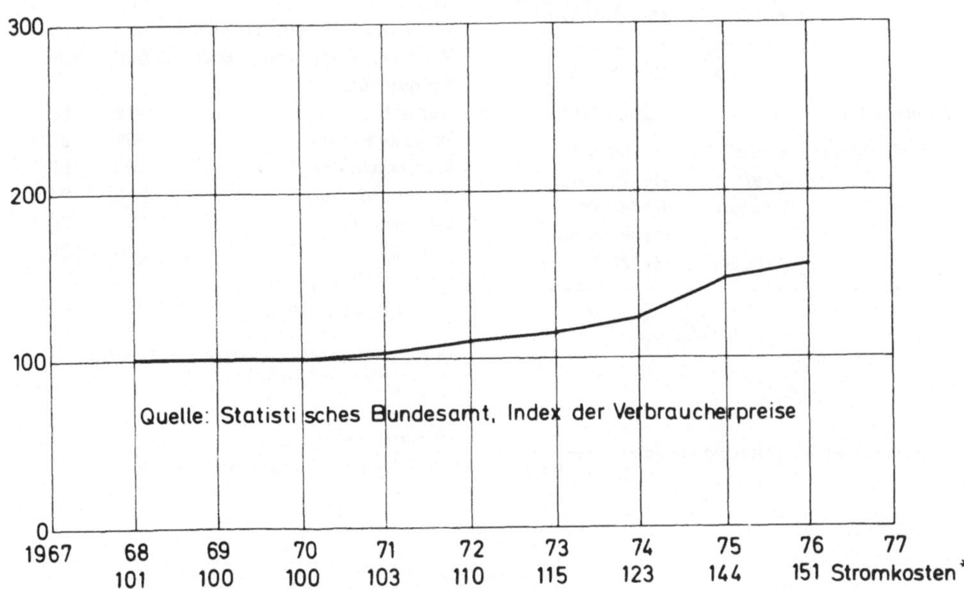

Abb. 14a: Entwicklung der Preisindices für elektrischen Strom

* Ausgleichsabgabe nach dem 3 Verstromungsgesetz berücksichtigt

Tab. 17: Gesamtjahresbenutzungsstunden für Strom

Gebäudeart	h/a
Schulen	800–1 200
Verwaltungsgebäude	1 100–1 400
Wohngebäude, Internate	1 500–2 500
Institute	1 500–2 500
Kasernen	2 500–3 000
Krankenanstalten	2 600–3 500
Warenhäuser, Supermärkte	3 300–3 500

Tab. 19: Gleichzeitigkeitsfaktoren

Beleuchtung	0,7–0,9
Heizung, Umwälzpumpen	1,0
Lüftung, Klima	0,7
Personenaufzüge, abhängig vom Stoßbetrieb	0,2–1,0
Küche	0,3
Warmwasserbereitung	0,3
Drehstrom-Steckdosen	0,1
Wechselstrom-Steckdosen (bei 100 W/Steckdose)	0,1
Medizinische Verbraucher	0,3–0,4

Tab. 18: Anschlußwerte von Großbauten

Verwaltungsgebäude		$80–150\ VA/m^2$
Aufteilung:	Licht	$40–60\ VA/m^2$
	Kraft	$15–25\ VA/m^2$
	Kühlung	$20–40\ VA/m^2$
	Aufzüge	$10–20\ VA/m^2$
Warenhäuser		$150–200\ VA/m^2$
Aufteilung:	Licht	$60–90\ VA/m^2$
	Kraft	$15–25\ VA/m^2$
	Kühlung	$30–60\ VA/m^2$
	Aufzüge	$10–25\ VA/m^2$
Supermärkte		$250–300\ VA/m^2$
Aufteilung:	Licht	$60–90\ VA/m^2$
	Kraft	$15–25\ VA/m^2$
	Kühlung	größer als Warenhäuser
	Aufzüge	$10–25\ VA/m^2$

Tab. 20: Jährlicher Stromverbrauch eines gut ausgestatteten 4-Personen-Haushaltes

		Abweichung für jede Person weniger oder mehr (-/+)
	kWh	kWh
Elektroherd	900	120
Warmwasserbereitung, Küche	600	120
Warmwasserbereitung, Bad	1 500	300
Fernsehgerät	200	–
Kühlschrank	360	60
Waschmaschine	480	96
Wäschetrockner	480	96
Bügelmaschine	220	24
Gefriertruhe	780	120
Gefrierschrank	840	120
sonstige Kleingeräte und Beleuchtung	270	–

Quelle: Hauptberatungsstelle für Elektrizitätsanwendung e.V. (HEA)

$$* \quad \text{Gesamtjahresbenutzungsstunden} = \frac{\text{Jahresstromverbrauch}}{\text{installierter Anschlußwert} \cdot \text{Gleichzeitigkeitsfaktor}}$$

Jahresstromverbrauch bei unterschiedlichen Tarifen einer norddeutschen Großstadt

Tab. 21:

Haushalt	10,5 Pfg/kWh
Anzahl der Räume	Jahresverbrauch in kWh
1—2	3 632
3	3 910
4	3 858
5	4 020
6	4 383

Tab. 22:

Haushalt	13,5 Pfg/kWh
Anzahl der Räume	Jahresverbrauch in kWh
1—2	792
3	1 058
4	1 400
5	1 744
6	2 256

Tab. 23: Haushalt 10,5 Pfg/kWh, jedoch Warmwasserbereitung mit Schwachlaststrom

Anzahl der Räume	Jahresverbrauch
1—2	3 458
3	3 410
4	3 620
5	3 960
6	4 440

Tab. 24: Durchschnittliche jährliche Stromkosten — Preisstand 1976

Gebäudeart	DM/m² HNF · a
Wohngebäude	4,00— 5,00
Verwaltungsgebäude	4,50— 6,00
Schulen, einschichtig	3,20— 3,60
Schulen, zweischichtig	4,00— 4,50
Krankenhäuser	9,00—15,00
Naturwissenschaftliche Institute, hoch installiert	15,00—22,00

3.2.5 Bedienung, Wartung, Inspektion

Die Angabe von Erfahrungswerten dieser Kostengruppe stößt notwendigerweise auf große Schwierigkeiten. Die Kosten sind verständlicherweise sehr stark vom Grad der Installation und der Nutzungsart des Gebäudes abhängig. Dies wird schnell verständlich, wenn man beispielsweise ein großes Wohngebäude mit einem Krankenhaus oder einem naturwissenschaftlichen Institut vergleicht.

Im Wohngebäude fallen in dieser Kostengruppe lediglich die Kosten für die Bedienung der Heizungsanlage (einige Stunden des Hausmeisters im Monat), Gebühren für die Überwachung und Inspektion von Heizungs- und Aufzugsanlagen sowie ein geringer Aufwand für allgemeine Verwaltungsarbeiten an.

Im Krankenhaus entsteht — bedingt durch den zumindest zeitweiligen Hochdruck- und Niederdruckbetrieb der Kesselanlagen mit Speisewasseraufbereitung, Vollentsalzungsanlagen für Wasser u. ä. — bereits ein hoher Aufwand an Bedienungskosten. Häufig müssen in Krankenhäusern unter Berücksichtigung von Urlaubs- und Krankheitsausfällen fünf Kesselwärter beschäftigt werden. Wartung und Inspektion der Kesselanlagen sowie der anderen umfangreichen technischen Anlagen wie Klima- und Lüftungsanlagen, Aufzugs- und Förderanlagen, Elektroanlagen usw. erhöhen die Kosten dieser Gruppe gewaltig. Gerade in den letzten Jahren sind die Kosten für Inspektion und Überwachung rasant angestiegen. Zum Teil liegt dies an neuen gesetzlichen Regelungen, wie dem Bundesimmissionsschutzgesetz, dem Energieeinsparungsgesetz und ihren Verordnungen u. ä..

Sehr stark vereinfacht kann von folgenden Kosten für Bedienung, Wartung und Inspektion ausgegangen werden:

Wohngebäude 1,50 bis 3,50 DM/m² HNF · a

Verwaltungsgebäude 12,— bis 16,— DM/m² HNF · a

Schulen je nach technischem Ausbaugrad 12,— bis 20,— DM/m² HNF · a

Hochschulen, Gesamtbereiche 20,— bis 30,— DM/m² HNF · a

Krankenhäuser 30,— bis 40,— DM/m² HNF · a

Die auffallend niedrigen Kosten für Wohngebäude sind dadurch zu erklären, daß diese Gebäude einen sehr geringen Installationsgrad aufweisen und — was wohl noch entscheidender ist — der überwiegende Anteil dieser Kostengruppe von den Mietern selbst getragen wird.

Die Kosten für eine Arbeitskraft können mit

- 30.000,— DM/a für eine einfache Arbeitskraft,
- 35.000,— DM/a für eine gelernte Arbeitskraft und
- 48.000,— DM/a für eine qualifizierte Arbeitskraft

angesetzt werden (Stand 1975). In diesem Betrag sind alle personellen und sächlichen Aufwendungen des Arbeitgebers enthalten.

Für den Personalbedarf in sehr hoch installierten Gebäuden kann man von 2.000 m² HNF/Person ausgehen.

3.2.6 Verkehrs- und Grünflächen

Verkehrsflächen — wie Bürgersteige, Zufahrten, Parkplätze und dergleichen — müssen in mehr oder weniger regelmäßigen Abständen gereinigt und im Winter vom Schnee geräumt werden. Dies verursacht personelle und materielle Kosten. Werden die Reinigungsarbeiten durch eigenes Hauspersonal durchgeführt, wird dieses in aller Regel nicht das ganze Jahr über mit diesen Arbeiten konstant beschäftigt sein. Je nach Arbeitsaufwand ist dann das Gehalt anteilig auf die anderen Kostengruppen der Baunutzungskosten zu verteilen. Bei Gebäuden im Stadtzentrum werden in den meisten Fällen die Verkehrsflächen von den kommunalen Reinigungsämtern gesäubert und im Winter vom Schnee befreit. Hierfür ist je nach Ortssatzung eine entsprechende Gebühr zu entrichten.

Die Grünflächen mit ihren Anpflanzungen bedürfen der ständigen Pflege mit jahreszeitlich unterschiedlicher Intensität. Im allgemeinen wird das gleiche Personal sowohl die Verkehrs- als auch die Grünflächen betreuen.

Für den Gebäuden zugeordnete Grünanlagen sind ca. 1,6 Arbeitskräfte/ha, für Grünanlagen in Großstädten ca. 0,5 Arbeitskräfte/ha, für Kinderspielplätze ca. 1,7 Arbeitskräfte/ha und für sehr großflächige einfache Grünanlagen ca. 0,2 Arbeitskräfte/ha erforderlich.

Eine Arbeitskraft kostet ca. 30.000,— DM/a (Stand 1975).

Für 1 m² zu pflegende Fläche sind im Jahr

- 1,00 DM für einfache,
- 1,50 DM für normale und
- 2,00 bis 2,50 DM für aufwendige

Grünanlagen anzusetzen.

3.2.7 Sonstiges

3.2.7.1 Versicherungen

Im allgemeinen ist für Gebäude nur eine Sachversicherung abzuschließen. Bezogen auf den Neubauwert von 1914 sind pro 1.000 DM 0,55 bis 0,75 DM/Jahr zu entrichten. Für durch ihre Bauweise besonders gefährdete Gebäude (z. B. Weichdächer) werden höhere Beiträge gefordert.

Bei erdverlegten Heizöltanks kann sich eine Gewässerschadenshaftpflicht empfehlen. Für den Bauherrn kann ferner der Abschluß einer Grundstückshaftpflichtversicherung ratsam sein. Die Gebühren für die beiden genannten Versicherungen sind niedrig. Die Beratung durch ein Versicherungsunternehmen wird empfohlen, schon im Hinblick auf mögliche weitere Versicherungen, wie beispielsweise Glasbruch u.ä.

3.2.7.2 Abfallbeseitigung

Durchschnittlich fallen in der Bundesrepublik Deutschland an hausmüllähnlichen Abfällen 200 bis 250 kg je Einwohner · Jahr an. 250 kg Abfall nehmen das Volumen von 1 m³ ein. Bezogen auf den Tag ist der Müllanfall 3 bis 4 l/Person. Hierzu Vergleichswerte aus Krankenhäusern: Man rechnet mit 2½ bis 4 kg (10 bis 16 l) pro Bett und Tag.

Der durchschnittlichen Familie sollte für die Abfallbeseitigung eine 110 l Tonne/-Woche bereitgestellt werden. Für kleine Haushaltungen reichen 60/70 l-Tonnen aus. Die durchschnittlichen Kosten bei wöchentlicher Hausmüllabfuhr sind in Tabelle 25 angegeben.

Tab. 25: Kosten bei wöchentlicher Hausmüllabfuhr

Behältergröße	Kosten/Monat (DM)		
35 l	4,50		
60–70 l	6,–	bis	12,–
110 l	10,–	bis	18,–
1,1 m³	65,–	bis	130,–
4,4 m³		bis	230,–
50 l-Sack	2,50	bis	3,50

Hierbei handelt es sich um kostendeckende Gebühren. Unterschiedliche Gebühren ergeben sich in der Regel durch die Art der Beseitigung (Kompostierung, Deponie, Verbrennung) und durch die Länge des Transportweges.

Die Sonderabfallbeseitigung ist wesentlich kostenaufwendiger. So kann beispielsweise die Beseitigung von 1 t krankenhausspezifischer Abfälle bis zu 1.500,– DM kosten.

Zur Kostengruppe „Sonstiges" gehören ferner Gebühren für die Schornsteinreinigung und Kosten für Aufsichts- und Hausmeisterdienst. Bedient der Hausmeister auch die Heizungsanlage, sind die anteiligen Aufwendungen der Kostengruppe 5.5 der DIN 18 960 zuzuordnen.

Die Kosten für einen Hausmeister betragen einschließlich aller Aufwendungen des Arbeitgebers ca. 35.000,– bis 40.000,– DM/Jahr.

3.3 Bauunterhaltungskosten

Die Kosten der Bauunterhaltung fallen bekanntlich nicht so gleichmäßig und jährlich
an, wie es bei den Betriebskosten in aller Regel der Fall ist. In den ersten Betriebs-
jahren entstehen nur sehr geringe Kosten, während gegen Ende der Lebensdauer der
Gebäude überdurchschnittlich hohe Reparaturaufwendungen anfallen.
Der Rhythmus der meistens im Abstand mehrerer Jahre erforderlichen Instandset-
zungen ist bei den einzelnen Bauelementen/Gewerken eines Gebäudes infolge unterschiedlicher Beanspruchung und verschieden langer Lebensdauer sehr unterschiedlich.

Insbesondere haus- und betriebstechnische Anlagen benötigen einen höheren jährlichen Reparaturaufwand als z. B. die Gewerke des Rohbaus. Zur Festsetzung der
sogenannten Instandhaltungsrücklage für ein bestimmtes Gebäude können daher die
dafür zu kalkulierenden Kosten nur aus der Erfahrung mit anderen Gebäuden abgeleitet werden.
So können aus der Beobachtung der Gesamtkosten eines großen Gebäudebestandes
und der Geschichte typischer Häusergruppen nachfolgende Durchschnittswerte für
jährlichen Bauunterhalt abgeleitet werden.
Von den Staatlichen Hochbauverwaltungen werden die für einen umfangreichen Gebäudebestand jährlich erforderlichen Bauunterhaltungsansätze mittels Prozentsätzen
aus den sogenannten Friedensneubauwerten, z. B. bezogen auf das Jahr 1914, berechnet. Diese Werte haben sich von 3 % im Jahre 1963 über 5 % im Jahre 1973 auf 7,2 % im
Jahre 1976 beispielsweise im Land Baden-Württemberg entwickelt. Berücksichtigt
man, daß heute der Bauindex, bezogen auf den Wert 1914, bei rund 1000 % liegt, so
entspricht der oben genannte Durchschnittsansatz für 1976 einem Betrag von 0,72 %
des derzeitigen Neubauwerts.
Da aus haushaltsrechtlichen Gründen bei den Mitteln für „Kleine Neu-, Um- und
Erweiterungsbauten" noch ein gewisser versteckter Anteil für Bauunterhaltung
steckt, ist dieser Prozentsatz in Wirklichkeit etwas höher.

Grothus [4] beziffert die jährlichen Instandhaltungskosten einschließlich Wartung
und Inspektion, bezogen auf den Anlagenneuwert, auf 1,5 bis 2 %.
Wenn man berücksichtigt, daß in diesem Wert auch die Personalkosten für Wartung
und Inspektion enthalten sein dürften, so erkennt man, daß der langjährige Mittelwert der Bauunterhaltung ohne Wartung und Inspektion zwischen 1,2 und 1,8 %
liegen dürfte. Die Erfahrung zeigt, daß hochinstallierte Gebäude — wie z. B. Krankenhäuser und Institutsgebäude — einen höheren Instandhaltungsaufwand benötigen
als niedrig installierte Bauten, wie z. B. einfache Wohngebäude.
Für Wohnbauten hat die WIBERA-Wirtschaftsberatungsgesellschaft zwischen 11,—
und 16,— DM/m² (Index 1972), bezogen auf eine durchschnittliche Lebensdauer
von 80 Jahren, für nach 1945 errichtete Bauten von 1956—1973 errechnet.
Für vor dem 2. Weltkrieg errichtete Altbauten müßten nach derselben Quelle diese
spezifischen Instandhaltungskosten wegen der gestiegenen Ansprüche und eines gewissen Nachholbedarfs noch über diesem Wert liegen. Die WIBERA hat ferner fest-

gestellt, daß die Instandhaltungskosten, über 80 Jahre Lebensdauer gesehen, im Durchschnitt 145–160 % der reinen Baukosten ausmachen, wobei alle Kosten auf das gleiche Basisjahr zu beziehen sind.

Unter Berücksichtigung eines Abschlags für besondere Abschreibungen nach § 25 Abs. 3 der II. Berechnungsverordnung errechnet die WIBERA, bezogen auf das Jahr 1972, einen Ausgangswert für spezifische Instandhaltungskosten von 15,20 DM/m² Wohnfläche und Jahr und stellt fest, daß dieser Wert ein Mehrfaches des Betrages darstellt, den die II. Berechnungsverordnung in § 28 als Obergrenze festlegt.

Inzwischen werden in der II. Berechnungsverordnung in der Fassung von 1976 folgende Instandhaltungskosten als verrechenbare obere Grenze genannt:

Bis 7,90 DM/m²   Wohnfläche je Jahr für Wohnungen, die bis zum 31. Dezember 1952 bezugsfertig geworden sind,

bis 7,60 DM/m²   Wohnfläche je Jahr für Wohnungen, die in der Zeit vom 1. Januar 1953 bis zum 31. Dezember 1969 bezugsfertig geworden sind,

bis 6,90 DM/m²   Wohnfläche je Jahr für Wohnungen, die nach dem 31. Dezember 1969 bezugsfertig geworden sind;

abzüglich 0,70 DM/m²,   wenn in der Wohnung ein eingerichtetes Bad oder eine Dusche fehlt;

zuzüglich 0,60 DM/m²,   wenn eine Sammelheizung und

zuzüglich 0,50 DM/m²,   wenn ein maschinell betriebener Aufzug vorhanden ist.

Die Instandhaltungskosten verringern sich um 1,00 DM/m², wenn der Mieter die Kosten für kleinere Instandhaltungen trägt. In den Instandhaltungskosten sind die Kosten für Schönheitsreparaturen nicht enthalten. Trägt der Vermieter die Schönheitsreparaturen, betragen sie bis 5,20 DM/m² ;

abzüglich 0,50 DM/m²,   wenn die Wohnung überwiegend nicht tapeziert ist;

zuzüglich 0,40 DM/m²   für Wohnungen mit Heizkörpern;

zuzüglich 0,45 DM/m²   für Wohnungen mit Verbund- oder Doppelfenstern.

Die Instandhaltungskosten, einschließlich Schönheitsreparaturen, für Garagen oder ähnliche Einstellplätze betragen bis 50,– DM/Garage- oder Einstellplatz im Jahr.

Sowohl diese neuesten Werte der II. Berechnungsverordnung als auch die Werte der WIBERA liegen also wesentlich über den derzeit überlicherweise bei Wohnungseigentümergemeinschaften (Neubauten) jährlich für sogenannte Instandhaltungsrücklagen angesetzte Pauschalen zwischen 2,– und 3,– DM/qm Wohnfläche.

3.4 Zusammenfassung der Betriebskosten

In den vergangenen Abschnitten ist eine Vielzahl von Erfahrungswerten der einzelnen Kostengruppen genannt worden. Diese Werte können in der Planungsphase eines Gebäudes, einschließlich der Vorplanung Verwendung finden. Von der Entwurfsplanung an wird eine Kostenberechnung erforderlich (Tabelle 26). Die Erfahrungswerte können dann aber noch zu Kontrollzwecken verwendet werden, denn die späteren Betriebskosten treten als Einflußgrößen bei der Bewertung alternativer Planungskonzeptionen auf.

Unterscheidungen der Gebäude (niedrig, mittel und hoch installiert; Wohn- und Verwaltungsgebäude, Schulen, Hochschulen, Krankenhäuser usw.) für die Betriebskosten reichen nach der Entwurfsplanung nicht mehr aus. Ein Verwaltungsgebäude oder ein Hochschulgebäude kann niedrig oder hoch installiert sein. Aufgabe der Planung ist es stets, Lösungen zu suchen, die im Rahmen des Möglichen den Installationsgrad niedrig halten. Daß eine ausgereifte Planung, die sowohl Zeit als auch Geld kostet, sich in jedem Fall bezahlt macht, geht aus Tabelle 27 sehr eindrucksvoll hervor. Hierin ist die Summe der Kosten der Baukonstruktion, Installationen, betriebstechnischen Anlagen und betrieblichen Einbauten (nach DIN 276 neu, 3.1 bis 3.4) als Baukosten zu verstehen.

Berücksichtigt man ferner noch die Bauunterhaltungskosten mit 1,2—2 %/Jahr der Baukosten, so macht dies über 50 Jahre Lebensdauer 60—100 % der Baukosten aus. Die Aussagen des Abschnittes 5.0 des vorliegenden Buches sollen daher dem Planer und Betreiber eine Hilfe sein, die Betriebskosten von vornherein möglichst niedrig zu halten.

Tab. 26: Anwendungsmöglichkeiten der Erfahrungswerte bei unterschiedlichen Planungsphasen

	Anwendungsphase = Planungsphase des Gebäudes	Anwendungsmöglichkeit
1	2	3
1	Nichtprojektbezogene Bedarfsfeststellung	Kostenschätzung
2	Projektbezogene Bedarfsfeststellung	
2a	nach Art und Größe	Kostenschätzung
2b	Funktionsplanung	
3	Vorplanung	
3a	Standortplanung	Kostenschätzung
3b	Strukturplanung	
4	Entwurfsplanung	Kostenberechnung
5	Ausführungsplanung	Kostenanschlag
6	Baudurchführung	Kostenfestellung (Kostenanschlag)
7	Baunutzung	Kostenfeststellung

Tab. 27: Betriebskosten im Verhältnis zu den
Baukosten

		pro Jahr		über Lebensdauer von 50 Jahren
niedrig	installiert	1,5–3	%	75–150 %
mittel	installiert	3 –4	%	150–200 %
hoch	installiert	4 –5,5	%	200–275 %

Das Schulbauinstitut der Länder hat 1975 die Betriebskosten von zehn allgemeinbildenden Schulen mit einem hohen Installationsgrad (i. M. 52 % der BGF be- und
entlüftet bzw. klimatisiert) untersucht. Die Betriebskosten lagen bei ca. 61,– DM/m²
HNF · a. Die Kosten verteilten sich auf die Abschnitte nach DIN 18 960 wie folgt:

Reinigung	29 %
Abwasser/Wasser	2 %
Wärme/Kälte	20 %
Strom	23 %
Bedienung	3 %
Wartung und Inspektion	12 %
Verkehrs- und Grünflächen	3 %
Sonstiges	8 %

Grün [5] hat für die Technische Universität Braunschweig sehr detaillierte Berechnungen vorgenommen. Beispielgebend für die Auswertung anderer Gebäudearten
sind seine graphischen Darstellungen über die Gliederung der Hauptnutzfläche
(Abb. 15), die Gliederung der jährlichen Baunutzungskosten (Abb. 16), die jährlichen Baunutzungskosten je Hauptnutzfläche (Abb. 17) und die Bauausgaben je
Hauptnutzfläche (Abb. 18).

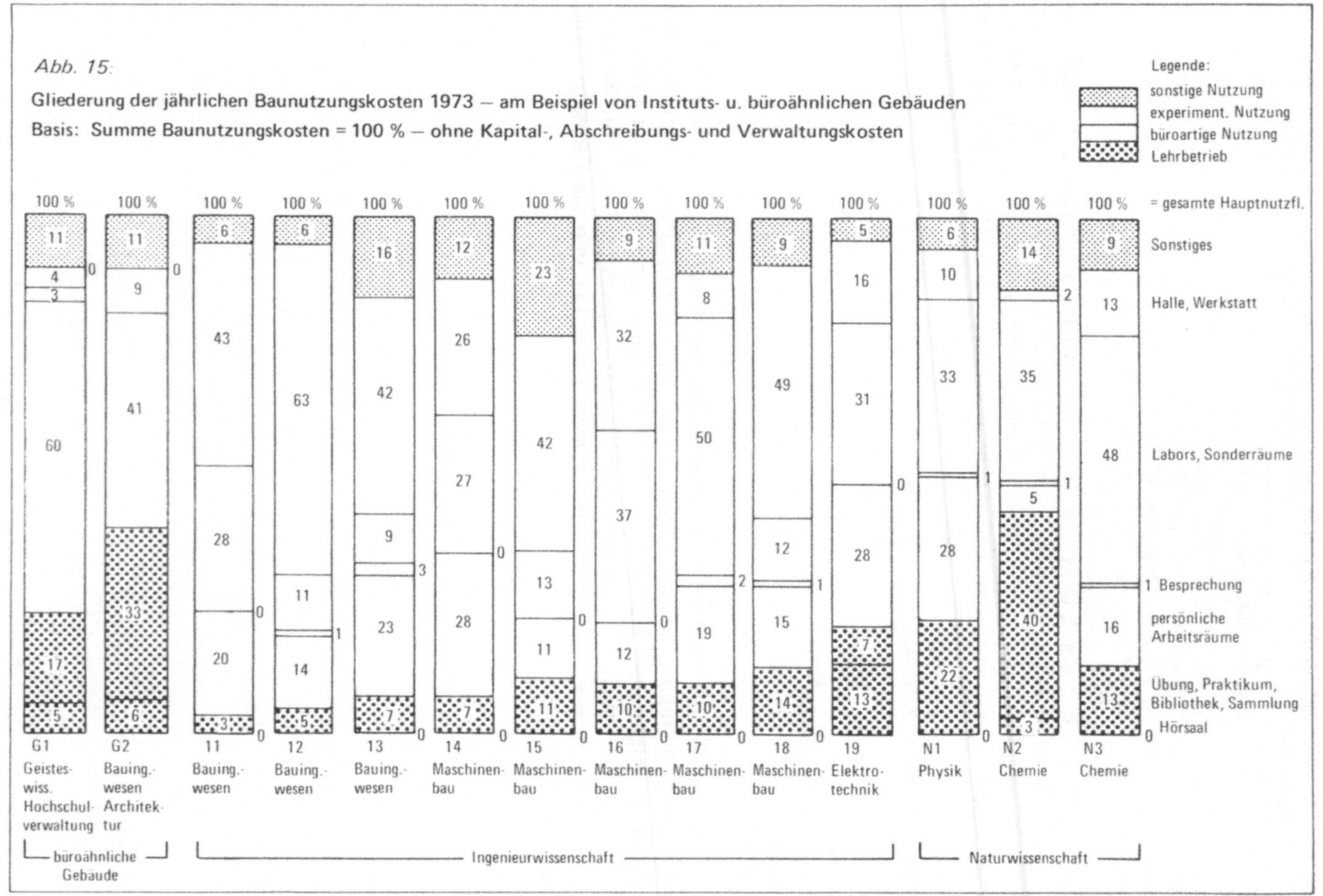

Abb. 15:
Gliederung der jährlichen Baunutzungskosten 1973 — am Beispiel von Instituts- u. büroähnlichen Gebäuden
Basis: Summe Baunutzungskosten = 100 % — ohne Kapital-, Abschreibungs- und Verwaltungskosten
Legende:
sonstige Nutzung
experiment. Nutzung
büroartige Nutzung
Lehrbetrieb
= gesamte Hauptnutzfl.
Sonstiges
Halle, Werkstatt
Labors, Sonderräume
Besprechung
persönliche Arbeitsräume
Übung, Praktikum, Bibliothek, Sammlung
Hörsaal
G1 Geisteswiss. Hochschulverwaltung
G2 Bauing.-wesen Architektur
11 Bauing.-wesen
12 Bauing.-wesen
13 Bauing.-wesen
14 Maschinenbau
15 Maschinenbau
16 Maschinenbau
17 Maschinenbau
18 Maschinenbau
19 Elektrotechnik
N1 Physik
N2 Chemie
N3 Chemie
büroähnliche Gebäude
Ingenieurwissenschaft
Naturwissenschaft

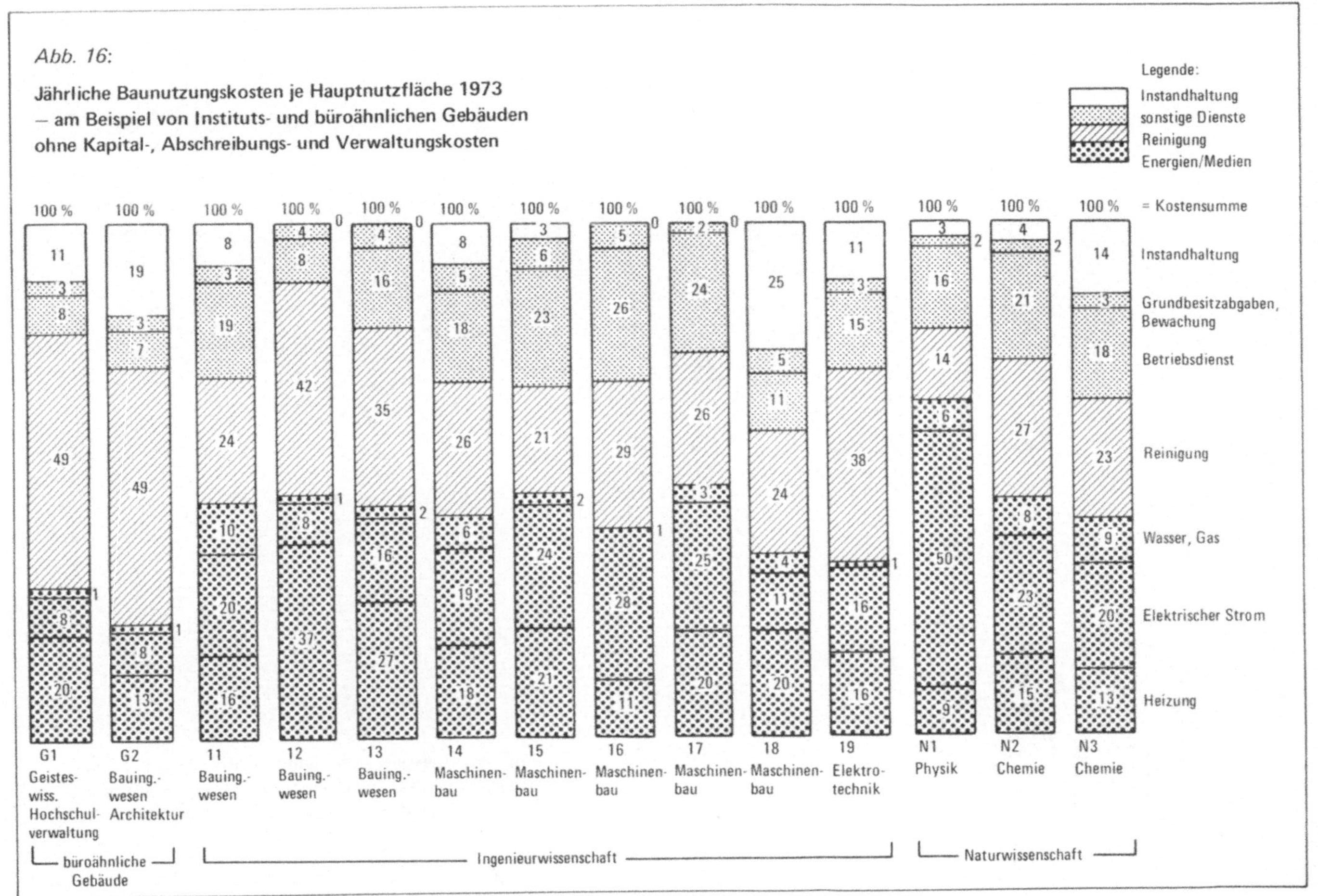

Abb. 16:
Jährliche Baunutzungskosten je Hauptnutzfläche 1973
— am Beispiel von Instituts- und büroähnlichen Gebäuden
ohne Kapital-, Abschreibungs- und Verwaltungskosten
Legende:
Instandhaltung
sonstige Dienste
Reinigung
Energien/Medien
= Kostensumme
Instandhaltung
Grundbesitzabgaben, Bewachung
Betriebsdienst
Reinigung
Wasser, Gas
Elektrischer Strom
Heizung
G1 Geisteswiss. Hochschulverwaltung
G2 Bauing.-wesen Architektur
11 Bauing.-wesen
12 Bauing.-wesen
13 Bauing.-wesen
14 Maschinenbau
15 Maschinenbau
16 Maschinenbau
17 Maschinenbau
18 Maschinenbau
19 Elektrotechnik
N1 Physik
N2 Chemie
N3 Chemie
büroähnliche Gebäude
Ingenieurwissenschaft
Naturwissenschaft

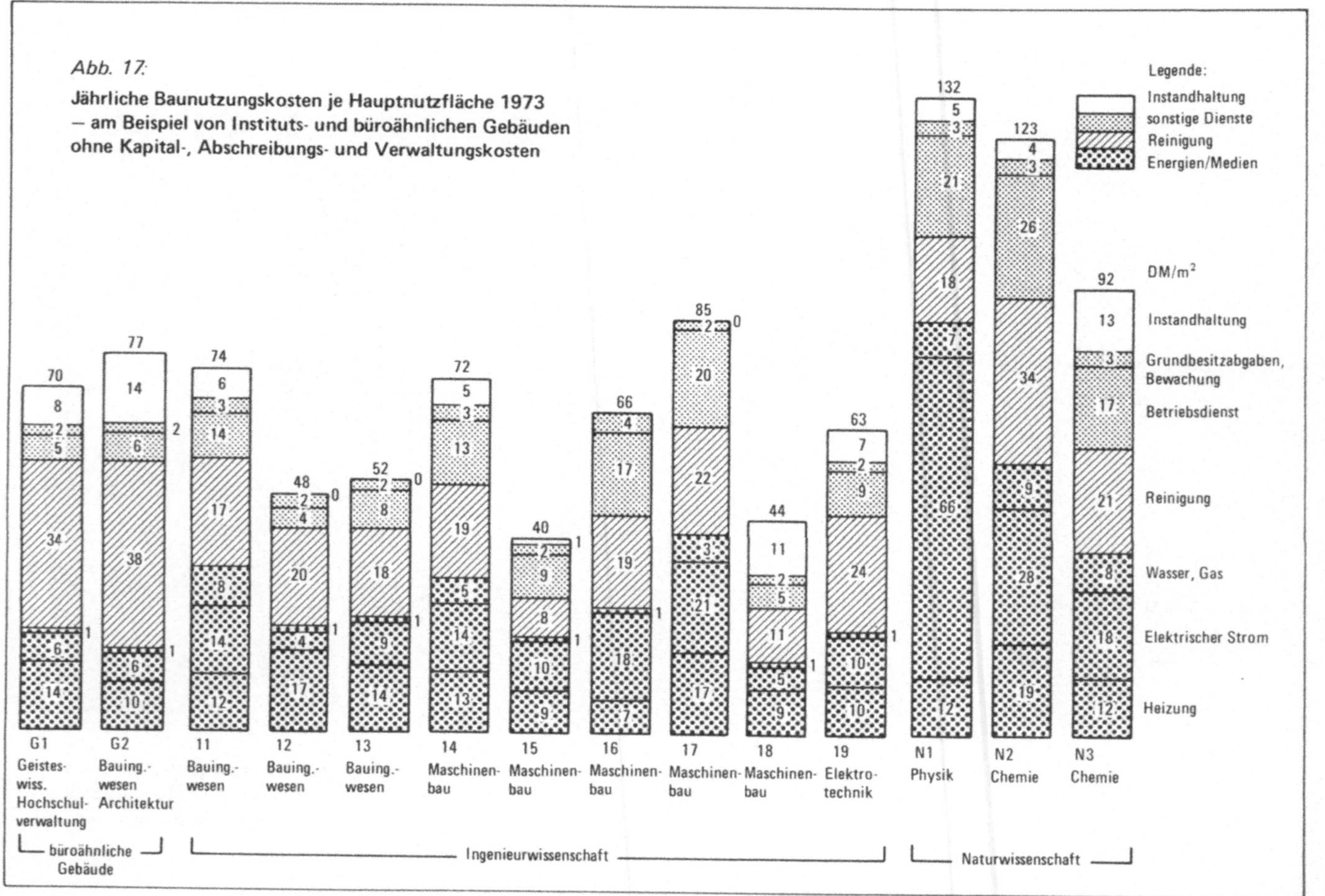

Abb. 17:
Jährliche Baunutzungskosten je Hauptnutzfläche 1973
— am Beispiel von Instituts- und büroähnlichen Gebäuden
ohne Kapital-, Abschreibungs- und Verwaltungskosten
Legende:
Instandhaltung
sonstige Dienste
Reinigung
Energien/Medien
DM/m²
Instandhaltung
Grundbesitzabgaben, Bewachung
Betriebsdienst
Reinigung
Wasser, Gas
Elektrischer Strom
Heizung
G1 Geisteswiss. Hochschulverwaltung
G2 Bauing.wesen Architektur
11 Bauing.wesen
12 Bauing.wesen
13 Bauing.wesen
14 Maschinenbau
15 Maschinenbau
16 Maschinenbau
17 Maschinenbau
18 Maschinenbau
19 Elektrotechnik
N1 Physik
N2 Chemie
N3 Chemie
büroähnliche Gebäude
Ingenieurwissenschaft
Naturwissenschaft

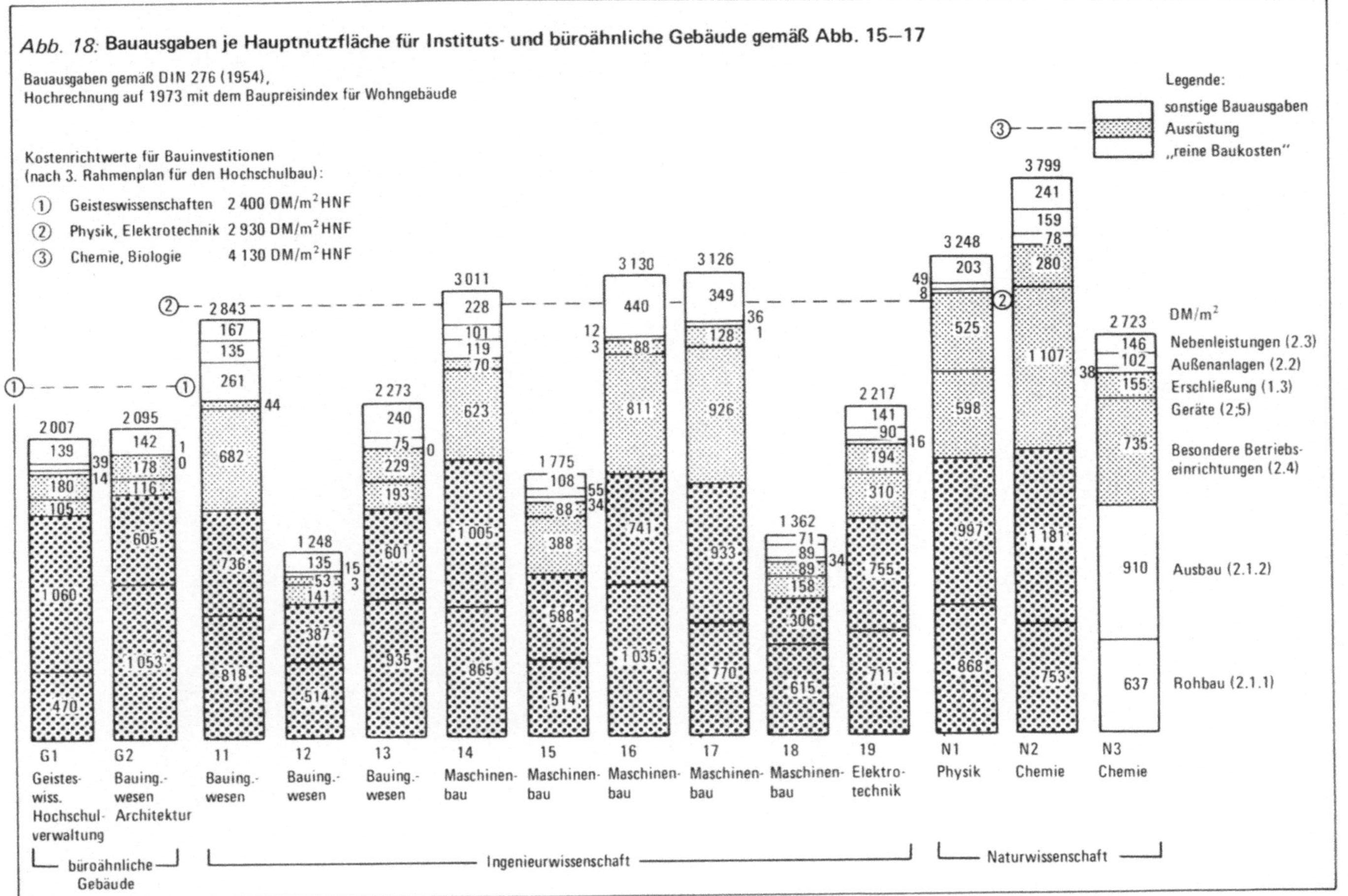

Abb. 18: Bauausgaben je Hauptnutzfläche für Instituts- und büroähnliche Gebäude gemäß Abb. 15—17
Bauausgaben gemäß DIN 276 (1954),
Hochrechnung auf 1973 mit dem Baupreisindex für Wohngebäude
Kostenrichtwerte für Bauinvestitionen
(nach 3. Rahmenplan für den Hochschulbau):
① Geisteswissenschaften 2 400 DM/m² HNF
② Physik, Elektrotechnik 2 930 DM/m² HNF
③ Chemie, Biologie 4 130 DM/m² HNF
Legende:
sonstige Bauausgaben
Ausrüstung
„reine Baukosten''
DM/m²
Nebenleistungen (2.3)
Außenanlagen (2.2)
Erschließung (1.3)
Geräte (2;5)
Besondere Betriebseinrichtungen (2.4)
Ausbau (2.1.2)
Rohbau (2.1.1)
G1 Geisteswiss. Hochschulverwaltung
G2 Bauing.-wesen Architektur
11 Bauing.-wesen
12 Bauing.-wesen
13 Bauing.-wesen
14 Maschinenbau
15 Maschinenbau
16 Maschinenbau
17 Maschinenbau
18 Maschinenbau
19 Elektrotechnik
N1 Physik
N2 Chemie
N3 Chemie
büroähnliche Gebäude
Ingenieurwissenschaft
Naturwissenschaft

4 Erfassungs- und Auswertebögen

In diesem Abschnitt sollen Erfassungs- und Auswertebögen vorgestellt werden, die sich bereits in der Praxis gut bewährt haben. Es gibt kein Patentrezept für die unterschiedlichsten Gebäudearten. Jedoch ist es ohne Schwierigkeiten möglich, die Erfassungs- und Auswertebögen den jeweiligen Verhältnissen anzupassen.

Insbesondere gilt dies, wenn man zum besseren Vergleich spezifische Werte haben will. Nicht immer ist es zweckmäßig, die Baunutzungskosten auf den m^2 HNF zu beziehen. So ist es beispielsweise genauso möglich, als Bezugsgröße m^2 BGF, m^3 Rauminhalt, m^2 Verkaufsfläche oder — in Krankenhäuser – das Bett zu wählen.

Für die Schätzung der jährlichen Baunutzungskosten ist das Formblatt der Landesbauverwaltung Schleswig-Holstein nach Abbildung 19 gut verwendbar. Hierzu einige Erläuterungen:

(1) Heizstoffe
sind Brennstoffe, auch Strom, Fernwärme und Fernkälte zur Erzeugung von Raum-, Lüftungs- und Wirtschaftswärme oder -kälte, jedoch nicht für Einzelgeräte. Der Heizwert H_U ist anzugeben. Da Gas meistens nach dem Brennwert H_O abgerechnet wird, ist dieser ggf. zusätzlich anzugeben.

(2) Anschlußwert:
Für die Raumheizung ist hierfür der stündliche Wärmebedarf nach DIN 4701 anzusetzen.

(3) Jahres-Vollbenutzungsstunden:
Es sind die für den geplanten Gebäudetyp charakteristischen und nach bisheriger Erfahrung geschätzten Jahres-Vollbenutzungsstunden des Höchstwärmebedarfs einzusetzen. Als Anhalt können die Jahres-Vollbenutzungsstunden des Abschnittes 3.2.3 herangezogen werden. Bei lufttechnischen Anlagen, Brauchwasser- und Kälteanlagen sowie bei Küchen und Wäschereien sind die wirklichen Betriebszeiten zugrunde zu legen.

(4) Wirkungsgrad η:
Es ist der jährliche Gesamtwirkungsgrad der jeweiligen Anlagen einzusetzen. Für diese Berechnung sind die in Abschnitt 3.2.3, Tabelle 11 angegebenen Wirkungsgrade anzunehmen.

(5) Jahresverbrauch:

a) Heizstoffe

$$\text{Jahresverbrauch} = \frac{\text{Anschlußwert} \cdot \text{Jahresvollben. Std.}}{\text{Heizwert } H_U \cdot \text{Wirkungsgrad } \eta}$$

b) Strom

Der Jahresstromverbrauch A errechnet sich aus dem installierten Anschlußwert (ohne Heizung) P, den Jahresbenutzungsstunden b und dem Gleichzeitigkeitsfaktor f

$$A = P \cdot b \cdot f$$

Als Anhalt können die Gesamtjahresbenutzungsstunden des Abschnitts 3.2.4 dienen.

Die Werte für Jahresbenutzungsstunden und Gleichzeitigkeitsfaktor können sich, je nach Anlage, auch innerhalb einer Liegenschaft stark unterscheiden. Der Gesamt- Gleichzeitigkeitsfaktor liegt etwa zwischen 0,4 und 0,7. Bei für Lehrzwecke beschafften Geräten und Anlagen ist

Schätzung der jährlichen Betriebskosten

Baumaßnahme:

Hauptnutzfläche: m²

Belegung: Personen

Heizstoff: (1)

H_u

Kostenart	Anschluß-wert (2) Einh./h	Jahresvollbe-nutzungsstd. (3) h/a	(4) η bzw. f	Jahresver-brauch (5) Ein./a	Preis je Einheit (6) DM/Einh.	Kosten je Jahr DM/a
1	2	3	4	5	6	7
1. Heizstoffe						
1.1 Arbeits- bzw. Heizstoff-preis						
1.11 Raumwärme						
1.12 Lüftungswärme						
1.13 Brauchwasser-erwärmung						
1.14 Sonstige (Küche usw.)						
1.2 Grund- oder Leistungs-preis (7)						
1.3 Meßgebühren (8)						
2. Strom (außer Heiz-strom)						Summe 1: ( )
2.1 Arbeitspreis						
2.11 Beleuchtung und Gerät						
2.12 Betriebstech. Anlagen						
2.2 Grund- oder Leistungspreis (7)						
2.3 Meßgebühren (8)						
3. Wasser						Summe 2: ( )
3.1 Arbeitspreis						
3.2 Grund- oder Leistungspreis (7)						
3.3 Meßgebühren (8)						
4. Abwasser						Summe 3: ( )
4.1 Arbeitspreis						
4.2 Grundgebühr						
5. Gas (außer Heizung)						Summe 4: ( )
5.1 Arbeitspreis						
5.2 Grund- oder Leistungspreis (7)						
5.3 Meßgebühren (8)						
						Summe 5: ( )
Übertrag						

Abb. 19

Kostenart	Kosten je Jahr DM/a
1	7
Übertrag:	
6. Bedienung und Wartung [9] 6.1 Bedienung und Reinigung der technischen Anlagen 6.2 Wartung der technischen Anlagen 6.3 Schornsteinfegerkosten, Tankrevision (anteilig) 6.4 Verbrauchsmittel 6.5 Reinigung und Pflege der Außenanlagen	
7. Reinigung 7.1 Innenreinigung 7.2 Fensterreinigung	Summe 6: ( )
8. Sonstiges [10] 8.1 Sonstige Gebäudebetriebskosten 8.2 . . . . 8.3 . . . . 8.4	Summe 7: ( )
	Summe 8: ( )
9. Gesamtbetriebskosten	

Aufgestellt:

. . . . , den . . . . 19. . . . .

ein geringerer Gleichzeitigkeitsfaktor anzusetzen. Der benutzte Gleichzeitigkeitsfaktor ist in die Spalte 4 (Wirkungsgrad) einzutragen.

In Ausnahmefällen kann der Jahresstromverbrauch durch Vergleich mit Liegenschaften ähnlicher Nutzung geschätzt bzw. hochgerechnet werden.

c) Wasser:

Der Jahreswasserverbrauch ist durch Vergleich mit Liegenschaften, ähnlicher Nutzung oder durch Hochrechnung bzw. Anwendung vorliegender spezifischer Verbrauchswerte zu ermitteln.

d) Abwasser:

Die Jahresabwassermenge entspricht in der Regel dem Jahreswasserverbrauch. Bestimmungen der örtlichen Satzung sind zu berücksichtigen (ggf. Absetzungen für Gärtnereien, Wäschereien, Bäckereien, Küchen u. ä.). Chemikalien und Betriebsstoffe für Abwasseraufbereitung gehören zu „Bedienung und Wartung".

e) Gas:

Hierzu gehört der Gesamtverbrauch an Stadt- und Ferngas, nur für Zwecke zu 1 (Heizzwecke) und außer technischen Gasen. Der Jahresgasverbrauch ist durch Vergleich mit Liegenschaften ähnlicher Nutzung oder durch Hochrechnung bzw. durch Anwendung vorliegender spezifischer Verbrauchswerte zu ermitteln.

f) Wärmerückgewinnungsanlagen:

Die hierdurch zu erzielenden Einsparungen sind z. B. durch Anwendung des verminderten Anschlußwertes oder durch Herabsetzung der Jahresvollbenutzungsstunden zu berücksichtigen.

(6) Preise:

Für Heizstoffe, Wasser usw. ist der Tarif mit den niedrigsten Gesamtkosten zu wählen. Etwaige Sonderabnehmerbedingungen sind zu berücksichtigen.

(7) Grund- und Leistungspreis:

Dies kann nach dem jeweiligen Vertrag ein feststehender Betrag oder ein vom Anschlußwert oder der Leistungsspitze abhängiger Betrag sein. Zur Berechnung des Leistungspreises ist in Spalte 5 die bereitzustellende Leistung, die sich aus dem Anschlußwert und Gleichzeitigkeitsfaktor errechnet, bzw. die voraussichtliche Leistungsspitze einzutragen.

(8) Meßgebühren:

Hierbei handelt es sich um einen festen Betrag, der von Zählart, Zähleranzahl und Zählergröße abhängt.

(9) Bedienung und Wartung:

Hierzu zählen Bedienen und Warten, auch Steuern, Regeln, Beobachten und Reinigen von haus- und betriebtechnischen Anlagen, einschließlich Gebühren, Messungen nach Bundesimissionsschutzgesetz, Verbrauchsmittel (z. B. Betriebs- und Schmierstoffe, Chemikalien, Filter, Lampen).

(10) Sonstiges:

Zu den sonstigen Gebäudebetriebskosten zählen z. B. Wach-, Aufsichts- und Hausmeisterdienst, Versicherungsgebühren, Abfallbeseitigung, Schornsteinreinigung usw.

In Anlehnung an die VDI-Richtlinie 2067 ist von der Landesbauverwaltung Schleswig-Holstein ein Formblatt für den Wirtschaftlichkeitsvergleich der Wärmeselbstkosten entwickelt worden. In sehr einfacher Weise ist es möglich, die wirtschaftlichste Lösung unter Berücksichtigung der Kapitaldienstkosten, der Bauunterhaltungskosten, der Bedienungs- und Wartungskosten und der Brennstoffkosten auszuweisen (Abb. 20—22).

Wirtschaftlichkeitsvergleich der Wärmeselbstkosten

Liegenschaft:

Baumaßnahme:

        hier: Lösung I:

                Lösung II:

                Lösung III:

1. Feste Kosten

1.1 Kapitaldienstkosten bei 7 % Verzinsung und der nachstehenden technischen Lebensdauer (Der Annuitätenfaktor wird der entsprechenden Tafel entnommen).

	tech-nische L D Jahre	Lösung I		Lösung II		Lösung III	
		Anlage-kosten DM	Kapital-dienstk. DM/anno	Anlage-kosten DM	Kapital-dienstk. DM/anno	Anlage-kosten DM	Kapital-dienstk. DM/anno
Anschlußkostenbeiträge Gasanschluß	25						
Netzbeitrag Fernwärmeanschluß	25						
Baukostenzuschuß	25						
Schornsteingutachten für Anlagen $\geq$ 0,8 Gcal/h	25						
Außenanlagen: Fernleitungen	25						
Erdarbeiten für U. Öltank	15						
Heizzentrale:	20						
Kesselanlage, kompl. (Stahlguß)	25						
Brenneranlage, kompl.	12						
Öltankanlage, kompl.	15						
Unterstation, kompl.	25						
Meß- u. Überwachungsgerät	12						
Baukosten: Schornstein m. Fuchs	50						
Heizraum	50						
Brennstofflagerraum	50						
Summe 1.1							

Abb. 20

1.2 Bauunterhaltungskosten

	% der Anlagekosten	Lösung I		Lösung II		Lösung III	
		Anlagekosten DM	Bauunterhaltungsk. DM/anno	Anlagekosten DM	Bauunterhaltungsk. DM/anno	Anlagekosten DM	Bauunterhaltungsk. DM/anno
Außenanlagen:							
Fernleitungen	1,0						
Heizzentrale:							
Kesselanlage, kompl.	1,5						
Brenneranlage, kompl.	2,0						
Öltankanlage, kompl.	1,5						
Unterstation, kompl.	1,5						
Meß- und Überwachungsgerät	2,0						
Baukosten:							
Schornstein	1,0						
Heizraum	0,5						
Brennstofflagerraum	0,5						
Summe 1.2							

1.3 Bedienung und Wartung

	Lösung I DM/anno	Lösung II DM/anno	Lösung III DM/anno
Löhne			
Kesselreinigungskosten			
Wartungskosten			
Stromkosten für Zusatzenergie			
Betriebsmittel (Schmier-, Putz- und sonstige Stoffe)			
Kehrgebühren für Schornstein und Fuchs			
Tankrevision und -reinigung (anteilig)			
Summe 1.3			

Abb. 21

Verbrauchsabhängige Kosten

2.1. Brennstoffkosten

	Lösung I	Lösung II	Lösung III
Ausgangswerte:			
Gesamtwärmeanschlußwert (kcal/h)			
Jahres-Vollben.Std. b (h/a)			
Jahres-Wärmebedarf, nutzbar $b \cdot Q_h$ (Gcal/a)			
Heizwert, Hu (kcal/)			
Gesamtwirkungsgrad η			
Brennstoffbedarf $Bj. = \dfrac{b \cdot Qh}{Hu \cdot \eta}$ (/a)			
Brennstoffpreis (DM/)			
	DM/anno	DM/anno	DM/anno
Brennstoffdaten: Bj. (/a) · Brennstoffpreis (DM/)			
Leistungspreis			
Meßpreis			
7 % Zinsen f. d. Vorhaltung von 50 % d. Brennstofflager-kapazität			
Anfuhr-, Reinigungs- und Lagerverluste			

Zusammenstellung der Wärmeselbstkosten

	DM/anno	DM/anno	DM/anno
Summe 1.1 Kapitaldienstk.			
Summe 1.2 Bauunterhaltungsk.			
Summe 1.3 Bedienungs- u. Wartungsk.			
Summe 2.1 Brennstoffkosten			

Abb. 22

Durch leichtes Abändern läßt sich dieses Formblatt auch auf andere Anlageteile übertragen. Beispielsweise beim Wirtschaftlichkeitsvergleich für Fremdbezug oder Eigenversorgung mit Wasser.

Es sollen ferner einige Formblätter erwähnt werden, die für den technischen Dienst größerer Liegenschaften ebenfalls von der Landesbauverwaltung Schleswig-Holstein entwickelt wurden. Nicht erfaßt sind die Kostengruppen Reinigung, Sonstiges und Teile der Bauunterhaltung. Besonders muß darauf hingewiesen werden, daß Kennwerte für den Verbrauch und Kennwerte für die Kosten ermittelt werden können. Zweck davon ist, den schnellen Vergleich mit gleichartigen Liegenschaften zu ermöglichen. Ob es sich dabei um einen Kennwert, bezogen auf den Beschäftigten, den m² Hauptnutzfläche, das Krankenhausbett oder das kg Trockenwäsche einer Wäscherei handelt, ist hier unbedeutend. Wichtig ist nur, daß die Ergebnisse vergleichbar bleiben. In Abb. 23 bis 25 sind Formulare für „Betriebskosten für das Jahr" und „Energie- und Wasserverbrauch für den Monat" gezeigt.

Abweichungen im Verbrauch der Anlagen sollen schnell erkennbar sein, um ggf. Abhilfemaßnahmen einzuleiten. Deshalb gibt es Formblätter der Monatsverbräuche mehrerer Jahre. Diese sind in Abb. 26 bis 31 gezeigt.

Die Abb. 32—35 zeigen Erhebungsbögen für den Energieverbrauch staatlicher Gebäude, wie sie vom Finanzministerium Baden-Württemberg entwickelt wurden.

Zur übersichtlichen Darstellung aller Baunutzungskosten eignen sich besonders gut die Formblätter der Abb. 36 bis 39. Natürlich können auch sie dem jeweiligen Bedarf entsprechend geändert oder ergänzt werden.

Die Baunutzungskosten für ein Einfamilienhaus, ein Verwaltungsgebäude und einen großen Wohnkomplex wurden in die letztgenannten Formblätter übertragen und sind den Abb. 40 bis 51 zu entnehmen. Es wurden grundsätzlich nur die wichtigsten Daten von Bauwerk und Grundstück angegeben. Eine Verknüpfung der Daten der drei genannten Gebäudearten ist nicht möglich und soll auch nicht versucht werden.

Liegenschaft: ______________________________

Nutzniesser: ________________________________

Betriebskosten für das Jahr

Belegungsstärke: __________ Pers. | BWW-Menge: __________ m³ | Gradtage: __________

Energieart: __________ | Essensport. __________ Stck | Hauptnutzfl. __________ m²

Wärmeträger: __________ * | Trockenwäsche: __________ kg | Neubauw. 1936: __________ DM

Wärme-Anschlußwert: ______________________ [   ]**

1. Verbrauchskosten

Bezeichnung	Verbrauch	Einzel-pr. DM	Gesamtpro. DM	Kennwert f. d. Verbrauch	Kennwert f. f. d. Kost.
1.1 Brennstoff, insgesamt	[ ]	$\frac{DM}{[\ \ ]}$			
Leistungspreis					
Meßpreis					
Brennstoffkosten, n.					
Brennstoffkosten, br.					
1.1 Wärme, insgesamt	[ ]	$\frac{DM}{[\ \ ]}$			
1.1.1 Wärme, Hzg. + Lüftg.					
1.1.2 Wärme, BWW-Bertg.					
1.1.3 Wärme, Küche					
1.1.4 Wärme, Wäscherei					
1.2.1 Wasser	m³	$\frac{DM}{m^3}$			
Grundpreis					
Meßpreis					
Wasserkosten, n.					
Wasserkosten, br.					
1.2.2 Abwasser	m³	$\frac{DM}{m^3}$			
Grundpreis					
Meßpreis					
Abwasserkosten					
1.3 Strom	KWh				
Grundpreis					
Leistungspr.	KW	$\frac{DM}{kW}$			
Meßpreis					
Stromkosten, n.					
Stromkosten, br..		$\frac{DPf}{kWH}$			
1.4 Gas	[ ]	$\frac{DM}{[\ \ ]}$			
Grundpreis					
Meßpreis					
Gaskosten, n.					
Gaskosten br.					

Abb. 23

* Zutreffende Einheit MWh, GJ oder Gcal eintragen!

[   ] ** Einheit einsetzen

2. Betriebskosten

	Zahl d. Be-schäftigten	DM	

2.1 Bedienungskosten

    HLW-Anlagen
    Wasserversorgung
    Stromversorgung
    Summe 2.1 Bedienungskosten

2.2 Wartungs- u. sonst. Betriebskosten

2.2.1 HLW-Anlagen   DM
    Kesselreinigung
    Brennerwartung
    Wartung d. Regelanl.
    Tankreinigung
    Schür-Reinigungsgerät
    Schmiermittel, Heizöl-
      additive
    Betriebsmittel f.
      Lüftungsanlagen
    Betriebsmittel f.
      BWW-Bereitung
    Betriebsmittel f.
      Sonstiges
Summe 2.2.1

2.2.2 Wasserversorgsanl.,
    Druckerhanlg.
    Betriebsmittel f.
      Wasseraufbertg.
    Betriebsmittel f.

2.2.3 Abwasserbeseitig.
    Betriebsmittel f.
      chem. Zusätze
    Reinigungs- u.
      sonst. Kosten

2.2.4 Stromversorgung
    Betriebsmittel f.
      Trafostation
    Betriebsmittel f. NEA
    sonst. Betriebsmit.
Summe 2.2.2 + 2.2.3 + 2.2.4

3. Kosten für bauliche Unterhaltung

    HLW-Anlagen, lfd. Instandsk.
    Wasserversorgung
    lfd. Instandsk.
    Stromvers. lfd. Instandsk.
Summe 3
Summe 2 + 3

Gesamt-Betriebskosten, Summe 1 + 2 + 3 $\dfrac{\text{DM}}{\text{m}^2\,\text{HNF}}$

Abb. 24

Liegenschaft: _______________________________

Nutzniesser: _______________________________

Energie- u. Wasserverbr. für Monat   19

Belegungsstärke: _____________ Pers.   BWW-Menge: _____________ m^3 Gradtage: _______________

                                         Essensport. _____________ Stck

Energieart: ___________________   Trockenwäsche __________ kg   Hauptnutzfl. _____________ m^2

Wärmeträger: WW/HW/ND-HD-Dampf   Wärmeanschlußwert: [   ] *

1. Brennstoffverbrauch

Letzte Liefrg. am _____________________

	Zählerstand			
	alt	neu	Verbrauch	Kennwert
Brennstoffverbrauch insgesamt:			[ ]	
Wärmeverbrauch insges.			[ ]	
Verbrauch Hzg. + Lüftg.			[ ]	
Verbrauch BWW			[ ]	
Verbrauch Küche			[ ]	
Verbrauch Wäscherei			[ ]	

2. Wasserversorgung

Zähler Nr.			m^3
Zähler Nr.			m^3

3. Stromversorgung

Zähler Nr.			kWh
Zähler Nr.			kWh
Zähler Nr. (HT)			kWh
(NT)			kWh
Monatshöchstleistg. _____________ kW			kWh

4. Gasversorgung

Zähler Nr.			m^3
Zähler Nr.			m^3
			m^3

[   ] * Einheit einsetzen

Abb. 25

Liegenschaft: __________________________________

Nutznießer: __________________________________

Hauptnutzfläche: ______________ m^2

Brennstoff: ______________ Hu = ______________

Wärmeschlußwert insgesamt: ______________ kcal/h
davon für Raumwärme ______________ kcal/h
davon für Lüftungsanlagen ______________ kcal/h
davon für Warmwasserbereitungsanlage ______________ kcal/h
davon für Wirtschaftswärme Küche ______________ kcal/h
davon für Wirtschaftswärme Wäscherei ______________ kcal/h

Wärmeverbrauch für Raumwärme und die lufttechn. Anlagen

	1975			1976			1977			1978			1979		
	Menge	Grad-tage	Wärme verbr. pro m^2 u.Grdtg. $\frac{kcal}{m^2 \cdot G'}$	Menge	Grad-tage	Wärme verbr. pro m^2 u.Grdtg. $\frac{kcal}{m^2 \cdot G'}$	Menge	Grad-tage	Wärme verbr. pro m^2 u.Grdtg. $\frac{kcal}{m^2 \cdot G'}$	Menge	Grad-tage	Wärme verbr. pro m^2 u.Grdtg. $\frac{kcal}{m^2 \cdot G'}$	Menge	Grad-tage	Wärme verbr. pro m^2 u.Grdtg. $\frac{kcal}{m^2 \cdot G'}$
Januar															
Februar															
März															
April															
Mai															
Juni															
Juli															
August															
September															
Oktober															
November															
Dezember															
Insgesamt:															

Abb. 27

Liegenschaft:

Nutznießer

Hauptnutzfläche: _________________ m^2

Brennstoff: _________________ Hu =

Belegungsstärke: _________________ Personen

Wärmeanschlußwert insgesamt: _________________ kcal/h
davon für Raumwärme _________________ kcal/h
davon für Lüftungsanl. _________________ kcal/h
davon für Warmwasserbereitungsanl. _________________ kcal/h
davon für Wirtschaftswärme Küche _________________ kcal/h
davon für Wirtschaftswärme Wäscherei _________________ kcal/h

Brennstoffverbrauch für die Warmwasserbereitungsanlage

| | 1975 | | | 1976 | | | 1977 | | | 1978 | | | 1979 | | |
	Menge	er-zeugte BWW-menge	Wärme-verbr. pro m^3 BWW	Menge	er-zeugte BWW-menge	Wärme-verbr. pro m^3 BWW	Menge	er-zeugte BWW-menge	Wärme-verbr. pro m^3 BWW	Menge	er-zeugte BWW-menge	Wärme-verbr. pro m^3 BWW	Menge	er-zeugte BWW-menge	Wärme-verbr. pro m^3 BWW
	Gcal	m^3	Gcal/m^3	Gcal	m^3	Gcal/m^3	Gcal	m^3	Gcal/m^3	Gcal	m^3	Gcal/m^3	m^3	m^3	Gcal/m^3
Januar															
Februar															
März															
April															
Mai															
Juni															
Juli															
August															
September															
Oktober															
November															
Dezember															
Insgesamt:															

Liegenschaft: _______________________________

Nutznießer: _______________________________

Hauptnutzfläche ___________ m²

Brennstoff ___________ Hu = ___________

Belegungsstärke ___________ Personen

Wärmeanschlußwert insgesamt ___________ kcal/h
davon für Raumwärme ___________ kcal/h
davon für Lüftungsanlg. ___________ kcal/h
davon für Warmwasserbereitgsanlg. ___________ kcal/h
davon für Wirtschaftswärme Küche ___________ kcal/h
davon für Wirtschaftswärme Wäscherei ___________ kcal/h

Brennstoffverbrauch für Wirtschaftswärme Küche

| | 1975 | | | | 1976 | | | | 1977 | | | | 1978 | | | | 1979 | |
	Menge	Anzahl der Portionen	Wärmeverbr. pro Portion	Menge	Anzahl der Portionen	Wärmeverbr. pro Portion	Menge	Anzahl der Portionen	Wärmeverbr. pro Portion	Menge	Anzahl der Portionen	Wärmeverbr. pro Portion	Menge	Anzahl der Portionen	Wärmeverbr. pro Portion
	Gcal		kcal/ Port.	Gcal		kcal/ Port.	Gcal		kcal/ Port.	Gcal		kcal/ Port.	Gcal		kcal/ Port.
Januar															
Februar															
März															
April															
Mai															
Juni															
Juli															
August															
September															
Oktober															
November															
Dezember															
Insgesamt:															

Abb. 28

Liegenschaft: _______________________________________

Nutznießer: ____

Hauptnutzfläche: _____________ m^2

Brennstoff: _____________ Hu = _______________________

Belegungsstärke: _____________ Personen

Wärmeanschlußwert insgesamt: _____________ kcal/h
davon für Raumwärme _____________ kcal/h
davon für Lüftungsanlagen _____________ kcal/h
davon für Warmwasserbereitungsanlg. _____________ kcal/h
davon für Wirtschaftswärme Küche _____________ kcal/h
davon für Wirtschaftswärme Wäscherei _____________ kcal/h

Brennstoffverbrauch für Wirtschaftswärme Wäscherei

| | 1975 | | | 1976 | | | 1977 | | | 1978 | | | 1979 | | |
| | Menge | gewaschene Wäsche | Wärmeverbr. pro kg Tr.W. | Menge | gewaschene Wäsche | Wärmeverbr. pro kg Tr.W. | Menge | gewaschene Wäsche | Wärmeverbr. pro kg Tr.W. | Menge | gewaschene Wäsche | Wärmeverbr. pro kg Tr.W. | Menge | gewaschene Wäsche | Wärmeverbr. pro kg Tr.W. |
	Gcal	kg Tr.W.	$\frac{kcal}{kg\,Tr.W.}$	Gcal	kg Tr.W.	$\frac{kcal}{kg\,Tr.W.}$	Gcal	kg Tr.W.	$\frac{kcal}{kg\,Tr.W.}$	Gcal	kg Tr.W.	$\frac{kcal}{kg\,Tr.W.}$	Gcal	kg Tr.W.	$\frac{kcal}{kg\,Tr.W.}$
Januar															
Februar															
März															
April															
Mai															
Juni															
Juli															
August															
September															
Oktober															
November															
Dezember															
Insgesamt:															

Liegenschaft:

Nutznießer:

Belegungsstärke: Personen

Wasserversorgung

Eigenwasserversorgung ☐

Bezug aus öffentl. Netz ☐

Wasserverbrauch

	1975		1976		1977		1978		1979		1980	
	Verbrauch	Verbr. pro Person u.Tag	Verbrauch	Verbr. pro Person u.Tag	Verbrauch	Verbr. pro Person u.Tag	Verbrauch	Verbr. pro Person u.Tag	Verbrauch	Verbr. pro Person u.Tag	Verbrauch	Verbr. pro Person u.Tag
	—	$\frac{\text{—}}{\text{Pers.d.}}$	—	$\frac{\text{—}}{\text{Pers.d.}}$	—	$\frac{\text{—}}{\text{Pers.d.}}$	—	$\frac{\text{—}}{\text{Pers.d.}}$	—	$\frac{\text{—}}{\text{Pers.d.}}$	—	$\frac{\text{—}}{\text{Pers.d.}}$
Januar												
Februar												
März												
April												
Mai												
Juni												
Juli												
August												
September												
Oktober												
November												
Dezember												
Insgesamt:												

Liegenschaft: ____

Nutznießer: ____

Belegungsstärke: _________________ m²

Stromverbrauch

	1975			1976			1977			1978			1979		
	Ver-brauch	Verbr. pro m² HNF u.Tag	Monats-höchst-leistg.	Ver-brauch	Verbr. pro m² HNF u.Tag	Monats-höchst-leistg.	Ver-brauch	Verbr. pro m² HNF u.Tag	Monats-höchst-leistg.	Ver-brauch	Verbr. pro m² HNF u.Tag	Monats-höchst-leistg.	Ver-brauch	Verbr. pro m² HNF u.Tag	Monats-höchst-leistg.
	kWh	$\frac{kWh}{m^2 d}$	kW	kWh	$\frac{kWh}{m^2 d}$	kW	kWh	$\frac{kWh}{m^2 d}$	kW	kWh	$\frac{kWh}{m^2 d}$		kWh	$\frac{kWh}{m^2 d}$	kW
Januar															
Februar															
März															
April															
Mai															
Juni															
Juli															
August															
September															
Oktober															
November															
Dezember															
Insgesamt:															

Finanzministerium
Baden-Württemberg

ENERGIEVERBRAUCH
IN STAATLICHEN GEBÄUDEN

ERHEBUNGSBOGEN

1. Erhebungszeitraum grundsätzlich vom 1.1. bis 31.12. d. J. 2. Werden Verbrauchswerte für mehrere Gebäude zusammen gemessen, so sind diese für das zu erhebende Gebäude anteilig nach der Nutzfläche zu berechnen.

ANGABEN ZUR DIENSTSTELLE	
Sachbearbeiter	
....	1 Ausfüllende Dienststelle
Telefon Sachbearbeiter	2 Straße, Hausnummer
....	3 Postleitzahl, Ort
ANGABEN ZUM GEBÄUDE	
Nutzung des Gebäudes (auch besonders Angabe bei Mehrfachnutzung z. B. Institutsgebäude für Anorg. Chemie, technisches Verwaltungsgebäude mit Kantine, Institutsgebäude für Mathematik mit Hörsaal etc.)	4 Gebäudebezeichnung 5 Bauwerksnummer (nicht eintragen)
....	6 Straße, Hausnummer
....	7 Postleitzahl, Ort

Abb. 32

Erhoben am   durch   Gelocht am   durch
                                              nichts eintragen

$$S = \underline{\hspace{8cm}}$$
$$= \underline{\hspace{2cm}}$$

=

=

=

=

=

=

=

**Finanzministerium
Baden-Württemberg**

ENERGIEVERBRAUCH
IN STAATLICHEN GEBÄUDEN

ERHEBUNGSBOGEN

$S =$ _______________

ANGABEN ZUM GEBÄUDE

8 Hauptnutzfläche (HNF) nach DIN 277 Bl. 1 m^2 = _______________

(HNF sind die der Gebäudenutzung dienenden
Flächen, z. B. Bürofläche, Laborfläche, Küchenräume et
etc.)

9 Nutzfläche (NF) nach DIN 277 Bl. 1 m^2 = _______________

(Summe aus HNF und Nebennutzflächen (NNF).
NNF sind z. B. Sanitärräume, Abstellräume)

10 Nettogrundrißfläche (NGF) nach
DIN 277 Bl. 1 m^2 = _______________

(Summe aus Nutzfläche, Verkehrsfläche und
Funktionsfläche, d. h. Summe aller Grundflächen
der Räume einschl. Nebenräume, Flure, Treppen,
Sanitärräume, Technikräume etc.)

11 Bruttogrundrißfläche (BGF) nach
DIN 277 Bl. 1 m^2 = _______________

12 Rauminhalt (BRI), umbauter Raum nach
DIN 277 Bl. 1 m^3 = _______________

13 Zahl der Vollgeschosse   = _______________

(einschl. Untergeschosse, Erdgeschoß und
Installationsgeschosse)

14 Jahr der Baufertigstellung   = _______________

Abb. 33

1. Alle Angaben werden hinter = geschrieben
2. Position bekanntermaßen nicht vorhanden, dann 0 eintragen
3. Angabe aus Unkenntnis nicht möglich, dann / eintragen

Anzahl der Nutzungseinheiten
(ggf. auch mehrere Arten eintragen)

Ständig zugewiesene Arbeitsplätze

15 Büroartige Arbeitsplätze
(auch Zeichenplätze)
= _______________________

16 Laborartige Arbeitsplätze
= _______________________

Zeitweilig zugewiesene Arbeitsplätze

17 Büroartige Arbeitsplätze
(auch Zeichen- und Leseplätze)
= _______________________

18 Laborartige Arbeitsplätze
= _______________________

Weitere Plätze

19 Seminar- und Hörraumplätze
= _______________________

20 Patientenbetten bzw. Wohnplätze, Heimplätze
(keine Dienstwohnungen)
= _______________________

21 Durchschnittl. Anzahl der täglich ausgeg. Essen
= _______________________

22 Sonstige ....
Bezeichnung
= _______________________

23 Bauwerkszuordnung
(nicht eintragen)
= _______________________

**Finanzministerium
Baden-Württemberg**

ENERGIEVERBRAUCH
IN STAATLICHEN GEBÄUDEN

ERHEBUNGSBOGEN

S = _______________________

= _______________________

= _______

Abwasser — Wasser

24 Kosten für Trinkwasser einschl. Grundgebühr DM/a   = _______________________

25 Kosten für Abwasserbeseitigung   DM/a   = _______________________

26 Trinkwasserverbrauch m^3/a = _______________________

Geschätzte Aufteilung des Trinkwasserverbrauchs
(Ziff. 26)

27 Kaltwasser   %   = _______

28 Warmwasser   = 100 %   %   = _______

29 Sonderanlagen ....   %   = _______
z.B. Wagenwaschanlagen,   Bezeichnung
Beregnungsanlagen etc.

Wärme

Wärmeerzeugung im Gebäude (Elektroheizung
s. Ziff. 51)

30 Brennstoffart (nur für Heizzwecke)   = ___
1 = Stadtgas (Mcal), 2 = Erdgas (Mcal), 3 = Flüssiggas
(Mcal), 4 = Heizöl EL (l), 5 = Heizöl S (l), 6 = Koks (kg)
7 = Kohle (kg)

31 Brennstoffverbrauch   l, kg, Mcal/a ....   = _______________________
Einheit

32 Brennstoffkosten   DM/a   = _______________________
(bei Gasliefervertrag Leistung + Arbeitspreis)

33 Brennstofflagerkapazität   l, kg   ....   = _______________________
Einheit

Abb. 34

1. Alle Angaben werden hinter = geschrieben.
2. Alternativen werden mit ihrer Codenummer im Antwortfeld
   bezeichnet.
3. Bei verschiedenen Möglichkeiten der Einheitenangabe,
   Einheit angeben.
4. Werden Verbrauchswerte für mehrere Gebäude zusammen
   gemessen, so sind diese für das zu erhebende Gebäude
   anteilig nach der Nutzfläche zu berechnen.
5. Position bekanntermaßen nicht vorhanden, dann 0 eintragen.
6. Angabe aus Unkenntnis nicht möglich, dann / eintragen.

Fernwärme

34 Versorgungsart   =___
    1 = Fernwärme vom Versorgungsunternehmen
    2 = Fernwärme vom eigenen Heizwerk

35 Wärmeverbrauch   Gcal/a   =__________

36 Leistungspreis   DM/a   =__________

37 Arbeitspreis   DM/a   =__________
    (erfolgt pauschale Abrechnung [Leistung und
    Arbeit nicht getrennt], dann hier eintragen)

Aufteilung von Wärmeleistung
(ggf. beim Bauamt erfragen)

38 Transmissionswärmebedarf nach DIN 4701   kcal/h   =__________

39 Lüftungswärmeleistung   kcal/h   =__________
    (Summe der Wärmeanschlußwerte für Lüftungs-
    anlagen einschl. Gleichzeitigkeitsfaktor)

40 Wirtschaftswärmeleistung   kcal/h   =__________
    (Anschlußwerte für Warmwasserbereitung, Küche,
    Wäscherei etc. einschl. Gleichzeitigkeitsfaktor)

Geschätzte Aufteilung des Verbrauchs
(Ziff. 31 bzw. 35)

41 Transmissionswärmeverbrauch   ⎫   %   =_______

42 Lüftungswärmeverbrauch   ⎬ = 100 %   %   =_______
    (Verbrauch der Lüftungstechn. Anlagen)

43 Wirtschaftswärmeverbrauch   ⎭   %   =_______
    (Verbrauch für Warmwasser, Küche etc.)

nichts eintragen

S = ______

Finanzministerium Baden-Württemberg

ENERGIEVERBRAUCH IN STAATLICHEN GEBÄUDEN

ERHEBUNGSBOGEN

Strom

44	Leistungspreis einschl. Meßkosten	DM/a	= ______
45	Arbeitspreis Hochtarif (HT)	DM/a	= ______
46	Arbeitspreis Niedertarif (NT)	DM/a	= ______
47	Stromverbrauch HT	kWh/a	= ______
48	Stromverbrauch NT	kWh/a	= ______
	Geschätzte Aufteilung des Stromverbrauchs (Ziff. 47 u. 48)		
49	Kraftstrom (Stromverbrauch für Maschinen und Geräte, Experimentieranlagen, Steckdosen, Betriebstechnische Anlagen	%	= ______
50	Beleuchtung	%	= ______
51	Sonderanlagen .... Bezeichnung (z.B. Prüfstände, EDV-Anlagen, elektrische Heizung etc.)	%	= ______
52	Installierte Trafoleistung (sofern eigene Trafostation vorhanden)	kVA	= ______
53	Mittlere gemessene Leistungsspitze (ggf. beim EVU erfragen)	kW	= ______
54	Tarifart 1 = Haushalttarif, 2 = Gewerbetarif, 3 = Sonderabnehmer		= ___

Abb. 35

1. Alle Angaben werden hinter = geschrieben.
2. Alternativen werden mit ihrer Codenummer im Antwortfeld
   bezeichnet.
3. Bei verschiedenen Möglichkeiten der Einheitenangabe,
   Einheit angeben.
4. Werden Verbrauchswerte für mehrere Gebäude zusammen
   gemessen, so sind diese für das zu erhebende Gebäude
   anteilig nach der Nutzfläche zu berechnen.
5. Position bekanntermaßen nicht vorhanden, dann 0 eintragen.
6. Angabe aus Unkenntnis nicht möglich, dann / eintragen.

Gas- sofern Gebäude nicht gasbeheizt-
- nur brennbare Gase -

55   Gasart   =___

     1 = Stadtgas, 2 = Erdgas, 3 = Flüssiggas

56   Leistungspreis   DM/a   =___________________

57   Arbeitspreis   DM/a   =___________________

58   Gasverbrauch   Mcal, m^3/a ....   =___________________
                                                      Einheit

59   Überwiegender Verwendungszweck
     (z.B. Labor, Kochen etc.)

....

....

Ermittlung der Baunutzungskosten (nach DIN 18 960)

Objekt-Nr.:	Gebäudegruppe:	Erhebungsjahr:

Bezeichnung der Liegenschaft

Bezeichnung des Gebäudes (evtl. Bauteils):   Anschrift (Postleitzahl, Ort, Straße):   Art der Nutzung bzw. Nutzer:

Beschreibung des Bauwerks

Bauart: Bauweise: Besondere Ausführungen:

Daten von Bauwerk und Grundstück

Grundstücksfläche m^2	Hauptnutzfläche (HNF) m^2	Jahr der Fertigstellung
Bruttogrundrißfläche (BGF) m^2	Wohnfläche (WF) m^2	Gesamtkosten (DIN 276)
Nutzfläche (NF) m^2	Außenumfassungsfläche m^2	Kosten des Bauwerks (DIN 276)
Funktionsfläche (FF) m^2	Bruttorauminhalt (BRI) m^3	Künstl. be- und entlüftete Fläche m^2
Verkehrsfläche (VF) m^2	Geschoßzahl	Klimatisierte Fläche m^2

Betriebszeiten im Erhebungsjahr:

Nutzeinheiten im Erhebungsjahr:

Besondere Bauunterhaltung im Erhebungsjahr:

Verknüpfungen — Vergleichsdaten

Baunutzungs-kosten/BGF DM/m^2	Gebäudebetriebs-kosten/BGF DM/m^2	Bauunterhaltungs-kosten/BGF DM/m^2
Baunutzungs-kosten/HNF DM/m^2	Gebäudebetriebs-kosten/HNF DM/m^2	Bauunterhaltungs-kosten/HNF DM/m^2
Baunutzungs-kosten/WF DM/m^2	Gebäudebetriebs-kosten/WF DM/m^2	Bauunterhaltungs-kosten/WF DM/m^2
Baunutzungs-kosten/BRI DM/m^3	Gebäudebetriebs-kosten/BRI DM/m^3	Bauunterhaltungs-kosten/BRI DM/m^3
Baunutzungs-kosten/Nutzeinheit	Gebäudebetriebs-kosten/Nutzeinheit	Bauunterhaltungs-kosten/Nutzeinheit

	Ort	Datum	Bearbeiter oder Dienststelle
Aufgestellt			

Abb. 36

Ermittlung der Baunutzungskosten

Nr.	Kostengruppen	Ansatz der Berechnung	Teilbetrag DM	Gesamtbetrag DM	Gesamtbetrag DM/m² HNF.
1.0.0 1.1.0	Kapitalkosten Fremdmittel				
	Summe 1.1.0				
1.2.0	Eigenleistungen				
	Summe 1.2.0				
	Summe 1.0.0				
2.0.0	Abschreibung				
	Summe 2.0.0				
3.0.0	Verwaltungskosten				
	Summe 3.0.0				
4.0.0	Steuern				
	Summe 4.0.0				

Abb. 37

Ermittlung der Baunutzungskosten

Nr.	Kostengruppen	Menge	Teilbetrag DM	Gesamtbetrag DM	Betrag DM/m² HNF.
5.0.0	Gebäudebetriebskosten				
5.1.0	Reinigung				
5.1.1	Innenreinigung				
5.1.2	Fensterreinigung				
5.1.3	Fassadenreinigung				
	Summe 5.1.0				
5.2.0	Abwasser/Wasser				
	Summe 5.2.0				
5.3.0	Wärme/Kälte				
	Summe 5.3.0				
5.4.0	Strom				
	Summe 5.4.0				
5.5.0	Bedienung				
	Summe 5.5.0				
5.6.0	Wartung und Inspektion				
	Summe 5.6.0				
5.7.0	Verkehrs- u. Grünfläche				
	Summe 5.7.0				
5.8.0	Sonstiges				
	Summe 5.8.0				
	Summe 5.0.0				

Abb. 38

Ermittlung der Baunutzungskosten

Nr.	Kostengruppen	Teilbetrag DM	Gesamtbetrag DM	Gesamtbetrag DM/m² HNF.
6.0.0	Bauunterhaltungskosten			
6.1.0	Baukonstruktion			
	Summe 6.1.0			
6.2.0	Installationen und betriebstechn. Anlagen			
	Summe 6.2.0			
6.3.0	Betriebliche Einbauten			
	Summe 6.3.0			
6.4.0	Gerät			
	Summe 6.4.0			
6.5.0	Außenanlagen			
	Summe 6.5.0			
	Summe 6.0.0			
	Summe Baunutzungskosten			

Abb. 39

Ermittlung der Baunutzungskosten (nach DIN 18 960)   *Beispiel Einfamilienhaus*

Objekt-Nr.:	Gebäudegruppe:	Erhebungsjahr: *1975*

Bezeichnung der Liegenschaft

Bezeichnung des Gebäudes (evtl. Bauteils): *Einfamilien Haus*
Anschrift (Postleitzahl, Ort, Straße):
Art der Nutzung bzw. Nutzer:

Beschreibung des Bauwerks

Bauart:
Bauweise:
Besondere Ausführungen:

Daten von Bauwerk und Grundstück

Grundstücksfläche m^2	Hauptnutzfläche (HNF) m^2	Jahr der Fertigstellung *1972*
Bruttogrundrißfläche (BGF) m^2	Wohnfläche (WF) *125* m^2	Gesamtkosten (DIN 276) *190 000,-- DM*
Nutzfläche (NF) m^2	Außenumfassungsfläche m^2	Kosten des Bauwerks (DIN 276) *132 000,-- DM*
Funktionsfläche (FF) m^2	Bruttorauminhalt (BRI) *593* m^3	Künstl. be- und entlüftete Fläche m^2
Verkehrsfläche (VF) m^2	Geschoßzahl *2*	Klimatisierte Fläche m^2

Betriebszeiten im Erhebungsjahr: *ganzjährig*
Nutzeinheiten im Erhebungsjahr:
Besondere Bauunterhaltung im Erhebungsjahr: *keine*

Verknüpfungen — Vergleichsdaten

Baunutzungskosten/BGF DM/m^2	Gebäudebetriebskosten/BGF DM/m^2	Bauunterhaltungskosten/BGF DM/m^2
Baunutzungskosten/HNF DM/m^2	Gebäudebetriebskosten/HNF DM/m^2	Bauunterhaltungskosten/HNF DM/m^2
Baunutzungskosten/WF DM/m^2	Gebäudebetriebskosten/WF DM/m^2	Bauunterhaltungskosten/WF DM/m^2
Baunutzungskosten/BRI DM/m^3	Gebäudebetriebskosten/BRI DM/m^3	Bauunterhaltungskosten/BRI DM/m^3
Baunutzungskosten/Nutzeinheit	Gebäudebetriebskosten/Nutzeinheit	Bauunterhaltungskosten/Nutzeinheit

	Ort	Datum	Bearbeiter oder Dienststelle
Aufgestellt			

   Abb. 40

Nr.	Kostengruppen	Ansatz der Berechnung	Teilbetrag DM	Gesamtbetrag DM	Gesamtbetrag DM/m² HNF.
1.0.0 1.1.0	Kapitalkosten Fremdmittel				
	75 000,--	7 %	5 250,--		
	100 000,--	2,67 %	2 670,--		
	Summe 1.1.0		7 920,--		
1.2.0	Eigenleistungen				
	15 000,--	7 %	1 050,--		
	Summe 1.2.0		1 050,--		
	Summe 1.0.0			8 970,--	71,76
2.0.0	Abschreibung				
	132 000,--	1 %	1 320,--		
	Summe 2.0.0			1 320,--	10,56
3.0.0	Verwaltungskosten				
	Summe 3.0.0				
4.0.0	Steuern				
	Grundsteuer	ermäßigte Grundsteuer	23,--		
	Summe 4.0.0			23,--	0,18

Abb. 41

Nr.	Kostengruppen	Menge	Teilbetrag DM	Gesamtbetrag DM	Betrag DM/m² HNF.
5.0.0	Gebäudebetriebskosten				
5.1.0	Reinigung				
5.1.1	Innenreinigung	*Reinigungs-*			
5.1.2	Fensterreinigung	*material*	*125,--*		
5.1.3	Fassadenreinigung				
	Summe 5.1.0		*125,--*		
5.2.0	Abwasser/Wasser				
	Abwasser (Schmutz- u. Regenwasser)		*160,20*		
	Wasser	*142 m³*	*149,10*		
	Summe 5.2.0		*309,30*		
5.3.0	Wärme/Kälte				
	e-Heizung 5,5 DPfg/kWh + Grundpreis	*25 567 kWh*			
	Summe 5.3.0		*1 613,05*		
5.4.0	Strom				
	13,5 DPfg/kWh + Grundpreis	*4 120 kWh*			
	Summe 5.4.0		*783,20*		
5.5.0	Bedienung				
	Summe 5.5.0				
5.6.0	Wartung und Inspektion				
	Schornsteinfegergebühr		*27,--*		
	Summe 5.6.0		*27,--*		
5.7.0	Verkehrs- u. Grünfläche				
	Summe 5.7.0				
5.8.0	Sonstiges				
	Gebäudeversicherung		*110,20*		
	Müllabfuhr		*156,--*		
	Straßenreinigung		*10,--*		
	Summe 5.8.0		*276,20*		
	Summe 5.0.0			3 133,75	25,07

                                                   Abb. 42

Nr.	Kostengruppen	Teilbetrag DM	Gesamtbetrag DM	Gesamtbetrag DM/m² HNF.
6.0.0	Bauunterhaltungskosten			
6.1.0	Baukonstruktion			
	Fensteranstricharbeiten	*73,90*		
	Summe 6.1.0	*73,90*		
6.2.0	Installationen und betriebstechn. Anlagen			
	Summe 6.2.0			
6.3.0	Betriebliche Einbauten			
	Summe 6.3.0			
6.4.0	Gerät			
	Summe 6.4.0			
6.5.0	Außenanlagen			
	Einzäunung	*260,--*		
	Summe 6.5.0	*260,--*		
	Summe 6.0.0		*333,90*	*2,67*
	Summe Baunutzungskosten		*13 780,65*	*110,25*

Abb. 43

Ermittlung der Baunutzungskosten (nach DIN 18 960)   *Beispiel Verwaltungsgebäude*

Objekt-Nr.:	Gebäudegruppe:	Erhebungsjahr:

Bezeichnung der Liegenschaft

Bezeichnung des Gebäudes (evtl. Bauteils): *staatl. Verwaltungsgebäude*
Anschrift (Postleitzahl, Ort, Straße):
Art der Nutzung bzw. Nutzer:

Beschreibung des Bauwerks

Bauart:
Bauweise:
Besondere Ausführungen:

Daten von Bauwerk und Grundstück

Grundstücksfläche m^2	Hauptnutzfläche (HNF) *4 589* m^2	Jahr der Fertigstellung *1938*
Bruttogrundrißfläche (BGF) m^2	Wohnfläche (WF) m^2	Gesamtkosten (DIN 276)
Nutzfläche (NF) m^2	Außenumfassungsfläche m^2	Kosten des Bauwerks (DIN 276)
Funktionsfläche (FF) m^2	Bruttorauminhalt (BRI) m^3	Künstl. be- und entlüftete Fläche *86* m^2
Verkehrsfläche (VF) m^2	Geschoßzahl *3*	Klimatisierte Fläche m^2

Betriebszeiten im Erhebungsjahr: *ganzjährig*
Nutzeinheiten im Erhebungsjahr:
Bes. Bauunterhaltung im Erhebungsjahr: *Reparatur an Heizungs- und Wasserinstallation*

Verknüpfungen — Vergleichsdaten

Baunutzungs- kosten/BGF DM/m^2	Gebäudebetriebs- kosten/BGF DM/m^2	Bauunterhaltungs- kosten/BGF DM/m^2
Baunutzungs- kosten/HNF DM/m^2	Gebäudebetriebs- kosten/HNF DM/m^2	Bauunterhaltungs- kosten/HNF DM/m^2
Baunutzungs- kosten/WF DM/m^2	Gebäudebetriebs- kosten/WF DM/m^2	Bauunterhaltungs- kosten/WF DM/m^2
Baunutzungs- kosten/BRI DM/m^3	Gebäudebetriebs- kosten/BRI DM/m^3	Bauunterhaltungs- kosten/BRI DM/m^3
Baunutzungs- kosten/Nutzeinheit	Gebäudebetriebs- kosten/Nutzeinheit	Bauunterhaltungs- kosten/Nutzeinheit

	Ort	Datum	Bearbeiter oder Dienststelle
Aufgestellt			

Abb. 44

Nr.	Kostengruppen	Anzahl der Berechnung	Teilbetrag DM	Gesamtbetrag DM	Gesamtbetrag DM/m² HNF.
1.0.0	Kapitalkosten				
1.1.0	Fremdmittel				
	Es werden keine Kapitalkosten angesetzt				
	Summe 1.1.0				
1.2.0	Eigenleistungen				
	Summe 1.2.0				
	Summe 1.0.0				
2.0.0	Abschreibung				
	Summe 2.0.0				
3.0.0	Verwaltungskosten				
		0,5 Personen	*18 500,--*		
	Summe 3.0.0			*18 500,--*	*4,03*
4.0.0	Steuern				
	Es werden keine Steuern entrichtet				
	Summe 4.0.0				

Nr.	Kostengruppen	Menge	Teilbetrag DM	Gesamtbetrag DM	Betrag DM/m² HNF.
5.0.0	Gebäudebetriebskosten				
5.1.0	Reinigung				
5.1.1	Innenreinigung *an Werktagen*	*4 589 m²*	*87 191,--*		
5.1.2	Fensterreinigung *3 x jährlich*	*694 m²*	*2 664,--*		
5.1.3	Fassadenreinigung				
	Summe 5.1.0		*89 855,--*		
5.2.0	Abwasser/Wasser				
	Abwasser	*1 984 m³*	*1 666,60*		
	Wasser	*1 984 m³*	*2 023,70*		
	Summe 5.2.0		*3 690,30*		
5.3.0	Wärme/Kälte				
	Fernwärme	*1 032 Gcal*	*48 486,20*		
	Summe 5.3.0		*48 486,20*		
5.4.0	Strom				
		128 568 kWh	*22 872,24*		
	Summe 5.4.0		*22 872.24*		
5.5.0	Bedienung				
	Summe 5.5.0				
5.6.0	Wartung und Inspektion				
	Leuchtmittel		*760,--*		
	Techn. Anlagen		*573,--*		
	Haushandwerker	*2,5 Pers.*	*78 623,--*		
	Summe 5.6.0		*79 956,--*		
5.7.0	Verkehrs- u. Grünfläche				
		0,5 Pers.	*14 214,--*		
	Summe 5.7.0		*14 214,--*		
5.8.0	Sonstiges				
	Müllabfuhr		*1 420,--*		
	Summe 5.8.0		*1 420,--*		
	Summe 5.0.0			246 293,95	53,67

                    Abb. 46

Nr.	Kostengruppen	Teilbetrag DM	Gesamtbetrag DM	Gesamtbetrag DM/m² HNF.
6.0.0	Bauunterhaltungskosten			
6.1.0	Baukonstruktion			
	Summe 6.1.0			
6.2.0	Installationen und betriebstechn. Anlagen			
	Heizungs- u. Wasserinstallation	*92 400,--*		
	Summe 6.2.0	*92 400,--*		
6.3.0	Betriebliche Einbauten			
	Summe 6.3.0			
6.4.0	Gerät			
	Summe 6.4.0			
6.5.0	Außenanlagen			
	Plattenwege	*2 134,--*		
	Summe 6.5.0	*2 134,--*		
	Summe 6.0.0		*94 534,--*	*70,60*
	Summe Baunutzungskosten		*359 327,95*	*78,30*

Abb. 47

Ermittlung der Baunutzungskosten (nach DIN 18 960) *Beispiel Wohngebäude mit 100 WE*

Objekt-Nr.:	Gebäudegruppe:	Erhebungsjahr: *1975*

Bezeichnung der Liegenschaft

Bezeichnung des Gebäudes (evtl. Bauteils): *Wohngebäude mit 100 WE*
Anschrift (Postleitzahl, Ort, Straße):
Art der Nutzung bzw. Nutzer:

Beschreibung des Bauwerks

Bauart:
Bauweise:
Besondere Ausführungen:

Daten von Bauwerk und Grundstück

Grundstücksfläche m^2	Hauptnutzfläche (HNF) m^2	Jahr der Fertigstellung *1966*
Bruttogrundrißfläche (BGF) m^2	Wohnfläche (WF) *6 344,61* m^2	Gesamtkosten (DIN 276) *3 617 000,-- DM*
Nutzfläche (NF) m^2	Außenumfassungsfläche m^2	Kosten des Bauwerks (DIN 276) *3 091 000,-- DM*
Funktionsfläche (FF) m^2	Bruttorauminhalt (BRI) m^3	Künstl. be- und entlüfete Fläche m^2
Verkehrsfläche (VF)	Geschoßzahl *5*	Klimatisierte Fläche m^2

Betriebszeiten im Erhebungsjahr:
Nutzeinheiten im Erhebungsjahr:
Besondere Bauunterhaltung im Erhebungsjahr:

Verknüpfungen — Vergleichsdaten

Baunutzungskosten/BGF DM/m^2	Gebäudebetriebskosten/BGF DM/m^2	Bauunterhaltungskosten/BGF DM/m^2
Baunutzungskosten/HNF DM/m^2	Gebäudebetriebskosten/HNF DM/m^2	Bauunterhaltungskosten/HNF DM/m^2
Baunutzungskosten/WF DM/m^2	Gebäudebetriebskosten/WF DM/m^2	Bauunterhaltungskosten/WF DM/m^2
Baunutzungskosten/BRI DM/m^3	Gebäudebetriebskosten/BRI DM/m^3	Bauunterhaltungskosten/BRI DM/m^3
Baunutzungskosten/Nutzeinheit	Gebäudebetriebskosten/Nutzeinheit	Bauunterhaltungskosten/Nutzeinheit

	Ort	Datum	Bearbeiter oder Dienststelle
Aufgestellt			

Abb. 48

Nr.	Kostengruppen	Ansatz der Berechnung	Teilbetrag DM	Gesamtbetrag DM	Gesamtbetrag DM/m² HNF.
1.1.0 1.1.0	Kapitalkosten Fremdmittel				
	3 416 100,--	*Zinsen ca. 4 %*	*138 000,--*		
	Summe 1.1.0		*138 000,--*		
1.2.0	Eigenleistungen				
	200 900,--	*Zinsen ca. 4 %*	*8 036,--*		
	Summe 1.2.0		*8 036,--*		
	Summe 1.0.0			*146 036,--*	*23,02*
2.0.0	Abschreibung				
		im Mittel 1,2 %	*37 100,--*		
	Summe 2.0.0			*37 100,--*	*5,85*
3.0.0	Verwaltungskosten				
		180 DM/a · WE	*18 000,--*		
	Summe 3.0.0			*18 000,--*	*2,84*
4.0.0	Steuern				
	Grundsteuer	*erm. Grundst. nach Beendigung d. Erm. 15 800,--*	*420,--*		
	Summe 4.0.0			*420,--*	*0,07*

Abb. 49

Nr.	Kostengruppen	Menge	Teilbetrag DM	Gesamtbetrag DM	Betrag DM/m² HNF.
5.0.0 5.1.0	Gebäudebetriebskosten Reinigung				
5.1.1 5.1.2 5.1.3	Innenreinigung Fensterreinigung Fassadenreinigung				
	Summe 5.1.0				
5.2.0	Abwasser/Wasser				
	Abwasser	*11 750 m³*	*13 600,--*		
	Wasser	*11 750 m³*	*14 100,--*		
	Summe 5.2.0		*27 700,--*		
5.3.0	Wärme/Kälte				
	Summe 5.3.0				
5.4.0	Strom				
		52 642 kWh	*8 000,--*		
	Summe 5.4.0		*8 000,--*		
5.5.0	Bedienung				
	siehe auch 5.6.0				
	Summe 5.5.0				
5.6.0	Wartung und Inspektion				
	Hausmeister	*anteilig*	*6 000,--*		
	Summe 5.6.0		*6 000,--*		
5.7.0	Verkehrs- u. Grünfläche				
			10 600,--		
	Summe 5.7.0		*10 600,--*		
5.8.0	Sonstiges				
	Schornsteinfegergebühr *Müllabfuhr* *Versicherungen*		*500,--* *4 680,--* *5 100,--*		
	Summe 5.8.0		*10 280,--*		
	Summe 5.0.0			62 580,--	9,86

                                                           Abb. 50

Nr.	Kostengruppen	Teilbetrag DM	Gesamtbetrag DM	Gesamtbetrag DM/m² HNF
6.0.0	Bauunterhaltungskosten			
6.1.0	Baukonstruktion			
	pauschal für 6.1.0–6.5.0 mit 8,20 DM/m² Wohnfläche			
	Summe 6.1.0			
6.2.0	Installationen und betriebstechn. Anlagen			
	Summe 6.2.0			
6.3.0	Betriebliche Einbauten			
	Summe 6.3.0			
6.4.0	Gerät			
	Summe 6.4.0			
6.5.0	Außenanlagen			
	Summe 6.5.0			
	Summe 6.0.0		52 025,--	8,20
	Summe Baunutzungskosten		316 161,--	49,84

Abb. 51

Im Einfamilienhaus sind keine Aufwendungen für Verwaltung und Bedienung entstanden. Typisch für diese Gebäudeart ist, daß der Besitzer oder Mieter diese Arbeiten im allgemeinen selbst durchführt. Die Kosten für Reinigung beschränken sich auf Reinigungsmaterial, da in der Regel die Reinigung ebenfalls selbst durchgeführt wird. Bei der üblichen Finanzierung staatlicher oder kommunaler Gebäude sollten keine Kapitalkosten anfallen. Ebenso werden für diese Gebäude im allgemeinen keine Steuern entrichtet. Auffallend am Beispiel des hier gewählten staatlichen Verwaltungsgebäudes ist der sehr hohe Anteil an Bauunterhaltungskosten. Bauunterhaltungskosten fallen nicht in konstanter Höhe über die Lebensdauer eines Gebäudes an. In dem gewählten Beispiel waren nach 38 Jahren Lebensdauer erhebliche Reparaturarbeiten an der Heizungs- und Wasserinstallation erforderlich. Im Jahresdurchschnitt betrugen die bisherigen Aufwendungen für die Bauunterhaltung nur ca. 4,50 DM/ HNF · a.

Für das Wohngebäude wird z. Zt. noch eine ermäßigte Grundsteuer entrichtet. Nach Beendigung dieser Ermäßigung wird die Grundsteuer 2,49 DM/m² HNF · a betragen. In der Mietabrechnung der Baugesellschaft erscheinen keine Kosten für Wärme- und Strombedarf der Wohnungen. Die Kosten waren nicht erfaßbar, da sie vom Mieter selbst zu zahlen sind, und konnten daher nicht in der Gesamtrechnung erscheinen.

Im Vergleich zu den Baunutzungskosten des Einfamilienhauses und des Wohnhauses, die in einer norddeutschen Kleinstadt stehen, zeigt Tabelle 28 die Auswertung der Baunutzungskosten von großen, frei finanzierten Wohngebäuden aus einem süddeutschen Ballungsgebiet. Auffallend sind die extrem niedrigen Kosten für die Bauunterhaltung. Da es sich noch um relativ neue Gebäude handelt, sind jedoch noch keine wesentlichen Bauunterhaltungsarbeiten angefallen. Es wurde nur eine Vorauszahlungspauschale erhoben.

		Wohngebäude			
		I	II	III	IV
Geschoßzahl		20	20	18	3
Wohneinheiten		1140	200	166	140
Baujahr		1970	1967	1970	1960
Wohnfläche = m^2 HNF		90.906	17.300	13.240	10.000
Herstellungskosten	(DM/m^2)	ca. 1500	ca. 1300	ca. 1500	ca. 1400
Zinsen 7 %	$(DM/m^2 \cdot a)$	105, —	84,50	105, —	68, —
Abschreibung mit 2 %	$(DM/m^2 \cdot a)$	30, —	26, —	30, —	20, —
Verwaltungskosten	$(DM/m^2 \cdot a)$	1,78	2,10	2,00	1,75
Steuern	$(DM/m^2 \cdot a)$	1,46	2,12	2,31	2,47
Summe*	$(DM/m^2 \cdot a)$	138,24	114,72	139,31	92,22
		(~89,—)*	(~70,—)*	(~95,—)*	(~50,—)*
Reinigung**	$(DM/m^2 \cdot a)$	2,10	2,82	1,33	0,65
Abwasser/Wasser	$(DM/m^2 \cdot a)$	4,16	1,76	1,50	2,20
Strom**	$(DM/m^2 \cdot a)$	2,42	1,46	3,60	1,55
Wärme	$(DM/m^2 \cdot a)$	7,80	7,80	11,75	11,00
Bedienung	$(DM/m^2 \cdot a)$	1,95	3,50	2,80	2,50
Wartung u. Inspektion	$(DM/m^2 \cdot a)$	1,78	0,90	1,72	1,10
Verkehrs- und Grünflächen	$(DM/m^2 \cdot a)$	0,10	0,21	0,18	0,30
Sonstiges	$(DM/m^2 \cdot a)$	2,50	1,93	1,29	1,15
Bauunterhaltung	$(DM/m^2 \cdot a)$	0,60	1,00	1,25	2,00
Summe Betriebs- und Bauunterhaltungskosten	$(DM/m^2 \cdot a)$	23,41	21,38	25,42	22,45
Summe Baunutzungskosten	$(DM/m^2 \cdot a)$	161,65	136,10	164,73	114,67

* Bei Verzicht auf Tilgungs- und Zinsgewinne reduziert sich der mittlere Zins um rd. 50 %.

** Gemeinschaftsanteil

5 Einsparungsmöglichkeiten

Alle im Folgenden aufgezeigten Einsparungsmöglichkeiten sollen grundsätzlich ohne Komforteinbußen oder ohne wesentliche Änderungen der Lebensgewohnheiten erzielt werden können. Mögen viele Sparhinweise auch noch so trivial klingen, so sei daran erinnert, daß der Zeitfaktor (lange Lebensdauer der Gebäude) die ausschlaggebende Größe ist. Können beispielsweise pro Jahr in einem Einfamilienhaus 500 l Öl eingespart werden, sind dies bei einer durchschnittlichen Lebensdauer des Gebäudes von 50 Jahren immerhin 25.000 l. Solche Beispiele lassen sich in beliebiger Zahl nennen. In einem großen Wohnkomplex wurde eine Antennenverstärkeranlage mit einer Leistung von 50 W installiert. Der Energieverbrauch wurde über einen separaten Zähler gemessen und wegen des geringen Verbrauchs ein Kleinstabnehmertarif zu 0,50 DM/kWh gewählt. Die Anlage läuft 8.760 h im Jahr und verbraucht 438 kWh. Hierfür sind 219,— DM zu bezahlen. Wäre der Antennenverstärker an den Zähler für den Allgemeinbedarf angeschlossen worden, bei einem Tarif von 10,5 Pf/kWh, wären lediglich 44,89 DM zu bezahlen gewesen. Die Einsparung über 50 Jahre hätte ohne Zinsberücksichtigung 8.705,50 DM betragen. Zugegebenermaßen eine Einsparung ohne die geringsten Komforteinbußen.
Kostenschätzungen, Wirtschaftlichkeitsberechnungen, Optimierungsrechnungen etc. werden bei der Erstellung der Gebäude gemacht. Doch spätestens seit 1973 wissen wir, wie schnell sich die Parameter solcher Rechnungen verändern können. Zur Wahl richtiger Entscheidungen müssen die wesentlichsten erkennbaren Kostensteigerungen schon im Planungsstadium berücksichtigt werden. Setzt man bei den Berechnungen beispielsweise nur die Tageswerte der Energiekosten ein, werden Anlagen mit höheren Kapitalkosten, aber kleineren Betriebskosten nicht richtig bewertet. Dies gilt meist für neue Technologien, beispielsweise für Wärmepumpen oder Wärmerückgewinnungsanlagen. Wie wichtig es ist, die Änderungen bei den Energiepreisen zu berücksichtigen, zeigt Tabelle 29.

Tab. 29: Entwicklung der Preisindices auf der
Basis 100 für 1970 bis 1975

Heizöl schwer	231,7
Heizöl leicht	218,5
Strom	143,6
Gas	161,0
Wasser	163,7

Untersuchen wir einmal die Steigerung der Energiepreise für einen frei gewählten
Zeitraum von 20 Jahren. Die Energiekostensteigerung berechnet sich nach

$$f \;=\; \frac{1}{n}\left(\frac{q^{n}-1}{q\;-1}\right)$$

n = Laufzeit, Jahre

q = 1 + Anstieg

Ein Anstieg der Energiepreise von 4 % pro Jahr bewirkt eine Erhöhung der Energiekosten um das 2,8-fache. Ein Ansteig von 6 % pro Jahr erhöht die Kosten nach
20 Jahren auf das 3,2-fache.

Die Länderarbeitsgemeinschaft Hochbau hat 1974 in Zusammenarbeit mit dem Arbeitskreis „Technische Versorgung beim Zentralarchiv für Hochschulbau, Stuttgart"
Empfehlungen zum energiesparenden Bauen erarbeitet. Diese Empfehlungen sind in
den meisten Bundesländern für staatliche Bauten eingeführt worden und haben auch
jetzt noch nichts von ihrer Aktualität verloren. Eine der wesentlichen Grundforde-
rungen dieser Empfehlungen ist, daß bereits während der ersten planerischen Kon-
zeption die dazu erforderlichen Entscheidungen über die grundsätzliche Entwurfs-
gestaltung sowie über die konstruktiven und bautechnischen Maßnahmen unter Be-
teiligung der Fachbereiche Statik, Bauphysik, Heizungs- und Klimatechnik sowie
Elektro- und Beleuchtungstechnik zu treffen sind. Ferner sind dabei die für die
einzelnen Bauteile wichtigen Festlegungen für das Innenraumklima und den Energiebedarf zu treffen. Im Folgenden die oben genannten Empfehlungen im Wortlaut:

Empfehlungen zum energiesparenden Bauen

I. Die rationelle Verwendung von Energie ist bisher für die Planung von Neubauten,
    die Sanierung bestehender Gebäude und den Betrieb von Gebäuden durch ein-
    schlägige Verwaltungsvorschriften und Normen geregelt (z. B. RBBau, Heizungs-
    betriebsanweisung HeBA, DIN 4108, Beiblatt und Ergänzende Bestimmungen zu
    DIN 4108 vom September 1974).

II. Die stark angestiegenen Energiepreise und die Forderung nach Reduzierung der
    Umweltbelastung machen es erforderlich, künftig bei der Planung und Ausfüh-
    rung staatlicher Hochbauten in verstärktem Maß energiesparende Lösungen zu
    suchen und zu verwirklichen.
    Entwurf und konstruktive Ausbildung sowie die haus- und betriebstechnischen
    Anlagen sind im Rahmen der nutzungsbedingten Anforderungen so aufeinander
    abzustimmen, daß sich ein möglichst niedriger Energiebedarf ergibt.

III. Die vorgenannten Tatsachen stellen Planer und Betreiber staatlicher Hochbauten
    vor eine veränderte Situation.
    Bei der Bearbeitung von Empfehlungen wurden die teilweise höher anzusetzen-
    den Investitionskosten bei Neubauten und zusätzlicher Aufwand bei bestehen-
    den Gebäuden in Relation zu den Nutzungskosten gesehen, um niedrigere Ge-
    samtkosten zu erreichen.
    Die „ad-hoc-LAG-Arbeitsgruppe Energiesparendes Bauen" schlägt dazu im Ein-
    zelnen folgende Maßnahmen vor, zu:

● Planung von Neubauten

● Verbesserung bestehender Gebäude

● Betriebstechnik (Betriebsüberwachung).

1. Maßnahmen bei der Planung von Neubauten

1.1 Wärmedämmung der Gebäude

1.1.1 Für Außenwände darf die Wärmedurchgangszahl k höchstens
0,6 kcal/m² · h · grd betragen.

1.1.2 Bei senkrechten Außenflächen über Erdreich einschließlich Fenster und Türen
von beheizten Räumen darf die mittlere Wärmedurchgangszahl k_m höchstens
1,6 kcal/m² · h · grd. betragen.*

1.1.3 Für horizontale Außenflächen, Decken, die beheizte Räume nach oben und
unten gegen die Außenluft und unbeheizte Räume abgrenzen, soll der Wärme-
durchlaßwiderstand $1/\Lambda$ = 2,3 m² · h · grd/kcal betragen; die Wärmedurchgangszahl k darf höchstens 0,4 kcal/m² · h · grd betragen.

1.1.4 Der spezifische Wärmebedarf nach DIN 4701 darf 80 kcal/m² NGF · h
(Nettogrundrißfläche) nicht überschreiten. Die Fugendurchlässigkeit von Fenstern muß die in DIN 18 055 festgelegten Anforderungen erfüllen.

Für große Objekte und in Sonderfällen ist eine gesonderte Optimierungsana-
lyse durchzuführen (siehe „Empfehlungen über Gestaltung von Gebäuden zur
Erzielung eines günstigen Innenklimas").

1.2 Weitere Maßnahmen bei der Ausbildung von Gebäuden

1.2.1 Günstige Lage und Ausrichtung des Gebäudes

1.2.2 Wirksamer Sonnenschutz

1.2.3 Wärmespeicherung

1.2.4 Vermeidung von Wärmebrücken

1.2.5 Oberflächenbeschaffenheit der Außenfläche mit günstigem Reflexionsgrad.

Die unter 1.1 und 1.2 genannten Möglichkeiten zur Verminderung des Wärmever-
brauchs sind in der Vergangenheit ungenügend eingesetzt worden. Es wird deshalb
nötig sein, auf eine regelmäßige Überprüfung der Planung in dieser Richtung hinzu-
wirken.

Auch erscheint es zweckmäßig, durch Errichtung von beispielhaften Bauten und
durch Aufzeichnung von Betriebsergebnissen weitere Erfahrungen auf diesen Gebie-
ten zu sammeln.

1.3 Betriebstechnische Anlagen

Durch Auswahl und geeigneten Einsatz betriebstechnischer Anlagen kann der Energieverbrauch in Gebäuden zum Teil erheblich vermindert werden. Dies gilt nicht nur
für die Wärmeerzeugungsanlagen selbst, für die Isolierung der Rohrleitungen, sondern
auch für den ordnungsgemäßen Einbau der Anlagen.

---

* s. S. 52

Dafür folgende Beispiele:

- Verzicht der Aufstellung von Heizkörpern vor Glasflächen mit hohen Wärmeverlusten
- Sorgfältige Regelung der Raumtemperaturen durch verstärkten Einsatz von Steuer- und Regelungsanlagen; diese müssen einen nutzungsabhängigen Gebäudebetrieb ermöglichen (kleine Regelbereiche)
- Wahl geeigneter Heizsysteme (z. B. Fußbodenheizung)
- Einbau betriebstechnischer Anlagen mit hohem Energieverbrauch (z. B. raumlufttechnischer Anlagen) nur aus zwingenden nutzungsbedingten Gründen.

Sicherstellung einer ausreichenden Ausrüstung der Gebäude mit Meßeinrichtungen zur Erfassung des Energieverbrauchs.

1.4 Anlagen zur Wärmerückgewinnung

Zahlreiche betriebstechnische Anlagen, wie z. B. Lüftungs- und Klimaanlagen, Bäder, Wäschereien, haben im Normalbetrieb relativ hohe Wärmeverluste; diese Wärmeenergie sollte in Anbetracht der gestiegenen Energiepreise zurückgewonnen werden. Dies kann wirtschaftlich mit teilweise einfachen Mitteln, wie z. B. verstärkten Einsatz von Regenerativ- oder Rekuperativ-Wärmetauscher oder Wärmepumpenanlagen geschehen.

1.5 Diversifikation der Energieverwendung

Eine Mehrschienigkeit in der Versorgung (Öl, Gas, Strom, feste Brennstoffe) ist anzustreben, um die Versorgungssicherheit und die Wirtschaftlichkeit zu erhöhen.
Eine technische Lösung hat sich bisher für den wechselseitigen Betrieb von Gas und Öl im sogenannten Umschaltbetrieb ergeben. Daneben bietet sich neuerdings auch die Heizung mit Wärmepumpenanlagen an, durch die im Endeffekt eine verstärkte Versorgungssicherheit und eine sparsame Verwendung der Primärenergie erreicht werden kann.

2. Bauliche und betriebstechnische Maßnahmen bei bestehenden Gebäuden

Energieverbrauchende betriebstechnische Anlagen sind, um eine sparsamere Verwendung von Energie zu erreichen, und in bezug auf die Wirtschaftlichkeit, von Fachleuten durch aktives und systematisches Bemühen um den Energieeinsatz zu überwachen. Die bisher lediglich passive Einschaltung der Fachingenieure des Maschinenwesens und der Elektrotechnik ist zu verstärken, dies gilt auch für die Intensivierung der technischen Dienste.

2.1 Verbesserung der Wärmedämmung der Gebäude

- Wärmedämmung entsprechend 1.1
- Austausch von Fenstern mit ungenügender Wärmedämmung.

2.2. *Ersatz von veralteten und unwirtschaftlichen Heizungs- und Lüftungsanlagen*

Es wird empfohlen, die Modernisierung veralteter Anlagen vorzunehmen, da sie nicht mehr den an eine sparsame Energieverwendung gestellten Anforderungen genügen, z. B. Dampfheizungsanlagen. Der Einbau und die Verbesserung der Regelanlagen sind beschleunigt durchzuführen, gegebenenfalls aufgrund eines Sonderprogramms (Meßeinrichtungen, siehe 1.3).
Das gleiche gilt auch für andere betriebstechnische Anlagen.

2.3 *Beachtung der Diversifikation der Energieverwendung (1.5)*

3. *Maßnahmen beim Betrieb bestehender Anlagen*

3.1 *Maßnahmen zur Minderung des Heizenergieverbrauchs*

3.1.1 Die Raumtemperatur darf die in der Heizungsbetriebsanweisung festgelegte Temperatur nicht überschreiten (Räume für den dauernden Aufenthalt von Personen + 20°C; siehe Anlage 1 der HeBA).

3.1.2 Klimatisch charakteristische Räume sind regelmäßig auf Einhaltung dieser Temperaturen zu überprüfen (siehe Anlage 1, I.6 der HeBA).
Bei abweichenden Raumtemperaturen ist die Heizungsanlage nach Überprüfen der Voreinstellung der Heizkörperventile und entsprechend der Charakteristik der automatischen Regelanlage einzuregulieren.

3.1.3 Ständiges Lüften durch Fenster verursacht unnötige Wärmeverluste. Die Fenster sind erforderlichenfalls nur kurz zu öffnen und danach geschlossen zu halten.

3.1.4 Außerhalb der Benutzungszeiten sind die Raumtemperaturen — stärker als bisher üblich — zu senken (Regelsollwert + 10°C).

3.1.5 Bei den betriebstechnischen Anlagen, insbesondere bei den raumlufttechnischen Anlagen, ist die Betriebszeit auf die Benutzungszeiten der Räume zu begrenzen. Alle Möglichkeiten, die Anlagen mit verminderter Energieleistung zu betreiben, sind wahrzunehmen. Dies kann geschehen durch Steuerung der Schaltzeiten, z. B. durch selbsttätige Schaltuhren, Zeitschalter, Zentrale Leittechnik (ZLT).

3.1.6 Die Zulufterwärmung der Garagen-Lüftungsanlagen ist auszuschalten, wenn die Garage mit einer „trockenen" Feuerlöschanlage ausgestattet ist. Auf einen entsprechenden Frostschutz der sonstigen Anlage ist zu achten.

3.1.7 Bei Mehrkesselanlagen sind immer nur die für den jeweiligen tatsächlichen Bedarf erforderlichen Kessel, z. B. durch Abstufung der Kesselthermostate, in Betrieb zu halten, um möglichst lange Laufzeiten bei kleiner Gesamtleistung zu erreichen.
Weistestgehende Vermeidung des Sommerbetriebs zentraler Kesselanlagen, z. B. durch dezentrale Erzeugung von Warmwasser über Schwachlaststrom (Nachtstrom).

3.1.8 Undichte Fenster, Türen und Wände verursachen unnötige Wärmeverluste in erheblichem Umfang. Derartige Mängel sind zu beseitigen.

3.1.9 Heizungs-, Warmwasserbereitungs- und Lüftungsanlagen müssen sorgfältig gewartet werden (im Sinne der Heizungsbetriebsanweisung), um einen energiesparenden Betrieb zu gewährleisten. In diesem Zusammenhang muß besonders auf die rauchgasseitige Reinigung der Heizkessel hingewiesen werden. Ebenfalls sollte auf einen ordnungsgemäßen Zustand der Isolierung der Wärmeerzeugungsanlagen geachtet werden.

3.1.10 Um die geforderte sparsame Energieverwendung und damit die Wirtschaftlichkeit des Heizbetriebs kontrollieren zu können, ist es notwendig, den Energieverbrauch in Abhängigkeit von der Außentemperatur durch entsprechende Aufzeichnungen zu überwachen (siehe 1.3, vgl. a. HeBA u. RBBau, K 19, 4. Betriebsüberwachung).

3.2 Maßnahmen zur Minderung des elektrischen Energieverbrauchs

3.2.1 Beleuchtungsanlagen in Diensträumen sind nur in den Benutzungszeiten und nur in unbedingt erforderlichem Umfang einzuschalten.

3.2.2 Die Beleuchtungsstärke bei Verkehrswegen, wie z. B. bei Fluren, Treppen sowie Plätzen im Außenbereich ist auf die Mindestwerte der Beleuchtungsrichtlinien (Neufassung 1974) zu verringern.

3.2.3 Elektrische Zusatzheizgeräte sollen nicht verwandt werden.

3.2.4 Energieverbrauchende, betriebstechnische Anlagen, wie raumlufttechnische Anlagen, elektrische Fahrbahn- und Dacheinlaufheizungen, sind sowohl zeitlich als auch leistungsmäßig, soweit Stufenschaltungen vorhanden sind, nur in unbedingt erforderlichem Umfang in Betrieb zu nehmen. [9]

Sparen beginnt mit dem Erfassen der Kosten

Hierzu ist bereits einiges im Abschnitt Erfassungs- und Auswertebögen gesagt worden. Zur Erfassung des Energie- und Medienverbrauchs sind Meßeinrichtungen erforderlich. Deshalb werden hier Empfehlungen für eine Ausstattung verschiedener Anlagen mit solchen Meßeinrichtungen, wie sie vom „Arbeitskreis Technische Versorgung" erarbeitet wurden, angegeben (siehe Abb. 52 bis 58). Leider sind auch heute noch die meisten Gebäude, und das gilt auch für Neubauten, ohne eine genügende Anzahl von Meßgeräten ausgestattet. Welche gewaltigen Einsparungen durch das Erfassen und dank der damit einhergehenden Kontrolle der Kosten möglich sind, wird in Abb. 59 am Beispiel einer staatlichen Bauverwaltung sichtbar. Nach Einrichtung einer eigenen Betriebsüberwachung im Jahre 1968 konnte der Wärmeverbrauch drastisch gesenkt werden. Dies führte bis zum Jahre 1975 zu einer Einsparung von 95,2 Mio DM. Eine andere staatliche Bauverwaltung hat ihre Energiekosten nach einer Neuorganisation ihrer Betriebsüberwachung um etwa 15 bis 20 % senken können. Die Einsparungen konnten wesentlich durch das Vermeiden von Energieverlusten erzielt werden.

Durch das Gesetz zur Einsparung von Energie in Gebäuden vom 22. Juli 1976 verspricht sich die Bundesregierung langfristig Energieeinsparungen in der Größenordnung von 20—35 %.

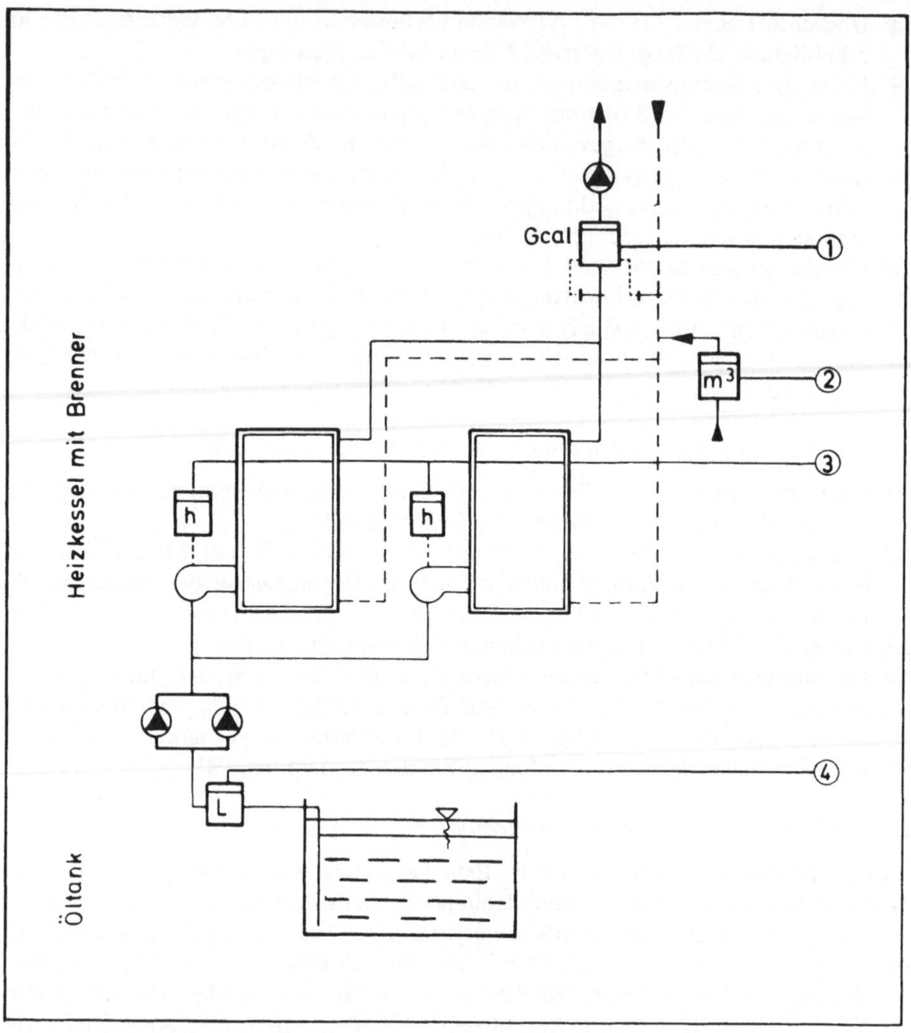

Abb. 52: Heizzentrale bis 1 MW

① Wärmemengenzähler (nur wenn 4 nicht vorhanden)

② Wasserzähler für Fülleitung

③ Betriebsstundenzähler je Ölbrenner

④ Ölmengenzähler

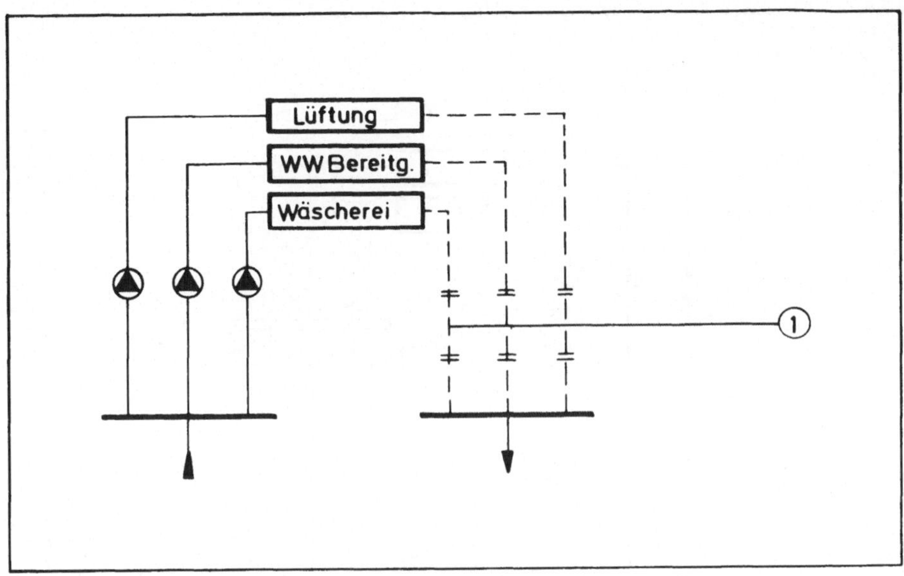

Abb. 53: Ausstattung mit Meßeinrichtungen am
Beispiel: Verteilerstation

① Meßstrecken bei den Hauptabgängen der Verteilung

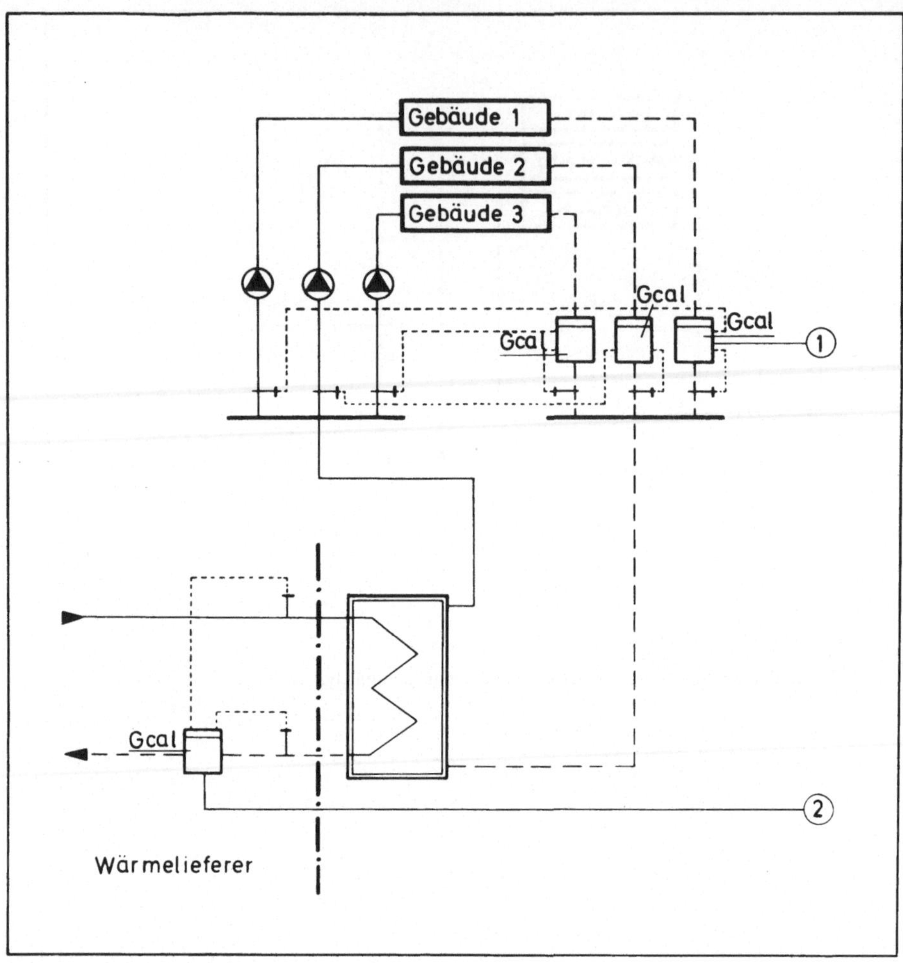

Abb. 54: Ausstattung mit Meßeinrichtungen am Beispiel:
Übergabestation mit Gebäudeverteilung

① Wärmemengenzähler je Gebäudeabgang

② Wärmemengenzähler nur bei Fremdbezug

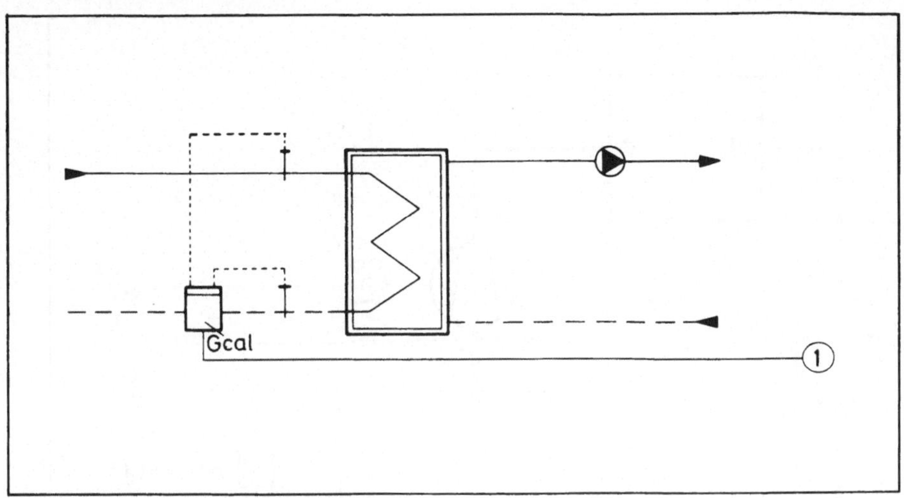

Abb. 55: Ausstattung mit Meßeinrichtungen am Beispiel:
Gebäudeunterstation

① Wärmemengenzähler bei Fremdbezug und bei Bezug aus dem eigenen Netz

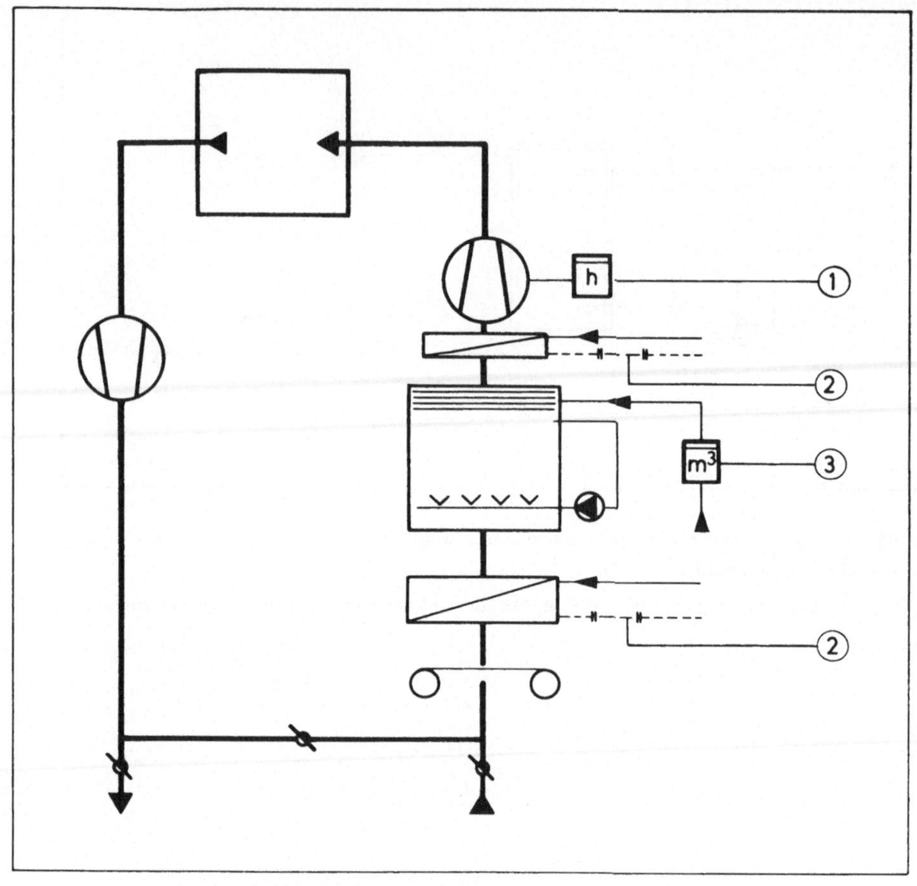

Abb. 56: Ausstattung mit Meßeinrichtungen am Beispiel:
Lüftungstechnische Zentralanlage

① Betriebsstundenzähler Ventilator

② Meßstrecken für Lufterhitzer und -kühler (bei großen Leistungen)

③ Wasserzähler für Nachspeisung Befeuchtung

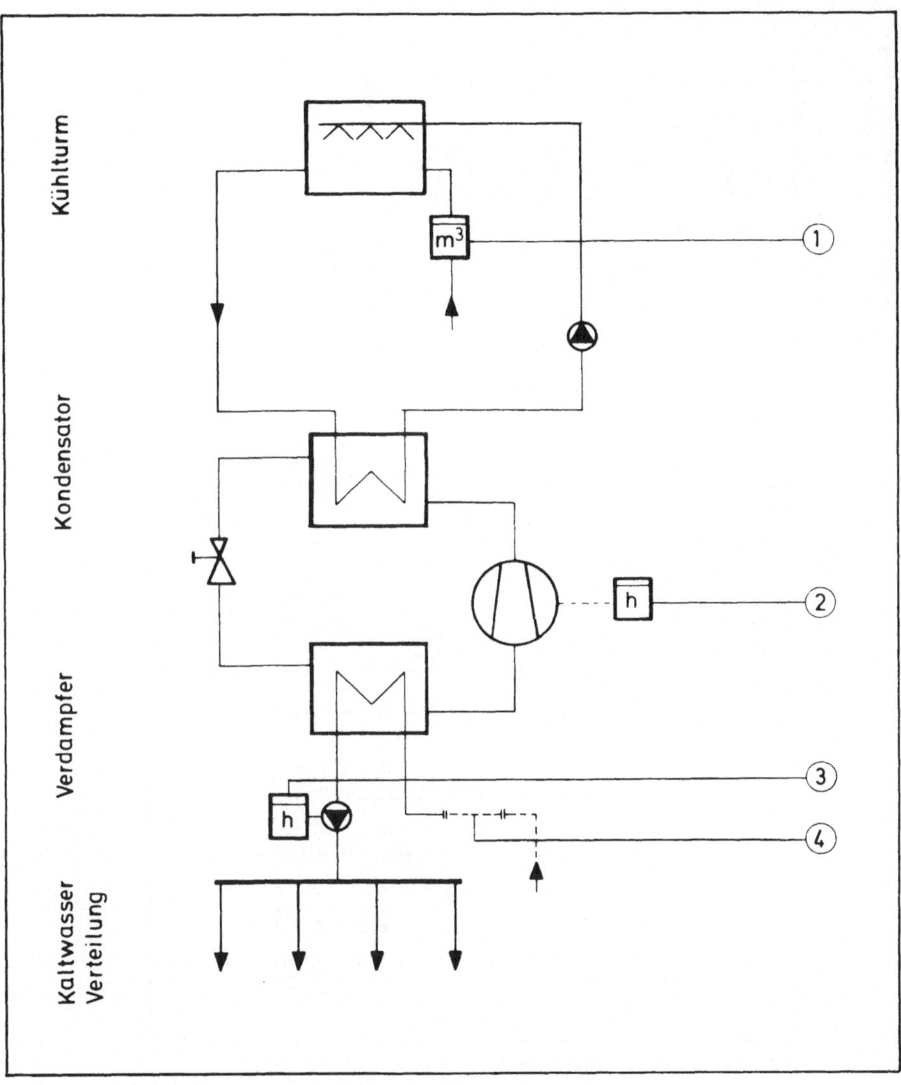

Abb. 57: Ausstattung mit Meßeinrichtungen am Beispiel:
Kältesatz mit Rückkühlwerk für Anlagen bis 250 kW

① Wasserzähler für Nachspeisung Kühlwasser

② Betriebsstundenzähler Verdichter

③ Betriebsstundenzähler Pumpe

④ Meßstrecke für Kaltwasser (alternativ zu 3)

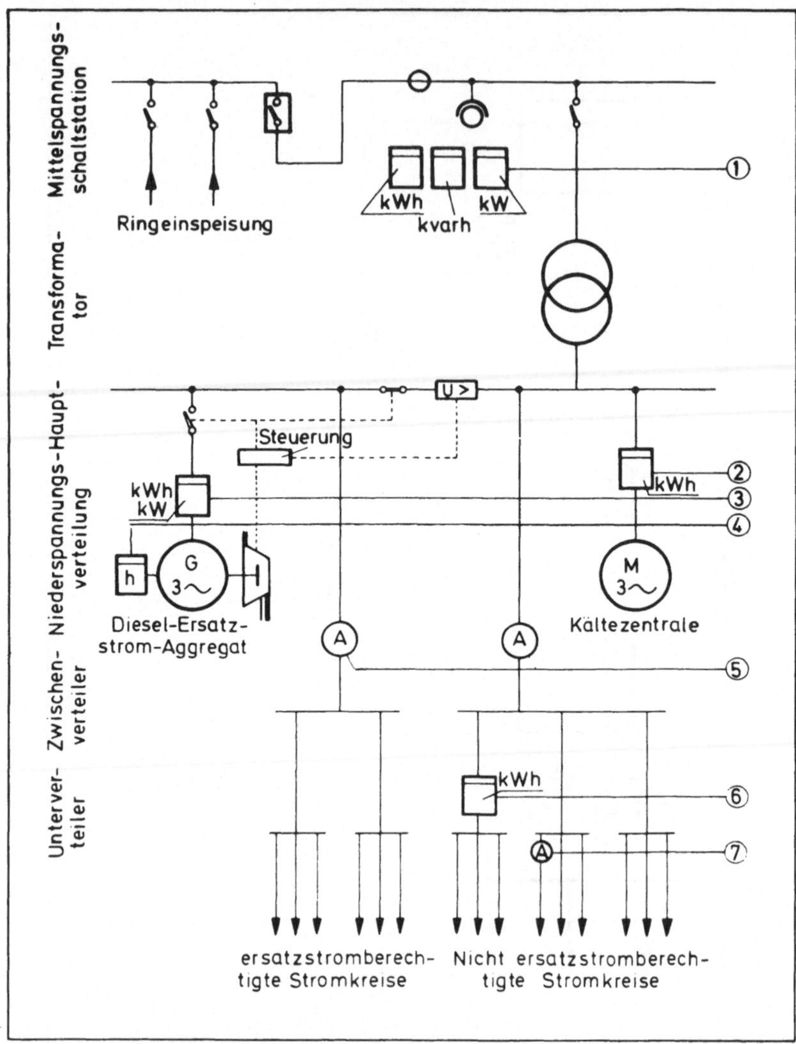

Abb. 58: Ausstattung mit Meßeinrichtungen am Beispiel:
Stromversorgung mit Ringeinspeisung und ESA

① Messung des Gesamtwirkverbrauchs (kWh), ev. Doppeltarivstromzähler, sowie Messung des Blindstroms (kvarh) und Maximummessung (kW)

② Stromzähler für besondere Verbraucher

③ Leistungsmesser bzw. Stromzähler

④ Betriebsstundenzähler

⑤ Ampèremeter mit Schleppzeiger

⑥ Leistungsmesser bzw. Stromzähler für bes. Institute

⑦ Ampèremeter mit Schleppzeiger

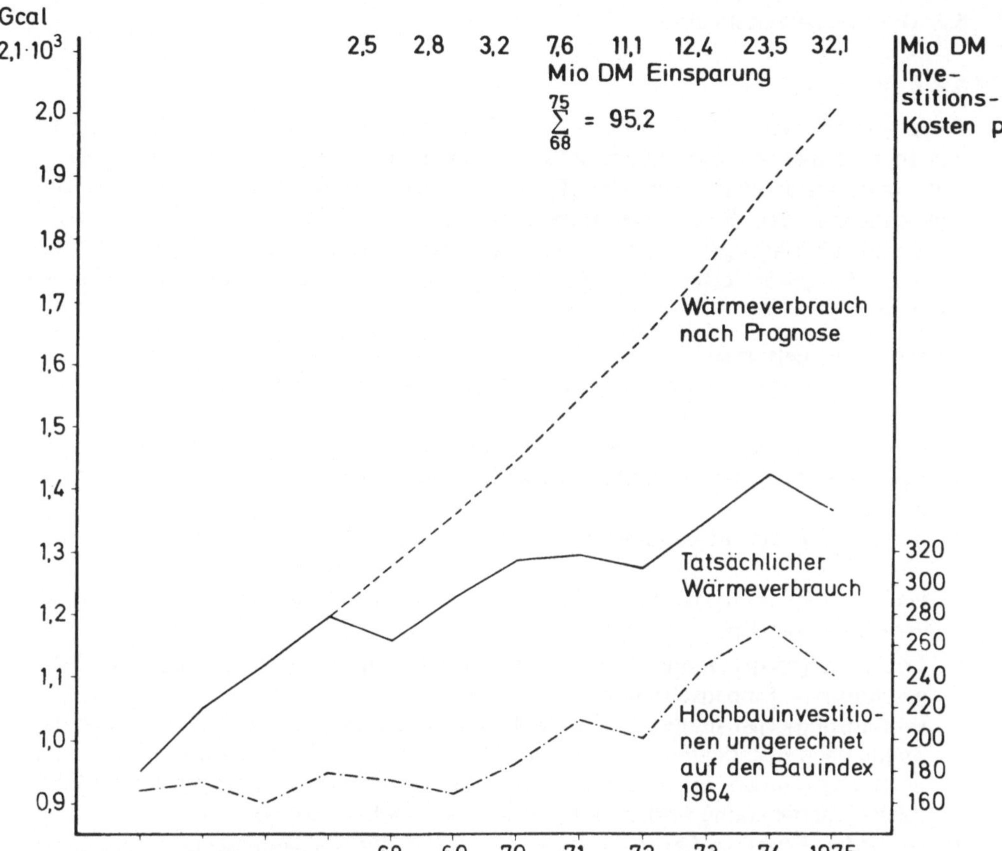

Abb. 59: Beispiel der Betriebskosteneinsparung durch Betriebsüberwachung einer staatlichen Bauverwaltung

5.1 Kapitalkosten

Naturgemäß ist es nicht möglich, allgemein gültige Vorschläge zur Einsparung von Kapitalkosten zu machen. Dies verbietet sich insbesondere durch die üblicherweise äußerst unterschiedlichen Finanzierungsmöglichkeiten der Bauherren. Insbesondere beim Bau von Eigenheimen oder dem Kauf von Eigentumswohnungen bieten Bausparkassen und andere Kreditinstitute der jeweiligen finanziellen Lage angepaßte „maßgeschneiderte" Finanzierungsmöglichkeiten an. Gerade aber auf diesem Sektor kann die Eigenleistung entscheidend in die Finanzierung eingehen.
Um Kapitalkosten sorgsam einsparen zu können, wird auf jeden Fall die Fachberatung durch Kreditinstitute erforderlich sein.

5.2 Gebäudebetriebskosten

5.2.1 Reinigung

Wegen des so überaus hohen Anteils der Reinigungskosten an den Gebäudebetriebskosten sind hier in besonderem Maße Sparsamkeitsüberlegungen am Platze. Es ist wohl jedermann verständlich, daß die Reinigungskosten abhängig sind von der Reinigungsfläche, den Reinigungsgegenständen und der Reinigungshäufigkeit. Rationalisierungsüberlegungen müssen bereits bei der Neubau- oder Umbauplanung beginnen. Dies gewährleistet die optimale Berücksichtigung der Belange der Gebäudereinigung.

So sollen beispielsweise
- die Zuwegungen zu den Gebäudeeingängen befestigt sein, um möglichst wenig Schmutz in das Gebäude hineinzutragen,
- die Gebäudeeingänge vor Regen geschützt werden,
- Fußroste und Abtretmatten bzw. Schmutzfangläufer-Schleusen vorgesehen werden,
- durch klare Grundrißgestaltung der Einsatz von Reinigungsmaschinen möglich sein,
- leicht reinigbare in der Farbe und dem Material unempfindliche Fußbodenbeläge verwendet werden,
- Einrichtungsgegenstände schmutzunempfindlich und leicht reinigbar sein (evtl. geschoßhohe Einbauschränke),
- Einrichtungsgegenstände ggf. ausreichende Bodenfreiheit haben (z. B. in Schulen Stühle nach Beendigung der Schulstunden an den Tischplatten aufhängen),
- in Sanitärräumen leicht zu reinigende Sanitärobjekte, Fußböden und Wandflächen Verwendung finden (evtl. wandhängende Sanitärobjekte),
- auf jeder Etage größerer Gebäude ein Raum für Reinigungsgeräte vorgesehen werden,
- auf jeder Etage mindestens eine Möglichkeit vorgesehen werden, Schmutzwasser auszugießen (Spülstein mit Warmwasseranschluß),
- ausreichend Steckdosen mit entsprechender Leistung für die Reinigungsgeräte vorgehalten werden.

Eine der wesentlichen Voraussetzungen ist, daß alle verwendeten Materialien von solider Qualität sind. Der hohe Wert der Gebäudeausstattung verlangt nach modernen Reinigungsmethoden und Reinigungstechniken. So nennt A. Müller [6] allein als anteiligen Wert der Fußbodenbelege an den Gesamtkosten der Hochbauvorhaben im Durchschnitt ca. 6 %. Unsachgemäße Reinigung führt zu vorzeitigem Verschleiß und damit zu einer Erhöhung der Bauunterhaltungskosten. Die sachgerechte Reinigung kann durch eigenes Personal oder durch Fachfirmen erfolgen. Ganz allgemein setzte sich in den letzten Jahren der Trend zur Fremdreinigung weiter fort. Dies ist auch für die Zukunft zu erwarten, da Reinigungsfachfirmen wettbewerbsbedingt schon im eigenen Interesse für rationellen Personal- und Maschineneinsatz sorgen müssen und damit in der Regel wirtschaftlicher sind.

Bei der Vergabe an gewerbliche Unternehmen sollte die öffentliche oder beschränkte Ausschreibung eine Selbstverständlichkeit sein. Hierbei ist besonders darauf zu achten, daß nur geeignete Bewerber für den Zuschlag in Frage kommen. Das billigste Angebot muß nicht automatisch auch das wirtschaftlichste Angebot sein. Häufig ist es sogar für den Auftraggeber risikobeladen. Von einer exakten Leistungsbeschreibung hängt das Ergebnis der Ausschreibung wesentlich ab. Gerade die exakten Vorgaben erleichtern dem Auftraggeber die Angebotsvergleiche. Angebote von Unternehmen, die das zu reinigende Objekt vor Angebotsabgabe nicht eingehend besichtigt haben, sollten besonders kritisch durchleuchtet werden.

Die Abbildungen 60 bis 62 zeigen den Reinigungszeitplan für die Gebäudeinnenreinigung in tabellarischer Form als Muster. Aus solchen Reinigungszeitplänen kann dann ein Leistungsverzeichnis erstellt werden.

5.2.2 Wasser/Abwasser

Wenn unsere heutigen Komfort- und Hygieneansprüche beibehalten werden sollen, muß Wasser gespart werden. Dies geschieht am besten dadurch, daß Wasser nicht vergeudet, sondern gezielt und überlegt genutzt wird. Was in den eigenen 4 Wänden gilt, sollten die Verbraucher auch an ihren Arbeitsstätten beachten. Tabelle 5 (Abschnitt 3.2.2) sei in Erinnerung gebracht, in der die minütliche Durchflußmenge eines normal geöffneten Zapfhahnes von $\frac{1}{2}$'' mit 10 l angegeben ist. In den 8.760 Stunden eines Jahres kann viel Wasser nutzlos wegfließen.
Insbesondere große Liegenschaften verfügen über eigene erdverlegte Wassernetze, deren Kontrolle äußerst wichtig ist. Dagegen werden Schäden am Rohrleitungsnetz innerhalb von Gebäuden meist schon in kurzer Zeit entdeckt.
Der wohl am häufigsten vorkommende unnütze Wasserverbrauch wird durch undichte Zapfstellen (Wasserhähne) und nicht dicht schließende Spülkästen verursacht. Defekte Dichtungen sollten deshalb stets rechtzeitig ausgewechselt werden.
Bei Urinalanlagen in größeren Verwaltungsgebäuden, Kaufhäusern, Schulen oder Hotels sollte der Spülvorgang gesteuert werden. Sofern die Spülung zeitgesteuert wird, ist sie außerhalb der Öffnungszeiten dieser Gebäude abzustellen. Gute Ergebnisse in der Einschränkung des Wasserverbrauches haben auch kapazitive oder fotozellengesteuerte Spülanlagen gebracht.
Wird Wasser – z. B. bei Laborgebäuden – zu Kühlzwecken benötigt, so sollte durch Wirtschaftlichkeitsberechnungen untersucht werden, ob statt der Kühlung durch Trinkwasser ein separates Kühlwassernetz wirtschaftlicher ist. Das Gleiche gilt beim Einsatz von Wasserstrahlpumpen.
Die Wäscher- und Befeuchtungseinrichtungen lüftungstechnischer Anlagen tragen wesentlich zum hohen Wasserverbrauch hochinstallierter Gebäude bei. Es ist streng darauf zu achten, daß die Betriebszeiten dieser Anlagen mit den Benutzungszeiten des Gebäudes übereinstimmen.
Das Beregnen von Grünanlagen und das Wagenwaschen sollte auf das notwendige Maß eingeschränkt werden.

BEREICH   BÜRORÄUME

Bodenbelag Ausstattung Mobiliar	qm Anzahl	Tätigkeiten	Häufigkeit							mtl.	jährlich
			Mo	Di	Mi	Do	Fr	Sa	So		
Kunststoff/Linoleum		Kehren									
		Nasswischen									
		Feuchtwischen	X	X	X	X	X				
		Polieren	X	X		X	X				
		Cleanern			X						
		Grundreinigen									1X
		Beschichten									
Textil		Bürsten/Rollern/Bürstsaugen/Saugen	X	X	X	X	X				
Holz, auch gewachst		Kehren									
		Nasswischen									
		Feuchtwischen	X	X	X	X	X				
		Polieren	X	X		X	X				
		Cleanern			X						
		Grundreinigen									1X
		Wachsen			bei Bedarf						
Schreibtische		Entstauben/Reinigen	X	X	X	X	X				
Tische/Anrichten		Entstauben/Reinigen	X	X	X	X	X				
Aschenbecher		Leeren und Reinigen	X	X	X	X	X				
Stühle		Entstauben		X		X					
Telefone		Reinigen	X	X	X	X	X				
Tischlampen		Entstauben	X	X	X	X	X				
Polstermöbel		Entstauben/Saugen		X	X						
Sockelleisten		Entstauben		X							
Fensterbänke		Entstauben/Reinigen		X		X					
Türen, Regale, Schränke		Griffspuren entfernen/Reinigen	X	X	X	X	X			4X	
Kleiderablage		Entstauben		X		X					
Abfalleimer		Leeren und Reinigen	X	X	X	X	X				
Papierkörbe		Leeren/Waschen	X	X	X	X	X				
Schrankobers. ü. 1,60 m Höhe		Reinigen								1X	
Waschbecken mit Fliesen		Reinigen	X	X	X	X	X				
Spiegel		Polieren	X	X	X	X	X				
Bilderrahmen		Entstauben	X								
Lichtschalter		Reinigen					X				
Heizkörper		Entstauben/Waschen					X				

Abb. 60

BEREICH	FLURE UND TREPPENHÄUSER											

Bodenbelag Ausstattung Mobiliar	qm Anzahl	Tätigkeiten	Häufigkeit							mtl.	jährlich	
			wöchentlich									
			Mo	Di	Mi	Do	Fr	Sa	So			
Kunststoff/Linoleum		Kehren	X	X	X	X	X					
		Feuchtwischen	X	X	X	X	X					
		Nasswischen	X									
		Polieren	X	X		X	X					
		Cleanern			X							
		Grundreinigen									1X	
		Beschichten										
Textil		Bürsten/Rollern										
		Saugen/Bürstsaugen	X	X	X	X	X					
Holz, auch gewachst		Kehren	X	X	X	X	X					
		Nasswischen										
		Feuchtwischen	X	X	X	X	X					
		Polieren	X	X		X	X					
		Cleanern			X							
		Wachsen			bei Bedarf							
		Grundreinigen									1X	
Estrich		Kehren	X	X	X	X	X					
		Nasswischen	X									
		Grundreinigen									1X	
Natur- und Kunststein		Kehren										
		Feuchtwischen	X	X	X	X	X					
		Nasswischen	X									
		Grundreinigen									1X	
		Polieren			auf Wunsch							
		Beschichten										
Aschenbecher		Leeren und Reinigen	X	X	X	X	X					
Feuerlöscher/Wandleuchten		Entstauben		X								
Fußmatten/Lichtschalter		Reinigen					X					
Türen		Griffspuren entfernen/Reinigen	X	X	X	X	X			4X		
Sitzgruppen		Entstauben/Saugen		X		X						
Treppenhandläufe		Entstauben		X								
Treppengeländer		Entstauben/Reinigen		X		X						

Abb. 61

BEREICH	SANITÄRE ANLAGEN											
Bodenbelag **Kacheln** **Ausstattung**	qm Anzahl	Tätigkeiten	Häufigkeit							mtl.	jährlich	
			wöchentlich									
			Mo	Di	Mi	Do	Fr	Sa	So			
Natur- und Kunststein		Nasswischen/Grundreinigen	X	X	X	X	X				2X	
Fliesen		Nasswischen/Grundreinigen	X	X	X	X	X				2X	
Urinale		Reinigen	X	X	X	X	X					
WC-Schüsseln		Reinigen	X	X	X	X	X					
Waschbecken		Reinigen	X	X	X	X	X					
Armaturen		Reinigen	X	X	X	X	X					
Ablagen		Reinigen	X	X	X	X	X					
Spiegel		Polieren	X	X	X	X	X					
Wandfliesen		Ledern/Grundreinigen	X	X	X	X	X			4X		
Handtuch- u. Seifenspender		Reinigen/Nachfüllen/Bestücken	X	X	X	X	X					
WC-Papier		Bestücken	*bei Bedarf*									
Türen		Griffspuren entfernen/Reinigen	X	X	X	X	X			4X		
Wannen		Reinigen										
Duschen		Reinigen	X	X	X	X	X					
Bidets		Reinigen										
SONSTIGES												

Abb. 62

Warmwasser

Bei der Untersuchung der Möglichkeiten zur Reduzierung des Warmwasserverbrauchs bzw. der optimalen Energieanwendung erhebt sich sofort wieder die Streitfrage — zentrale oder dezentrale Warmwasserbereitung.
Im allgemeinen wird bei Wohngebäuden die Warmwasserbereitung mit der Heizungsanlage gekoppelt. Hierbei ist nun zu bedenken, daß die Heizungsanlage etwa 5 Monate im Jahr nicht oder nur an wenigen kühlen Tagen benutzt werden muß. Dennoch läuft bei der Kopplung der Heizungs- mit der Warmwasseranlage der Kesselbrenner. Dies führt möglicherweise zu unnötigen Verlusten. Bei einer solchen Betriebsweise kann sich der Jahreswirkungsgrad der Heizungskesselanlage entscheidend verringern. Die Möglichkeit der dezentralen Warmwassererzeugung, insbesondere in Küche und Bädern, sollte deshalb stärker als bisher besonders für die heizungsfreie Jahreszeit untersucht werden. Die dezentrale Warmwasserbereitung erfolgt am günstigsten über Gas oder Strom. Gerade mit Hilfe elektrischer Warmwasserbereiter lassen sich für alle Wohnungstypen und Personenbelegungen maßgeschneiderte, leistungsfähige und wirtschaftliche Brauchwasseranlagen planen und bauen, die allen Anforderungen gerecht werden. Insbesondere steht an den Zapfstellen sofort Warmwasser der gewünschten Temperatur zur Verfügung.
Entschließt man sich zur zentralen Warmwasserbereitung, insbesondere bei großen Versorgungsanlagen, so kommt dem schnellen Erreichen der gewünschten Temperatur an der Zapfstelle besondere Bedeutung zu. Wenn sich das Wasser in den Leitungen durch fehlende Rohrisolierung, fehlende Zirkulationsleitungen oder ungünstige Verlegung der Leitungen, etwa in Außenwänden, durch längeres Stehen in den Leitungen zu sehr abgekühlt hat, dann wird der Verbraucher erst etliche Liter Wasser fortlaufen lassen, bis er die gewünschte Temperatur erhält. Die Zirkulation sollte in der Nachtzeit abgeschaltet werden. Die Temperatur des Warmwassers ist so zu wählen, daß keine Kalkablagerungen und damit Energieverluste entstehen.
Armaturen mit automatischen Wassermengenreglern werden besonders bei Liegenschaften mit einer Vielzahl von Warmwasserzapfstellen empfohlen (Duschen, Waschbecken usw.). Sie lassen sich gleichermaßen bei zentralen oder dezentralen Warmwasserbereitungsanlagen verwenden.

Abwasser

Wenn davon ausgegangen wird, daß die verbrauchte Wassermenge auch als Abwassermenge in Rechnung gestellt wird, so gelten die Aussagen über die Einsparung von Wasser auch hier. In Abschnitt 3.2.2 wurde auf Ausnahmen in der Kopplung Wasser/Abwasser hingewiesen und empfohlen, in jedem Fall sehr aufmerksam die örtliche Entwässerungssatzung zu studieren. Auf das Abwasserabgabengesetz wurde ebenfalls bereits verwiesen.

5.2.3 Wärme/Kälte

Im allgemeinen bilden die Kosten für Wärme bzw. Kälte neben den Reinigungskosten die stärkste Kostengruppe innerhalb der Gebäudebetriebskosten. Deshalb wird dieser

Abschnitt besonders ausführlich behandelt. Hierbei werden auch einige leicht verständliche Formeln gebracht. Wer sich näher mit der Materie beschäftigen möchte, sei auf DIN 4701, DIN 4108, auf die VDI-Richtlinien 2067 und 2078 hingewiesen.

An dieser Stelle sei vermerkt, daß dies das Gebiet der Ingenieure ist und insbesondere bei komplizierten Gebäuden die Einschaltung dieser Fachleute ein Gebot der wirtschaftlichen Vernunft ist.

Wärmebedarf

Der Wärmebedarf errechnet sich wie folgt:

$$Q = Q_T + Q_L$$

Q_T = Transmissionswärmebedarf

Q_L = Lüftungswärmebedarf

$$Q_T = F \cdot k \cdot \Delta t \text{ in kcal/h}$$

F = am Wärmedurchgang beteiligte Fläche in m^2, z. B. Fenster, Außenwand, Zimmerdecke etc.

k_m = mittlere Wärmedurchgangszahl in $kcal/h \cdot m^2$ grad

Δt = $t_i - t_a$ Temperaturdifferenz zwischen Innen- und Außentemperatur

$$Q_L = \Sigma \quad (a \cdot l)_A \cdot H \cdot R \cdot \Delta t + Z_E$$

a = Fugendurchlässigkeit

l = Fugenlänge angeblasen in m

H = Hauskenngröße

R = Raumkenngröße

Z_E = Eckfensterzuschlag in %

$$k_m = \frac{F}{F}1 \cdot k_1 + \dots + \frac{F_n}{F} \cdot k_n$$

F_1 bis F_n sind vertikale Flächenelemente der Außenwände über Erdreich

F = Gesamtfläche

Die einzelnen Faktoren der Formeln sollen nun untersucht werden. Die Flächen der Fassade bzw. der Innenwände werden bereits während der ersten Planungsüberlegungen bestimmt. Nach dem Bau ist hieran nichts mehr zu ändern. Das gleiche gilt im Prinzip für die Wärmedurchgangszahl k. Nur noch mit meist unvertretbar hohem Aufwand läßt sich nach Fertigstellung eines Gebäudes der k-Wert wesentlich verbessern. Eine rechtzeitig eingebaute gute Wärmedämmung wird darum das Ziel sein. Mindestwerte für die Wärmedurchgangszahl wurden bereits aus den Ergänzenden Bestimmungen zur DIN 4108 zitiert. Ganz entscheidend geht in die mittlere Wärmedurchgangszahl die Größe der Fensterflächen und deren Wärmedurchgangszahl ein. Repräsentative Glasbauten sind schön, die Betriebkosten jedoch hoch. Will man sparen, sollte die Fenstergröße auf das Notwendige reduziert werden. Der Faktor Δt gibt die Temperaturdifferenz zwischen Innen- und Außentemperatur an. Die Außentemperatur ist konstant mit minus 12, minus 15 oder minus 18°C je nach der Klimazone einzusetzen. Für die Innentemperatur gibt DIN 4701 zwar Werte an, in der Praxis werden diese jedoch häufig vom Nutzer überschritten. Hier muß eine

Einschränkung in den Lebensgewohnheiten bzw. im Komfortdenken hingenommen werden. Die Temperatur in Aufenthaltsräumen, wie beispielsweise Schulklassen, Büroräumen, Wohnräumen oder dergleichen sollte 20°C möglichst nicht übersteigen. Bereits eine Temperaturanhebung von 1°C bringt einen Mehrverbrauch an Wärmekosten von ca. 6 % im Jahr.

Das zur Temperaturdifferenz zwischen Innen- und Außentemperatur Gesagte gilt ebenfalls für den Lüftungswärmebedarf. Neben dem Faktor Δt geht am wesentlichsten die Fugenlänge der Fenster in die Berechnung ein. Kleine Fenster — kleine Fugenlänge. Die Fugendurchlässigkeit ist das große Sorgenkind beim Lüftungswärmebedarf. Wir alle wissen aus eigener Erfahrung, daß bei undichten Fenstern und anstehendem Wind die Innenraumtemperatur rapide sinkt. Die richtige Dimensionierung und Ausbildung der Fenster muß vom Architekten bereits während der Planung erfolgen. Zwar können schadhaft gewordene Fenster kurzfristig abgedichtet werden — hierzu gibt es auf dem Markt einschlägige Dichtungsmittel —, doch sollte grundsätzlich überlegt werden, ob solche Fenster repariert werden können oder durch neue, bessere Konstruktionen ersetzt werden müssen.

Die Berechnung der Energiekosten bei Lüftungs- und Klimaanlagen ist ungleich schwieriger als die Berechnung bei Heizungsanlagen. Deshalb soll hier auch nicht näher auf die Berechnungsarten eingegangen werden. Hier sollte grundsätzlich der Ingenieur zu Rate gezogen werden. Im folgenden soll die Problematik deshalb auch nur allgemein verständlich dargelegt werden.

Innere Kühllast Q_I

$$Q_I = Q_M + {}_E + Q_R = Q_M + Q_B + Q_M + Q_G + Q_R$$

Q_M = Wärmeabgabe der Menschen
W_E = Wärmeabgabe der Einrichtungen
Q_R = von sontigen Wärmequellen sowie der über die Innenwände oder Decken und Fußböden dem Raum zuströmenden Wärme
Q_B = Beleuchtungswärme
Q_M = Maschinen- und Gerätewärme
Q_G = Wärmeaufnahme beim Stoffdurchsatz durch den Raum

Äußere Kühllast Q_A

$$Q_A = Q_W + Q_F = 2_W + (Q_T + Q_S)$$

Q_W = Energiestrom durch Wände
Q_F = Energiestrom durch Fenster
Q_T = Energiestrom durch Fenster (Transmissionswärme)
Q_S = Energiestrom durch Fenster (Strahlungswärme)

Meist wird die Wärmespeicherung eines Gebäudes unterschätzt bzw. schon während der Planung zu wenig berücksichtigt. Nach zu vielen Fehlern in der Vergangenheit setzt sich jedoch die Erkenntnis durch, daß die Wärmespeicherfähigkeit eines Gebäudes bzw. seiner Außenwände genauso wie die Wärmedämmung als Kriterium für die

Güte der Bauausführung zu gelten hat. Für die Praxis ausgedrückt heißt das: Zuerst klimagerecht bauen, dann baugerecht klimatisieren. Dieses Ziel ist jedoch nur durch die bereits zitierte interdisziplinäre Zusammenarbeit aller am Bau beteiligten Fachleute möglich.

Bautz [7] hat das Temperaturverhalten geschlossener Räume eines neuen Hochhauses untersucht. Als Bestimmungsgröße dient dabei der Temperaturmodul TM (grad).

Für den Temperaturmodul gilt die Beziehung

$$TM = \frac{\text{Wärmelast Außenwand} + \text{Wärmelast Fenster}}{\text{Temperaturstabilität des Raumes}} \quad \text{(grad)}$$

Für die klimatischen Bedingungen unseres Landes kann nach bisherigen Untersuchungen (durch Eichler) davon ausgegangen werden, daß

TM $\leqslant$ 6 (grad) ein gutes,

TM $\leqslant$ 8 (grad) ein mäßiges und

TM $\geqslant$ 8 (grad) ein zu verbesserndes

Wärmebeharrungsvermögen anzeigt.

Bautz hat am Beispiel eines Bürohochhauses den Einfluß der Fenstergröße, die Bauart der Innenwände und die Wirksamkeit unterschiedlicher Sonnenschutzmaßnahmen auf das Wärmebeharrungsvermögen eines mittig gelegenen Raumes mit nach Osten gerichtetem Fenster dargestellt. Das Ergebnis zeigt Tabelle 30. Tabelle 31 gibt an, wie bei sonst gleichen Voraussetzungen das Wärmebeharrungsvermögen durch Fortfall der Speicherfähigkeit von Decke, Fußboden und einer Innenwand durch Schrankeinbauten nachteilig verändert wird.

Tab. 30: Werte für den Temperaturmodul (TM) bei teppichbelegtem Fußboden, abgehängter Decke, eingebauter Schrankwand, unterschiedlichen Fensteranteilen und verschiedenen Sonnenschutzmaßnahmen

d = Wanddicke (m); ρ = Stoffdichte (kg/m^3); TM = Temperaturmodul (grad)

Raumgröße = 17,2 m²		Leichte Innenwand$\quad$ d = 0,1 m; ρ = 400 kg/m^3			Schwere Innenwand$\quad$ d = 0,15; ρ = 1000 kg/m^3		
		Doppelverglasung					
		reflektierendes Glas		Außen jalousette	reflektierendes Glas		Außen jalousette
		ohne	mit		ohne		mit
Fensteranteil	50 %	28,1	19,3	10,52	21,93	15,7	8,22
der	40 %	19,94	14,23	7,86	15,87	11,32	6,25
Außenwand	30 %	14,44	10,05	5,66	11,96	8,14	4,58
	25 %	11,88	8,32	4,75	9,67	6,77	3,87

Tab. 31 [7]: Werte für den Temperaturmodul (TM) unter Berücksichtigung aller Umfassungsflächen des Raumes, unterschiedlicher Fensteranteile und verschiedenen Sonnenschutzmaßnahmen

d = Wanddicke (m); ρ = Stoffdichte (kg/m^3); TM = Temperaturmodul (Grad)

Leichte Innenwand
d = 0,1 m;   = 400 kg/m^3

Raumgröße = 17,2 m^2		Doppelverglasung				
		reflektierendes Glas		Außenjalousette	reflektierendes Glas		Außenjalousette
		ohne	mit		ohne	mit	
Fensteranteil	50 %	15,88	10,9	5,95	13,0	8,95	4,88
der Außenwand	40 %	12,1	8,36	4,62	9,67	6,92	3,08
	30 %	8,8	6,12	3,44	7,33	5,1	2,87
	25 %	7,32	5,12	2,92	6,13	4,29	2,45

Außenwandaufbau
gleichbleibend

Die beiden Tabellen und ihre Darstellung in den Abbildungen 63+64 zeigen sehr eindrucksvoll, in welch großen Bereichen der Temperaturmodul durch geeignete Materialwahl — leichte oder schwere Baustoffe, reflektierende Gläser — bzw. Gestaltung der Fassade, insbesondere durch die Größe der Fenster und Sonnenschutzeinrichtungen, beeinflußt werden kann. Es ergibt sich aber die Konsequenz, daß bei bestimmter Fassadengestaltung und Materialwahl erträgliche Temperaturverhältnisse nur noch mit Außenjalousetten und Klimatisierung erreicht werden können.
Grundsätzlich sollte man bemüht sein, mit statischen Einrichtungen ein günstiges Innenraumklima zu schaffen. Hierdurch wird ein Minimum an Betriebskosten erreicht; allerdings wird eine längere und ungleich intensivere Planungsphase als bisher erforderlich sein. Besonderes Augenmerk verdient der Sonnenschutz. Hier sollte der Grundsatz gelten, die Sonnenstrahlung erst gar nicht in das Gebäude hineinzulassen. Dies geschieht zweckmäßigerweise durch auskragende Sonnenschutzeinrichtungen bzw. außenliegende Jalousien. Die Wahl ist wesentlich von der Lage des Gebäudes abhängig. Ein auskragender Sonnenschutz wird seine Aufgabe befriedigend nur bei hohem Sonnenstand etwa in Südrichtung erfüllen können. In Ost- und Westrichtung verliert er wegen des meist niedrigen Sonnenstandes, insbesondere während der Übergangszeiten, einen Großteil seiner Wirkung. Hier sind bewegliche außenliegende

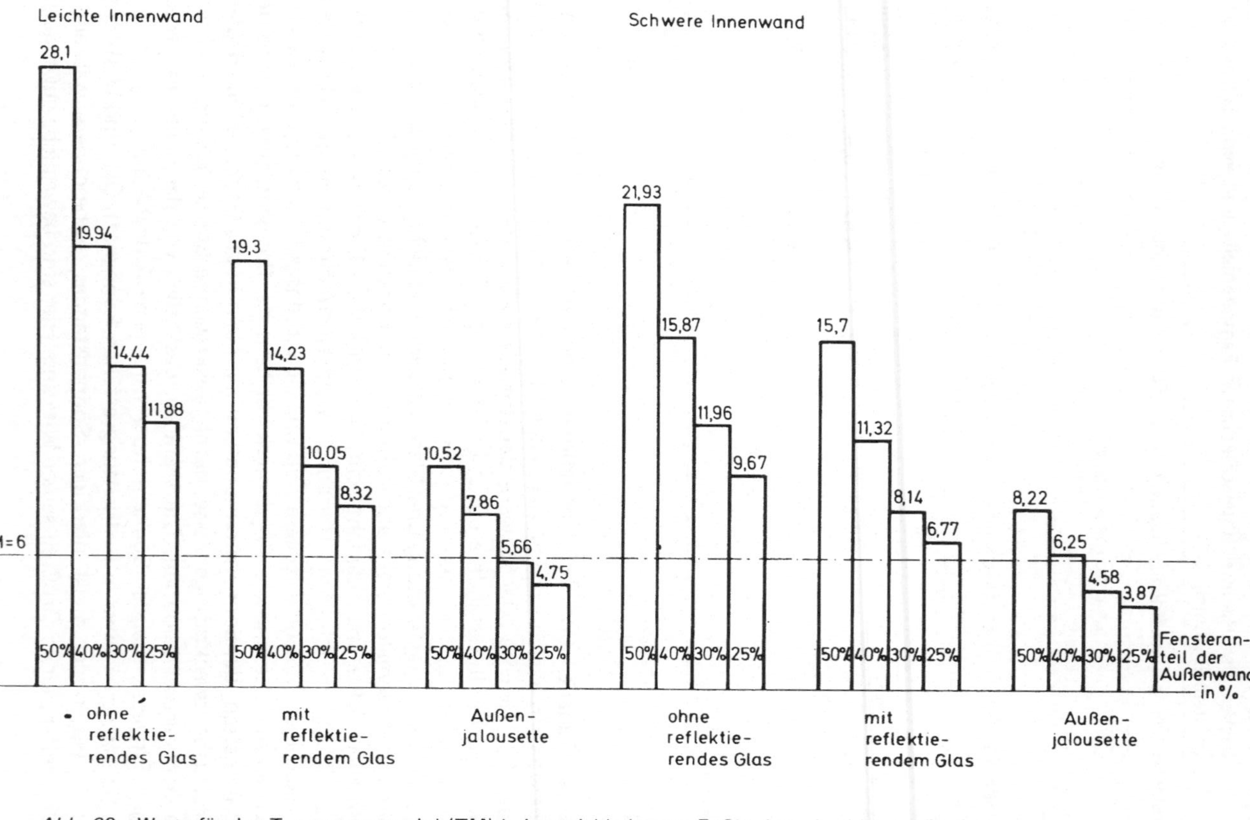

Abb. 63: Werte für den Temperaturmodul (TM) bei teppichbelegtem Fußboden, abgehängter Decke, eingebauter Schrankwand, unterschiedlichen Fensteranteilen und verschiedenen Sonnenschutzmaßnahmen (Tab. 30)

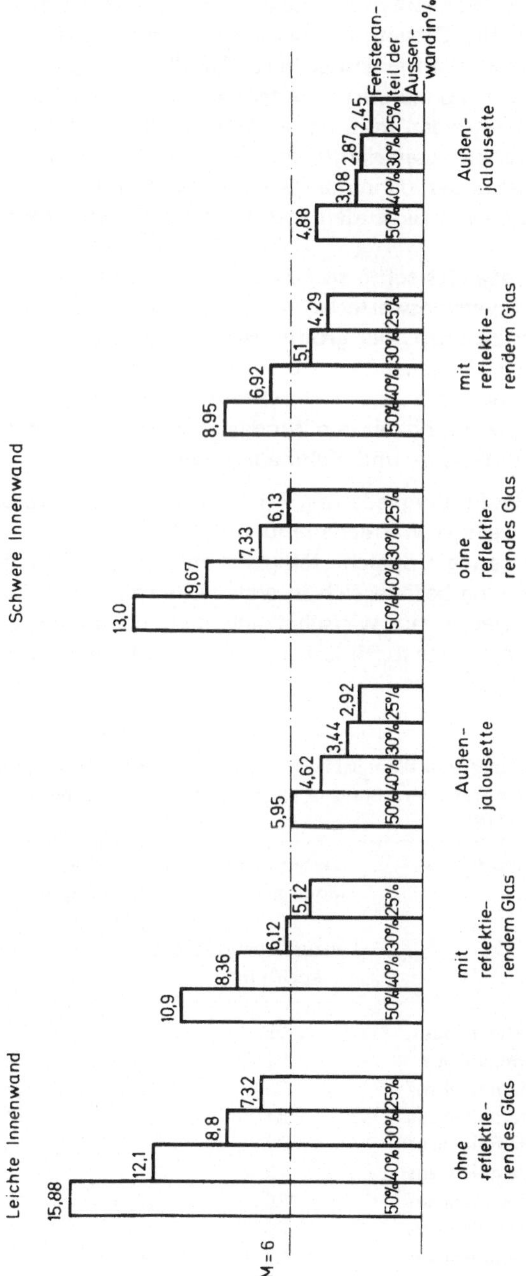

Abb. 64: Werte für den Temperaturmodul (TM) unter Berücksichtigung aller Umfassungsflächen des Raumes, unterschiedlicher Fensteranteile und verschiedener Sonnenschutzmaßnahmen (Tab. 31)

145

Sonnenschutzjalousien zu empfehlen. Die Jalousien sollten automatisch betreibbar sein. So nützt es beispielsweise nichts, wenn erst um acht Uhr morgens in einem Bürogebäude auf der Ostseite die Jalousien heruntergelassen werden. Dann hat der Raum bereits soviel Wärme gespeichert, daß die Behahglichkeitskriterien nicht mehr eingehalten werden können. Eine zeitgesteuerte Anlage kann hier Abhilfe schaffen. In windstarken Gegenden muß der außenliegende bewegliche Sonnenschutz zusätzlich mit Sturmsicherungseinrichtungen versehen werden. Von einer gewissen Windgeschwindigkeit an werden dann die Jalousien eingezogen.

Bei der Gestaltung von Gebäuden und deren Betrieb sind nachstehende Forderungen zu beachten:

Die Lage des Gebäudes sollte so gewählt werden, daß schädliche Immissionen, insbesondere bei Inversionswetterlagen, nicht zum Einbau aufwendiger lüftungstechnischer Anlagen zwingen. Der größte Wärme- und Kühlbedarf tritt nicht bei den in DIN 4701 bzw. 1946 genannten Auslegungstemperaturen ein, sondern hängt erheblich von der Windstärke ab. Es empfiehlt sich daher, in einem klimatologischen Gutachten, das die Häufigkeit von Windgeschwindigkeit und Temperatur umfaßt, die Abhängigkeit des Wärme- und Kühlbedarfs von der Lage des Gebäudes festzustellen.

Eine zu starke Baukörpergliederung kann durch die damit verbundenen großen Oberflächen bei mangelnder Wärmedämmung im Winter zu einer großen Auskühlung, im Sommer bei zu geringer Speicherfähigkeit zu einer unzulässigen Erwärmung führen. Die Wärmedämmung bezieht sich in erster Linie auf die Außenwände des Gebäudes. Für den Heizbetrieb ist aus wirtschaftlichen Gründen eine Wärmedämmung zu wählen, die zu einem Kostenoptimum aus Brennstoff- und Kapitalkosten führt (siehe Tabelle 32).

Tab. 32: Wärmebedarf von Wohngebäuden nach den Modernisierungsbestimmungen für das Land Nordrhein-Westfalen (Ministerialblatt f. d. Land Nordrhein-Westfalen, Ausgabe A, Nr. 39 v. 13.5.1976)

Freistehende Wohngebäude mit m² Wohnfläche	Verbesserter Wärmeschutz bei Modernisierung von Wohnungen	
	anzustrebende Werte kcal/h m²	max. zulässige Werte kcal/h m²
≤ 100 Einfamilienhaus	95	108
150 Einfamilienhaus	91	104
300 Mehrfamilienhaus	85	98
450 Mehrfamilienhaus	81	94
600 Mehrfamilienhaus	77	90
900 Mehrfamilienhaus	73	86
1200 Mehrfamilienhaus	70	83
1500 Mehrfamilienhaus	69	82
1800 Mehrfamilienhaus	67	80
≥ 2400 Mehrfamilienhaus	65	78

Die Speicherung betrifft zusätzlich zu den Umschließungsflächen des Gebäudes die Decken- und Innenwände. Für den Kühlbetrieb ist deshalb außer den Parametern Sonnenschutz und Wärmedämmung auch noch die Speicherfähigkeit der Wände und Decken der Gebäude zu beachten. Hierbei ist ein Kostenoptimum zu bilden.

Kälte- und Wärmebrücken als Verbindungen zwischen Innen- und Außenbauteilen sowie als undichte Stellen sind durch geeignete Konstruktionen in Verbindung mit der gebührenden Sorgfalt beim Bau zu vermeiden.

Da das Reflektionsvermögen bei Wänden und Decken in die Berechnung des Wärmedurchgangs bei sonnenbestrahlten Flächen eingeht, sind hellfarbige Wände und Decken mit einem hohen Reflektionsvermögen zu bevorzugen.

Fenster sind ausreichend, aber nicht zu groß zu dimensionieren.

Die Raumtiefe ist so zu wählen, daß das Fenster noch seine Aufgabe der natürlichen Beleuchtung und Belüftung des Raumes erfüllen kann. Hochinstallierte Innenzonen sind deshalb möglichst zu vermeiden.

Lüftungstechnische Anlagen sind nur dann vorzusehen, wenn durch *statische Einrichtungen* die Behaglichkeitskriterien im Raum nicht erfüllt werden können.

Räume, die aufgrund ihrer Lage und Verwendung eine lüftungstechnische Anlage erfordern und mit einer Be- und Entlüftungsanlage beheizt werden, sind nur dann zusätzlich mit statischen Heizflächen auszustatten, wenn dies aus Gründen des Frostschutzes oder aus baulichen Gründen (Taupunktunterschreitung) geboten ist.

Es ist grundsätzlich zu prüfen, ob der Energiebedarf lüftungstechnischer Anlagen durch den Einsatz von Wärmepumpen oder rekuperativen bzw. regenerativen Wärmeaustauschern reduziert werden kann.

Als Auslegungspunkt für die Befeuchtung ist bei tiefen Außentemperaturen 35 % rel. Feuchte in den Räumen zu wählen, wenn nicht besondere Forderungen aufgrund der Raumnutzung bestehen. Befeuchtung ist nur in mechanisch be- und entlüfteten Räumen vorzusehen, wenn sich dort Personen nicht nur vorübergehend, sondern dauernd aufhalten und wenn sich elektrostatische Aufladung lediglich durch eine Befeuchtung vermeiden läßt.

In vielen Fällen genügt es, die Kühlung auf Raumtemperaturen über 26° Celsius bei 32° Celsius Außentemperatur auszulegen (‚abgebrochene Kühlung‘). Dadurch können erhebliche Investitions- und Betriebskosten gespart werden. An Anforderungen, die über die abgebrochene Kühlung hinausgehen, soll ein strenger Maßstab angelegt werden.

In den Fällen, in denen Umluftbetrieb gefahren wird, ist eine maximale Außenluftrate von 30 m³/h · Pers. nicht zu überschreiten. Dadurch sinkt die relative Feuchte nicht so stark ab wie bei reinem Außenluftbetrieb.

Bewegliche Einrichtungen, die nach Inbetriebnahme eines Gebäudes hohe Wärmebelastungen in den Raum bringen können, sind bereits bei der Planung zu erfassen. Meist ist es nicht oder nur sehr schwer möglich, Luftleistungen nachträglich zu erhöhen.

Lüftungstechnische Anlagen sind nur während der Benutzungsdauer der Räume zu betreiben. Sie müssen über ausreichend gute regelungstechnische Einrichtungen verfügen. Gegebenenfalls sind sie zusätzlich über Zeituhren zu steuern. Lüftungstechnische Anlagen und Heizungsanlagen sind in ihrer Dimensionierung auf den wirklichen Bedarf auszulegen.

Heizungsanlagen sind nach der Außentemperatur zu regeln. Heizungsanlagen in Schulen, Verwaltungsgebäuden, Kaufhäusern usw. sollten grundsätzlich mit Nachtabsenkung und Wochenendprogrammen gefahren werden.

5.2.4 Strom

Durch überlegte und sorgfältige Planung sowie durch gute Organisation läßt sich der Verbrauch elektrischer Energie beträchtlich einschränken. Hier einige Punkte, die beachtet werden sollten:

Die installierte Transformatorenleistung ist auf die Jahreshöchstleistung (Leistungsbedarf) abzustimmen. Hierbei ist der lastabhängige Wirkungsgrad der Transformatoren zu berücksichtigen. Häufig ist zu beobachten, daß durch falsche Annahme des Gesamtgleichzeitigkeitsfaktors der installierten Leistung eine zu große Jahreshöchstleistung erwartet wurde. Wesentlich überdimensionierte Transformatoren sind die Folge. Richtiger ist es, für die Hochspannungs- bzw. Mittelspannungsversorgung und die Niederspannungshauptverteilungen für spätere Erweiterungen bei Steigerung des Leistungsbedarfs baulich Reserveflächen in Form von Leerfeldern vorzuhalten, als von vornherein eine zu große Transformatorenleistung zu installieren.

Blindstrom ist auf die vom EVU vorgegebenen Werte bzw. auf ein wirtschaftlich vertretbares Maß zu reduzieren. Läßt sich der Blindstromverbrauch nicht bereits während der Planung genügend genau berechnen, sind Betriebsergebnisse abzuwarten und danach Kompensationseinrichtungen zu bemessen.

Von einer gewissen Leistung an, die sich nach den örtlichen Gegebenheiten richtet, sollte der Abnehmer über eine eigene Transformatorenstation verfügen.

Die *Leiterquerschnitte* elektrischer Leitungen in übergeordneten Versorgungsnetzen, Hauptleitungen und zu Verbrauchergruppen mit hoher Jahresnutzungsdauer sind außer nach technischen Kriterien (Spannungsabfall und Belastbarkeit) auch nach wirtschaftlichen Gesichtspunkten zu bemessen. Die Investitionskosten und Betriebskosten sollen dabei ein Optimum erreichen. Das Bundesministerium für Raumordnung, Bauwesen und Städtebau hat hierzu die Anzahl der Querschnittsstufen ermittelt, um die der wirtschaftliche Leiterquerschnitt über dem nach der thermischen Belastbarkeit gemäß VDE 0271 zulässigen Querschnitt liegt (Tabelle 33) [8].

Der Zusammenhang aus Jahresbenutzungsdauer und Verluststundenzahl geht aus Abbildung 65 hervor. Werden Leitungsquerschnitte ausschließlich nach technischen Gesichtspunkten konzipiert, besteht die Gefahr, daß zuviel elektrische Energie in den Leitungen „verheizt" wird. Arbeit und Leistung müssen aber dem EVU bezahlt werden.

Im allgemeinen bilden die Stromkosten für Beleuchtungszwecke den höchsten Anteil an den gesamten Stromkosten. Man sollte daher anstreben, Gebäude so zu gestalten, daß die Räume natürlich belichtet werden. Auf die Parallelen zu den Aussagen über lüftungstechnische Anlagen in Abschnitt 5.2.3 sei an dieser Stelle hingewiesen. Die Beleuchtungsstärkewerte sind den Erfordernissen anzupassen. Aussagen hierüber machen die DIN 5035 und die Richtlinien für die Beleuchtung mit künstlichem Licht in öffentlichen Gebäuden (RibelöG). Für eine Beleuchtungsstärke von 250 lux, wie sie in den meisten Bereichen öffentlicher Gebäude als ausreichend angesehen wird, sind ca. 3,00 DM/m² HNF · a aufzuwenden. Bei 750 lux sind bereits 9,00 DM/m² HNF · a erforderlich.

Eine ausreichende Anzahl von Stromkreisen für die Beleuchtungsanlagen ist vorzusehen, um entsprechend den Erfordernissen zu- bzw. abschalten zu können.

Tab. 33 [8]: Anzahl der Querschnittsstufen, um die der wirtschaftliche Leiterquerschnitt über dem nach der thermischen Belastbarkeit gem. VDE 0271 a/..69 zulässigen liegt.

Leiterquerschnitt mm²	1,5*	2,5	4	6	10	16	25	35	50	70	95	120	ab 150
1200 Verluststunden pro Jahr	4			4		3–4		3–4		3–4		3–**	**
4000 Verluststunden pro Jahr	5			4–5		4–5		4–5		4–5		3–**	**
6000 Verluststunden	6			5–6		5–6		5–6		5–**		3–**	**

* Normale Licht- und Steckdosenstromkreise (z. B. für Bürobetrieb) sind nur nach Spannungsfall und Belastbarkeit auszulegen.

** Bei großen Querschnitten ist die Verlegung von Parallelkabeln zu berücksichtigen.

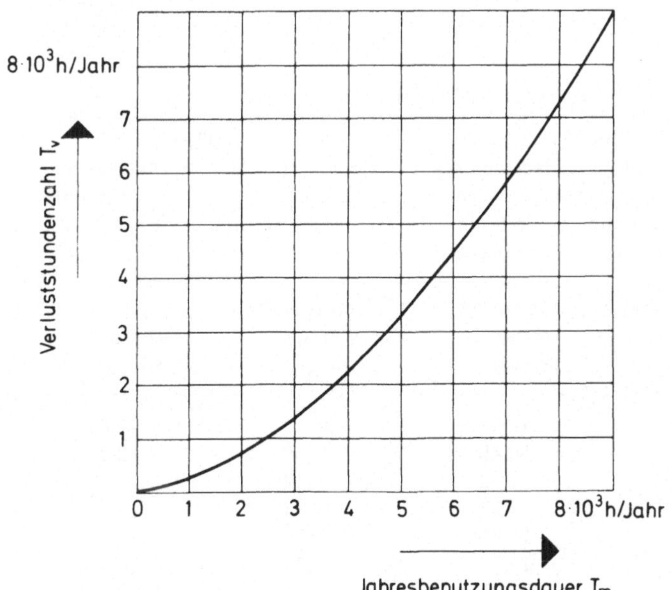

Abb. 65: Zusammenhang zwischen Jahresbenutzungsdauer und Verluststundenzahl

Es sind Leuchten mit einem hohen Gesamtwirkungsgrad zu verwenden. Aufbauleuchten sind, wo möglich und sinnvoll, Einbauleuchten vorzuziehen.

Zu beachten ist weiterhin, daß die Lichtausbeute von Leuchtstofflampen höher ist als die von Glühlampen.

Es sind Leuchtstofflampen mit einer Lichtfarbe zu verwenden, die einen hohen Lichtstrom abgeben (z. B. universal weiß).

Zu prüfen ist, ob Beleuchtungsanlagen zentral — in Abhängigkeit vom Tageslicht — gesteuert oder geregelt werden können.

Lüftungsanlagen zählen neben den Beleuchtungsanlagen zu den größten Stromverbrauchern. Ihre Motoren sind auf die Luftleistung abzustimmen. Überdimensionierte Motoren führen zu unnötigem Stromverbrauch.

Das Gleiche gilt sinngemäß für Motoren von Aufzugsanlagen.

Die Gebäudeinstallation ist so auszuführen, daß über eine Vielzahl von Stromkreisen die Möglichkeit besteht, in Spitzenzeiten Verbraucher abzuschalten.

Bereits während der Planung ist darum mit der Vertragsabteilung des zuständigen EVU's Kontakt aufzunehmen. Die EVU's sind auf Kundenberatung eingestellt und empfehlen die jeweils optimale Lösung. Dies sei am Beispiel der Sondervertragspreise H der Schleswag Aktiengesellschaft dargestellt (Tabelle 34, Abb. 66). Mit steigender Jahresbenutzungsdauer sinkt der Arbeitspreis. Wird in der Spitzenzeit des EVU der Leistungsbedarf auf 30 % begrenzt, so werden erhebliche Preisnachlässe gewährt. Die Spitzenzeit verschiebt sich jahreszeitlich. Durch geeignete organisatorische Maßnahmen kann eine Leistungsbegrenzung mit all ihren Vorteilen erreicht werden (Anpassung der Arbeitszeit, Frühstückspause, Abschalten von Verbrauchern).

Tab. 34: *Sondervertragspreise H der SCHLESWAG* (Preisstand: 1.4.1975)

Jahres-Benutzungsdauer	100 kW		500 kW	
	durchgehende Leistungsinanspruchnahme (durchlaufend. Vertrag) Pf/kWh	Reduzierung d. Leistungsbedarfes in d. Spitzenzeit auf 30 % = 30 kW (Spitzenzeitvertrag) Pf/kWh	durchgehende Leistungsinanspruchnahme (durchlaufend. Vertrag) Pf/kWh	Reduzierung d. Leistungsbedarfes in d. Spitzenzeit auf 30 % = 150 kW (Spitzenzeitvertrag) Pf/kWh
1 250 h	24,71	14,41	24,71	14,41
1 600 h	21,49	13,45	21,49	13,45
2 000 h	19,19	12,76	19,19	12,76
2 500 h	17,35	12,21	17,31	12,16
3 150 h	15,40	11,31	15,35	11,27
4 000 h	13,98	10,77	13,92	10,71
5 000 h	12,88	10,30	12,81	10,24
6 300 h	12,04	10,00	11,95	9,91

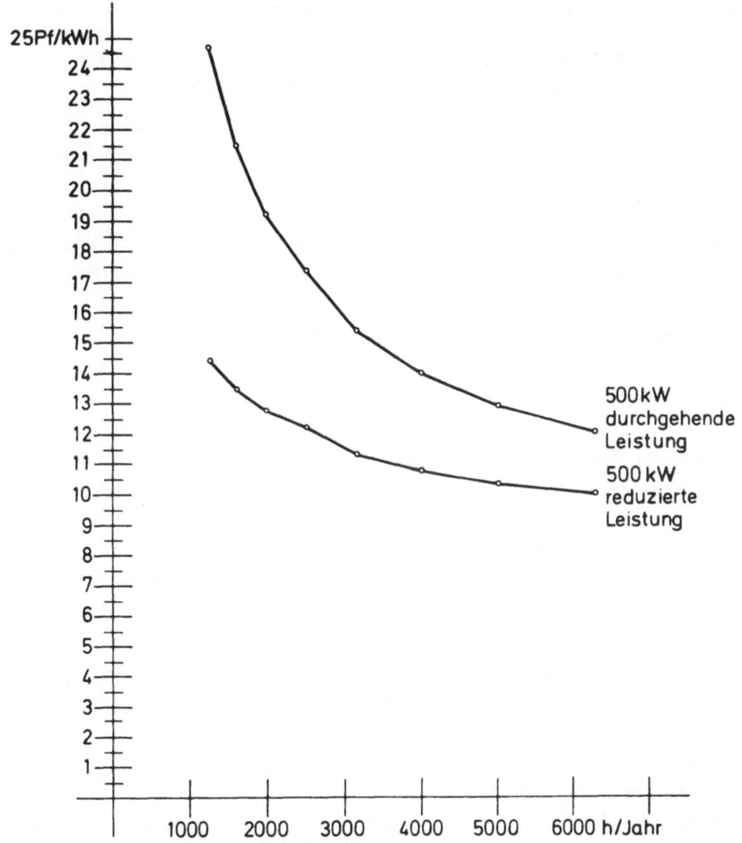

Abb. 66: Abnahme des Arbeitspreises bei steigender Jahresbenutzungsdauer
(Beispiel: Sondervertragspreise H der Schleswag Aktiengesellschaft Preistand 1.4.1975

In den meisten Fällen ist es ohne Weiteres möglich, für ca. 15 bis 30 Minuten die Luftleistung von lüftungstechnischen Anlagen zu verringern und elektrische Großgeräte in Fertigungs- und Dienstleistungsbetrieben abzuschalten.

Insbesondere in Verwaltungsgebäuden ist immer wieder zu beobachten, daß morgens mit einer Vielzahl von Geräten Wasser für Kaffee und Tee erwärmt wird. So erhöhen z. B. 50 Tauchsieder mit einer Leistung von 1 kW die Strompsitze um 50 kW. Hierfür sind jährlich neben dem Arbeitspreis von ca. 12 bis 15 Pfg/kWh noch ca. 50 kW · 200,— DM/kW = 10 000,— DM als Leistungspreis zu zahlen. Kantinen oder zumindest eine Teeküche pro Etage sind von der Energieseite her kostengünstiger.

Abschließend sei noch darauf hingewiesen, daß elektrische Verbraucher abgeschaltet werden sollten, wenn sie nicht benötigt werden. Gegebenenfalls sind sie über Steuer- bzw. Regelsysteme zu betreiben (Schaltuhren, Dämmerungsschalter, Zentrale Leittechnik und ähnliches).

5.2.5 Bedienung, Wartung, Inspektion Verkehrs- und Grünflächen

Die Kosten technischer Anlagen können 15 bis 50 % der Gebäudegesamtkosten ausmachen. Im Laufe der Lebensdauer der Gebäude müssen die technischen Anlagen wegen ihrer vergleichsweise kürzeren Lebensdauer einige Male ausgetauscht werden. Wird ferner der hohe Anteil der Betriebskosten technischer Anlagen an den Gesamtbetriebskosten berücksichtigt, so wird schnell klar, welche Bedeutung der Bedienung, Wartung und Inspektion bei der Aufgabe, Kosten zu senken, zukommt. Richtiges, d. h. der Nutzung entsprechendes, Bedienen, regelmäßige Inspektion und Wartung erhalten den Anlagenwert und garantieren im wesentlichen Maße optimale Betriebskosten.

Stark verrußte Heizflächen der Kessel können zu 6 % höherem Energieverbrauch führen. Die jährliche Reinigung der Kessel und Brenner sowie die Einstellung der Brenner sollten mindestens einmal jährlich erfolgen.

Kann die Wartung der betriebstechnischen Anlagen nicht durch eigenes Personal erfolgen, bzw. ist dies von der Anlagenzahl her nicht wirtschaftlich, so sind Wartungsverträge mit Fachfirmen abzuschließen. Beispiele für solche Verträge finden sich im Anhang.

Die Kosten für Verkehrs- und Grünflächen sollen in vertretbarem Rahmen bleiben. Dies setzt eine sinnvolle Gestaltung der Flächen voraus. Durch richtige Wahl der Gestaltung und des Belages der Verkehrsflächen sowie der Gestaltung der Grünflächen lassen sich die Reinigungs- bzw. Wartungskosten günstig beeinflussen.

Bei der Planung und Ausführung von Grünanlagen ist zu berücksichtigen, daß die spätere Unterhaltung mit einem möglichst geringen Aufwand an Arbeitskräften und mit rationellem Maschineneinsatz durchgeführt werden kann.

Auf die intensive, saubere Bodenvorbereitung, gegebenenfalls mit Bodenverbesserung, ist am Anfang besonderer Wert zu legen.

Die Bodenbedeckung ist zweckentsprechend auszuführen (z. B. eignet sich für Spiel- und Liegewiesen kein Zierrasen, sondern nur ein strapazierbarer Rasen).

Kleine Flächen sind möglichst bodendeckend zu bepflanzen.

Ob große Flächen, Rasen oder eine waldartige Bepflanzung vorgesehen werden soll, hängt im wesentlichen von der Umgebung und der Zweckbestimmung ab. Eine waldartige Bepflanzung ist hinsichtlich ihrer Pflege die günstigste Form der Begrünung.

Auf die Auswahl standortgerechter, robuster Pflanzen, die wenig Pflege benötigen, ist wert zu legen.

Sind viele Liegenschaften zu betreuen, ist auf richtige Pflegeorganisation mit rationeller Zusammenfassung der Kolonnen mit entsprechenden Maschinen zu achten.

5.2.6 Sonstiges

Bei der Planung und dem Bau von Gebäuden sollten solche Baustoffe und Bauteile nicht verwendet werden, die ein erhöhtes Versicherungsrisiko bedeuten. Dies schlägt sich — wie in Abschnitt 3.2.7 am Beispiel der Weichdächer gezeigt wurde — in erhöhten Versicherungsbeiträgen nieder. Für größere Glasflächen sind im Falle einer Glasbruchversicherung ebenfalls höhere Gebühren erforderlich.

Die Kosten für die Abfallbeseitigung richten sich nach dem anfallenden Volumen des Hausmülls. Insbesondere in großen Liegenschaften mit hohem Müllanfall sollten die Möglichkeiten der Volumenreduzierung ausgeschöpft werden. Die Verringerung des Volumens kann durch Müllzerkleinerungsgeräte und Pressen erreicht werden. In Verbindung mit Großcontainern lassen sich so günstige Abfallsbeseitigungskosten erreichen. Fallen große Mengen an Kartonagen und Papier an, so empfiehlt sich die Abgabe in gebündelter und gepreßter Form an Altstoffsammelstellen.

5.2.7 Bauunterhaltung

Die Höhe der Bauunterhaltungskosten wird im wesentlichen während der Planung bestimmt. Sinnvolle Bauweise und geeignete Materialwahl sind die ausschlaggebenden Faktoren. Hier sei wiederum vermerkt, daß dem Planer ausreichend Zeit gelassen werden muß, auch Details mit der genügenden Sorgfalt zu durchdenken.
Im Lauf der Lebensdauer eines Gebäudes von 50 Jahren können für die Bauunterhaltung die gleichen Kosten anfallen wie ursprünglich beim Bau des Gebäudes. Werden ausschließlich Materialien guter Qualität verwendet, die dann im Betrieb schonend behandelt werden — etwa durch schonende und regelmäßige Reinigung —, so lassen sich die Bauunterhaltungskosten spürbar senken.

6 Energie-, Wasser-, Wartungs-und Reinigungsverträge

Die Bearbeitung von Verträgen ist wegen der erheblichen Kostenauswirkungen mit großer Verantwortung verbunden. Größeren Betrieben und Verwaltungen wird deshalb empfohlen, einen insbesondere für Energiefragen verantwortlichen Mitarbeiter vorzusehen. Dieser Mitarbeiter muß selbstverständlich über alle Sonderabnehmerverträge einschließlich der Allgemeinen Bedingungen und Nachträge bestens informiert sein. Er hat ständigen Kontakt mit dem zuständigen Energieversorgungsunternehmen, bei Wasserverträgen mit dem Wasserlieferer (Kommune oder Wasserbeschaffungsverband) zu halten.

Grundsätzlich lassen sich zwei Arten von Verträgen unterscheiden.

a) Lieferung von Strom, Wärme, Gas und Wasser nach den allgemeinen Tarifen.
   Hierbei wird kein formeller Vertrag geschlossen. Mit dem Antrag auf Lieferung bei dem EVU und Genehmigung des Anschlusses kommt der Vertrag nach den Allgemeinen Bedingungen und nach allgemeinen Tarifen zustande.

b) Lieferung von Strom, Wärme, Gas und Wasser an Großabnehmer.
   Hierfür wird zwischen Abnehmer und Lieferer ein Sonderabnehmervertrag geschlossen.

Die Energieversorgungsunternehmen beraten ihre Kunden. Gemeinsam lassen sich die jeweils günstigsten Tarife finden. Es gibt kein Patentrezept dafür, ob für den jeweiligen Fall ein allgemeiner Vertrag oder ein Sondervertrag die wirtschaftlichste Form darstellt.

Allgemeine Verträge

Allgemeine Verträge decken den zahlenmäßig größten Rahmen der Verträge ab. Die allgemeinen Tarifpreise unterliegen nach § 7 Energiewirtschaftsgesetz der Preisaufsicht. Für Strom, Gas, Wasser und Fernwärme sind Grundpreis und Arbeitspreis, bei Wasser ein Verbrauchspreis zu zahlen. Die Höhe der Grund- und Arbeitspreise richtet sich nach dem gewählten Tarif.

Bei Strom unterscheidet man zwischen Kleinverbrauchstarif, Haushaltstarif, Landwirtschaftstarif und einem Tarif für gewerblichen, beruflichen und sonstigen Bedarf (Gewerbetarif).

Der Kleinverbrauchstarif hat keine wesentliche Bedeutung. Er findet Verwendung bei z. B. Gartenlauben, Campingplätzen, fliegenden Bauten und anderen Kleinabnehmern. Der Arbeitspreis beträgt gegenwärtig etwa 0,47 DM/kWh + Gebühr für den Stromzähler (ca. 2,50 DM/Monat). Ein Bereitstellungspreis wird nicht erhoben.

Bei Haushalts-, Landwirtschafts- und Gewerbetarif setzt sich der Grundpreis aus Bereitstellungspreis und Verrechnungspreis (Gebühr für Zähler, Wandler, Steuereinrichtungen usw.) zusammen. Der Bereitstellungspreis richtet sich

- bei Haushaltsbedarf im wesentlichen nach der Anzahl der Räume,
- bei landwirtschaftlichem Betriebsbedarf vorwiegend nach der landwirtschaftlich genutzten Fläche,
- bei gewerblichem, beruflichem und sonstigem Bedarf vor allem nach dem Anschlußwert.

Die meisten EVU unterteilen Haushalts-, Landwirtschafts- und Gewerbetarife noch in mehrere Tarifgruppen. Mit dem höheren Tarif ist ein geringerer Bereitstellungspreis, mit dem niederen ein höherer Bereitstellungspreis verbunden. Bei großem Verbrauch steht außer Frage, daß der niedrige Tarif günstiger ist (s. auch Tab. 35). In Zweifelsfällen sollte die Beratung des EVU in Anspruch genommen werden.
In Schwachlastzeiten, insbesondere nachts, kann unter bestimmten Voraussetzungen der wesentlich billigere Schwachlasttarif in Anspruch genommen werden. Auch hier empfiehlt sich die Beratung durch das zuständige EVU.

Bei Wasserverträgen nach allgemeinen Tarifen wird ein Verbrauchspreis erhoben Regelung wie bei Strom. Auch hier gibt es nach ihrer Höhe unterschiedliche Tarife, die sich im Prinzip nach der Abnahme staffeln und deren Grundpreis sich nach der Anzahl der Räume oder der Größe der Zähler — wie z. B. bei gewerblichen Verbrauchern — richtet.
Bei Wasserverträgen nach allgemeinen Tarifen wird ein Verbrauchspreis erhoben (Kosten pro m^3 siehe Abschnitt 3.2.2). Zusätzlich ist ein Meßpreis für die „Wasseruhr" zu entrichten. Bei höherem Verbrauch — etwa von 10 m^3/h bis 50 m^3/h — ist die Unterteilung nach Verbrauchspreis und Grundpreis üblich, wobei sich der Grundpreis nach der Größe der Zähler richtet.
Auch für Wärmelieferungsverträge nach den allgemeinen Tarifen sind die Regelungen ähnlich einfach. Üblich ist es, für die abgenommene Wärmemenge in Gcal — bzw. nach den neuen internationalen Einheiten in kWh oder Joule — einen Arbeitspreis und für die Leistung in Gcal/h — bzw. kW oder Joule/h — einen Leistungspreis zu zahlen. Für die Leistung wird der Wärmebedarf des Gebäudes nach DIN 4701 multipliziert mit einem Gleichzeitigkeitsfaktor etwa zwischen 0,6 und 0,8 zugrunde gelegt, oder sie wird mit Meßeinrichtungen gemessen, wobei die Leistungsspitze für den Leistungspreis entscheidend ist. Für die Meßeinrichtung ist natürlich wieder ein Meßpreis zu zahlen.

Bei Neuanschlüssen von Strom, Gas, Wasser und Wärme werden Anschlußkosten erhoben. Diese einmaligen Kosten für die Hausanschlüsse unterteilen sich in die Kosten für den Hausanschluß selbst und in einen Netzkostenanteil (verlorener Baukostenzuschuß). Da die Höhe dieser Kosten von den Gegebenheiten der örtlichen Netze und der Länge der Hausanschlußleitungen abhängt, sind die Beträge bei den Energieversorgungsunternehmen für den Einzelfall zu erfragen.
Abnehmer mit großen Abnahmemengen und damit für das EVU günstigeren Abnahmeverhältnissen werden andere vertragliche Regelungen als diejenigen nach den

Art des Bedarfs		Bemessungsgrundlage für Bereitstellungspreis	Kleinverbr.-Tarif (47 Pf/kWh) günstig bei jährlich bis	Grundpreistarif I (13,5 Pf/kWh) günstig bei jährlich von	Grundpreistarif I (13,5 Pf/kWh) günstig bei jährlich bis	Grundpreistarif II (10 Pf/kWh) günstig bei jährlich bis
			kWh	kWh	kWh	kWh
Haushalt		**Tarifräume**				
		1−2	173	174	2 485	2 485
		je weiterer	ca. 30			223
		z. B. 3	204	205	2 708	2 708
		4	234	235	2 931	2 931
		5	265	266	3 154	3 154
		6	295	296	3 377	3 377
		7	325	326	3 600	3 600
		8	356	357	3 822	3 822
		9	386	387	4 045	4 045
		10	417	418	4 268	4 268
Landw. Betrieb		**Tarifhektar**				
		−3	281	282	2 194	2 194
		je weiteres	ca. 17			147
		z. B. 5	314	315	2 489	2 489
		10	399	400	3 226	3 226
		20	567	568	4 700	4 700
		30	735	736	6 174	6 174
		40	904	905	7 649	7 649
		50	1 072	1 073	9 123	9 123
Gewerblicher, beruflicher und sonstiger Bedarf	**Beleuchtungsanlagen**	**Tarif-kW**				
		0,1	89	90	514	514
		je weit. 0,1	ca. 90			514
		z.B. 0,3	268	269	1 542	1 542
		0,5	447	448	2 571	2 571
		1,0	895	896	5 142	5 142
		3,0	2 686	2 687	15 428	15 428
		5,0	4 477	4 478	25 714	25 714
	andere Anlagen	0,5	130	131	2 605	2 605
		je weit. 0,5	ca. 131			2 606
		z.B. 1,0	261	262	5 211	5 211
		3,0	784	785	15 634	15 634
		5,0	1 307	1 308	26 057	26 057
		10,0	2 614	2 615	52 114	52 114
		15,0	3 922	3 923	78 171	78 171
		20,0	5 229	5 230	104 228	104 228

Bei gemischten Anlagen mit mehreren Bedarfsarten sind die Werte entsprechend zusammenzuzählen (z. B. bei Landwirtschaft für Haushalt und Betrieb).

* *Quelle:* Schleswag Aktiengesellschaft

allgemeinen Tarifen abschließen. Solche Verträge heißen Sonderabnehmerverträge. Zwar gilt für diese Verträge der Grundsatz der Vertragsfreiheit, dennoch ist der Preis nicht völlig frei, sondern unterliegt — in gewissen Grenzen — der Preisaufsicht. Der wesentliche Vorteil von Sonderabnehmerverträgen ist die weitgehend flexible Vertragsgestaltung.

In allen Sonderabnehmerverträgen werden Aussagen gemacht über

- Zweck, Art und Umfang der Versorgung;
- Anschlußanlage, Meßeinrichtungen, Anschlußbeitrag;
- Preise bzw. Vergütung;
- Abrechnungsjahr;
- Vertragsdauer;
- sonstige Vertragsbestimmungen.

Die einzelnen Begriffe sollen hier kurz erläutert werden.

Zweck: Der Lieferer liefert z. B. elektrische Arbeit, Wärme, Gas oder Wasser für das ganze Jahr für eine Wohnung, ein Gebäude oder eine Liegenschaft.

Art: Z. B. Spannung und Frequenz und Art des Stromes; für Wärmeträger Angabe der Temperatur bzw. des Druckes; Art des Gases mit Angaben über den oberen und unteren Heizwert und des Druckes; Qualitätseigenschaften, Temperaturen und Druck des Trinkwassers.

Umfang: Z. B. der bereitgestellten elektrischen Leistung, der maximalen Wärmeleistung, der maximalen Gasmenge je Stunde oder Tag bzw. der maximalen Wassermenge je Stunde oder Tag.

Anschlußanlage: Es ist genau festzulegen, wo die Anlage des Lieferers endet und diejenige des Abnehmers beginnt.

1. Bei Hochspannungssonderabnehmerverträgen endet die Anschlußanlage des EVU üblicherweise hinter dem Hochspannungskabelendverschluß oder bei Freileitungen vor den Abspannisolatoren der Umspannstation des Abnehmers. Bei Niederspannungs-Sonderabnehmerverträgen endet die Anlage des EVU bei den Hausanschlußsicherungen.
2. Bei Wärmeversorgungsanlagen endet die Anschlußanlage des Lieferers üblicherweise mit den Vor- und Rücklaufabsperreinrichtungen an der Übergabestelle.
3. Bei Gasversorgungsanlagen endet die Anschlußanlage des Lieferers gewöhnlich am Sperrorgan, das hinter dem Gaszähler angeordnet ist.
4. Bei Wasserversorgungsanlagen endet die Anschlußanlage des Lieferers meist im abnehmereigenen Übergabeschacht mit dem Absperrorgan hinter dem Wasserzähler.

Meßeinrichtungen: Die Meßeinrichtungen sind Eigentum des Lieferers oder gehen, sofern der Abnehmer sie beschafft, in das Eigentum des Lieferers über. Die Unterhaltung der Meßeinrichtungen obliegt dem Lieferer. Installieren sowohl Lieferer als auch Abnehmer Meßeinrichtungen, so wird häufig vereinbart, das das arithmetische Mittel der mit beiden Meßgeräten ermittelten Bezugsmengen zugrunde gelegt werden soll. Bei Hochspannungsverträgen ist festzulegen, ob die Messungen hochspannungs- oder niederspannungsseitig erfolgen sollen. Wird niederspannungsseitig gemessen, so müssen die Eisen- und Kupferverluste des Transformators dem von den Zähleinrichtungen angezeigten Verbrauch zugeschlagen werden. Bei Niederspannungsverträgen wird grundsätzlich auch niederspannungsseitig gemessen.

Anschlußbeitrag: Die Höhe der Anschlußbeiträge wird vertraglich vereinbart. Ferner wird in der Regel vereinbart, daß ein zusätzlicher Anschlußbeitrag vom Abnehmer zu entrichten ist, wenn die vereinbarte Leistung oder Liefermenge erhöht werden soll.

Preise bzw. Vergütung: Hier werden Aussagen über Leistungs- und Arbeitspreise gemacht. Leistungs- und Arbeitspreise werden häufig in Zonen- oder Staffeltarife unterteilt. Am Beispiel der Wasserpreise soll der Unterschied zwischen Zonen- und Staffeltarif kurz dargelegt werden.

1. Zonentarif

Beim Monatsverbrauch werden berechnet

für die ersten 20 m³	je	105 Pf
für die nächsten 20 m³	je	100 Pf
für alle weiteren m³	je	95 Pf

Beispiel

Der Preis für 45 m³ errechnet sich danach wie folgt:

20 m³ · 105 Pf =	21,00 DM
20 m³ · 100 Pf =	20,00 DM
5 m³ · 95 Pf =	4,75 DM
Gesamtpreis =	45,75 DM

Durchschnittspreis je m³ = 45,75 : 45 = 101,07 Pf

2. Staffelpreis

Beim Monatsverbrauch werden berechnet

1–20 m³	105 Pf
21–40 m³	100 Pf
41 und mehr m³	95 Pf

Beispiel

Der Preis für 45 m³ beträgt danach 95 Pf/m³.

Ferner werden Preisklauseln angegeben. Dies sei für Stromverträge an der wohl am weitesten verbreiteten Kohle- und Lohnklausel gezeigt:

$$P = P_0 \cdot (a + b \, \frac{K_v}{K_0} + C \, \frac{L_v}{L_0})$$

Dabei sind:

P	=	effektiver Strompreis
P_0	=	Strompreis lt. Vertrag
a	=	Anteil der fixen Kosten (Festfaktor)
b	=	Anteil der kohleabhängigen Kosten (Kohlefaktor)
c	=	Anteil der lohnabhängigen Kosten (Lohnfaktor)
K_v	=	verrechneter Kohlepreis
K_0	=	Basiskohlepreis lt. Vertrag
L_v	=	verrechnete Lohnhöhe
L_0	=	Basislohnhöhe lt. Vertrag

Die Anteile a, b, c, deren Summe = 1 ist, können bei den einzelnen EVU stark variieren; sie können etwa wie folgt festgelegt sein:

$$a = 0,4 \qquad b = 0,4 \qquad c = 0,2$$

Neben den Preisen für Leistung und Arbeit werden die Meßpreise für die Gestellung der Meßgeräte festgelegt.

Abrechnungsjahr: Üblicherweise wird in den Verträgen das Kalenderjahr vereinbar. Die Festlegung des Abrechnungsjahres ist wichtig, damit beispielsweise bei Leistungspreisverträgen eindeutig festgelegt werden kann, welche Monatsspitzen für das Abrechnungsjahr anzurechnen sind.

Vertragsdauer: Hier wird die Laufzeit des Vertrages festgelegt. Ferner wird bestimmt, um welche Zeitspanne sich der Vertrag automatisch verlängert, wenn er nicht eine gewisse Anzahl von Monaten vor Ablauf gekündigt wird.

Sonstige Vertragsbestimmungen: Hier werden Aussagen über Erfüllungsort und Gerichtsstand, Gültigkeit des Vertrages, wenn einzelne Bestimmungen rechtsunwirksam werden, allgemeine Bedingungen und Sonstiges getroffen.

Grundsätzlich sollte versucht werden, für die jeweilige Abnahmesituation entsprechend „maßgeschneiderte" Verträge abzuschließen. Auf weitere Einzelheiten kann hier nicht eingegangen werden. Abschließend sei nur noch erwähnt, daß für den Abnehmer wirtschaftlich sehr interessante Möglichkeiten bei Stromverträgen durch die Reduzierung der Leistung zu einer bestimmten Zeit, wie in Tabelle 34 und Abbildung 66 gezeigt, oder bei Wärme- und Gasverträgen durch Begrenzung der Abnahme in Spitzenzeiten des Lieferers (sogenannte Unterbrecherverträge) möglich sind. Verbraucher, die das ganze Jahr über Wärme oder Gas für Heizzwecke benötigen (z. B. Krankenhäuser), sollten eine bestimmte Höchstleistung vertraglich vereinbaren, die in den Wintermonaten bei Engpässen des Lieferers durch eigene Wärmeerzeugungsanlagen ergänzt werden kann.

Wartungsverträge

Technische Anlagen bedürfen regelmäßiger Inspektion und Wartung. Dies dient der technischen Sicherheit, vermeidet unliebsame Ausfälle der Anlagen und hilft in erheblichem Maße, Energiekosten zu sparen. Wesentlich bei diesen Verträgen ist die klare Leistungsbeschreibung. Dies gilt für kleine Anlagen im Einfamilienhaus wie für die komplexen Anlagen hochinstallierter Gebäude gleichermaßen.

Vom Arbeitskreis TECHNIK im Bau (TiB) der staatlichen Bauverwaltung des Landes Baden-Württemberg wurden Musterverträge für

- Inspektion/Wartung von technischen Anlagen und Einrichtungen,
- Wartung für Kessel- und Öl/Gasfeuerungsanlagen,
- Wartung und Inspektion für Aufzüge und Hebebühnen und für den
- Kundendienst

erarbeitet, die im Anhang zu finden sind.

Von Firmen aufgestellte Verträge sollten genau geprüft werden. Häufig ist der Unterschied zwischen Wartung und Inspektion nicht klar genug herausgestellt.

Reinigungsverträge

Auch für Reinigungsverträge ist die exakte Leistungsbeschreibung oberstes Gebot.
Der Anteil der Reinigungskosten an den Betriebskosten wurde bereits mehrfach
herausgestellt. Die Mühe bei der Leistungsbeschreibung bzw. der Abfassung der Ver-
träge zahlt sich mit Sicherheit aus. Grundlage für die Leistungsbeschreibung können
Reinigungszeitpläne (Abbildungen 67 bis 70) — am Beispiel eines Verwaltungsgebäu-
des — sein.
Die öffentliche oder beschränkte Ausschreibung auf der Grundlage der Verdingungs-
ordnung für Leistungen (VOL) sollte als Selbstverständlichkeit angesehen werden.
Die vom Bundesinnungsverband des Gebäudereiniger-Handwerks herausgegebene
Richtlinie für Vergabe und Abrechnung (s. Anhang) soll eine weitere Hilfe bei der
Ausschreibung und Vertragsgestaltung sein.

<table>
<tr><th colspan="2">LEISTUNGSVERZEICHNIS FÜR GEBÄUDEINNENREINIGUNG [10]</th><th colspan="7">wöchentlich</th><th colspan="2">mtl.</th><th colspan="3">jährlich</th><th>Bemerkungen</th></tr>
<tr><th colspan="2">OBJEKT
BEREICH</th><th>7x</th><th>6x</th><th>5x</th><th>4x</th><th>3x</th><th>2x</th><th>1x</th><th>2x</th><th>1x</th><th>3x</th><th>2x</th><th>1x</th><th></th></tr>
<tr><td rowspan="10">FUSSBODENPFLEGE</td><td>Kehren, Fegen</td><td></td><td></td><td></td><td></td><td></td><td></td><td></td><td></td><td></td><td></td><td></td><td></td><td></td></tr>
<tr><td>Staubsaugen</td><td></td><td></td><td></td><td></td><td></td><td></td><td></td><td></td><td></td><td></td><td></td><td></td><td></td></tr>
<tr><td>Fleckenentfernung/Teppich</td><td></td><td></td><td></td><td></td><td></td><td></td><td></td><td></td><td></td><td></td><td></td><td></td><td></td></tr>
<tr><td>Feuchtwischen</td><td></td><td></td><td></td><td></td><td></td><td></td><td></td><td></td><td></td><td></td><td></td><td></td><td></td></tr>
<tr><td>Halbnaß-/Naßwischen</td><td></td><td></td><td></td><td></td><td></td><td></td><td></td><td></td><td></td><td></td><td></td><td></td><td></td></tr>
<tr><td>Pflegemittel aufsprayen</td><td></td><td></td><td></td><td></td><td></td><td></td><td></td><td></td><td></td><td></td><td></td><td></td><td></td></tr>
<tr><td>Cleanern u. Polieren</td><td></td><td></td><td></td><td></td><td></td><td></td><td></td><td></td><td></td><td></td><td></td><td></td><td></td></tr>
<tr><td>Polieren der Beschichtung</td><td></td><td></td><td></td><td></td><td></td><td></td><td></td><td></td><td></td><td></td><td></td><td></td><td></td></tr>
<tr><td>Schrubben/Scheuern</td><td></td><td></td><td></td><td></td><td></td><td></td><td></td><td></td><td></td><td></td><td></td><td></td><td></td></tr>
<tr><td>Neue Beschichtung auftragen</td><td></td><td></td><td></td><td></td><td></td><td></td><td></td><td></td><td></td><td></td><td></td><td></td><td></td></tr>
<tr><td rowspan="19">MOBILIARPFLEGE- UND REINIGUNG</td><td>Entleeren/Reinigen der Aschenb. Papierkörbe und Abfallbehälter</td><td></td><td></td><td></td><td></td><td></td><td></td><td></td><td></td><td></td><td></td><td></td><td></td><td></td></tr>
<tr><td>Staubwischen auf Schreibtischen, Tischen, Schränken bis 1,60 m Höhe</td><td></td><td></td><td></td><td></td><td></td><td></td><td></td><td></td><td></td><td></td><td></td><td></td><td></td></tr>
<tr><td>Staubwischen auf Fensterbänken (innen) und Heizkörper</td><td></td><td></td><td></td><td></td><td></td><td></td><td></td><td></td><td></td><td></td><td></td><td></td><td></td></tr>
<tr><td>Entfernen von Griffspuren an Türen, Schränken u. Schaltern</td><td></td><td></td><td></td><td></td><td></td><td></td><td></td><td></td><td></td><td></td><td></td><td></td><td></td></tr>
<tr><td>Ausstoßen der Fußmatten bzw. Schmutzfangroste</td><td></td><td></td><td></td><td></td><td></td><td></td><td></td><td></td><td></td><td></td><td></td><td></td><td></td></tr>
<tr><td>Reinigen der Waschbecken, Spiegel und Kacheln</td><td></td><td></td><td></td><td></td><td></td><td></td><td></td><td></td><td></td><td></td><td></td><td></td><td></td></tr>
<tr><td>Hygienisches Reinigen der Duschen</td><td></td><td></td><td></td><td></td><td></td><td></td><td></td><td></td><td></td><td></td><td></td><td></td><td></td></tr>
<tr><td>Staubwischen auf Schränken Bilderrahmen, etc. über 1,60 m Höhe</td><td></td><td></td><td></td><td></td><td></td><td></td><td></td><td></td><td></td><td></td><td></td><td></td><td></td></tr>
<tr><td>Feuchtes Abwischen an senkrechten Flächen wie Türen, Schränken</td><td></td><td></td><td></td><td></td><td></td><td></td><td></td><td></td><td></td><td></td><td></td><td></td><td></td></tr>
<tr><td>Feuchtes Abwischen der Heizkörper Treppengeländer, Tisch- u. Stuhlbeine</td><td></td><td></td><td></td><td></td><td></td><td></td><td></td><td></td><td></td><td></td><td></td><td></td><td></td></tr>
<tr><td>Feuchtes Abwischen von Fliesen, Glaswänden u. verglasten Türen</td><td></td><td></td><td></td><td></td><td></td><td></td><td></td><td></td><td></td><td></td><td></td><td></td><td></td></tr>
<tr><td>Absaugen/Abbürsten der Polstermöbel</td><td></td><td></td><td></td><td></td><td></td><td></td><td></td><td></td><td></td><td></td><td></td><td></td><td></td></tr>
<tr><td>Wandtafeln naß reinigen</td><td></td><td></td><td></td><td></td><td></td><td></td><td></td><td></td><td></td><td></td><td></td><td></td><td></td></tr>
<tr><td>Allgemeine Grundreinigung der Böden u. des gesamten Inventars</td><td></td><td></td><td></td><td></td><td></td><td></td><td></td><td></td><td></td><td></td><td></td><td></td><td></td></tr>
<tr><td></td><td></td><td></td><td></td><td></td><td></td><td></td><td></td><td></td><td></td><td></td><td></td><td></td><td></td></tr>
<tr><td>Fenster</td><td></td><td></td><td></td><td></td><td></td><td></td><td></td><td></td><td></td><td></td><td></td><td></td><td></td></tr>
<tr><td>Rahmen</td><td></td><td></td><td></td><td></td><td></td><td></td><td></td><td></td><td></td><td></td><td></td><td></td><td></td></tr>
<tr><td></td><td></td><td></td><td></td><td></td><td></td><td></td><td></td><td></td><td></td><td></td><td></td><td></td><td></td></tr>
</table>

Abb. 67: Leistungsverzeichnis für Gebäudeinnenreinigung

BEREICH	BÜRORÄUME, VERWALTUNG, usw. [10]											

Bodenbelag Ausstattung Mobiliar	qm Anzahl	Tätigkeiten	Häufigkeit									
			wöchentlich							mtl.	jährlich	
			Mo	Di	Mi	Do	Fr	Sa	So			
Kunststoff/Linoleum		Kehren										
		Nasswischen										
		Feuchtwischen										
		Polieren										
		Cleanern										
		Grundreinigen										
		Beschichten										
Textil		Bürsten/Rollern/Bürstsaugen/Saugen										
Holz, auch gewachst		Kehren										
		Nasswischen										
		Feuchtwischen										
		Polieren										
		Cleanern										
		Grundreinigen										
		Wachsen										
Schreibtische		Entstauben/Reinigen										
Tische/Anrichten		Entstauben/Reinigen										
Aschenbecher		Leeren und Reinigen										
Stühle		Entstauben										
Telefone		Reinigen										
Tischlampen		Entstauben										
Polstermöbel		Entstauben/Saugen										
Sockelleisten		Entstauben										
Fensterbänke		Entstauben/Reinigen										
Türen, Regale, Schränke		Griffspuren entfernen/Reinigen										
Kleiderablage		Entstauben										
Abfalleimer		Leeren und Reinigen										
Papierkörbe		Leeren/Waschen										
Schrankobers. ü. 1,60 m Höhe		Reinigen										
Waschbecken mit Fliesen		Reinigen										
Spiegel		Polieren										
Bilderrahmen		Entstauben										
Lichtschalter		Reinigen										
Heizkörper		Entstauben/Waschen										

Abb. 68: Leistungsverzeichnis für Gebäudeinnenreinigung. Bereich = Büroräume, Verwaltung, usw.

Bodenbelag Ausstattung Mobiliar	qm Anzahl	Tätigkeiten	Häufigkeit									
			wöchentlich							mtl.	jährlich	
			Mo	Di	Mi	Do	Fr	Sa	So			
Kunststoff/Linoleum		Kehren										
		Feuchtwischen										
		Nasswischen										
		Polieren										
		Cleanern										
		Grundreinigen										
		Beschichten										
Textil		Bürsten/Rollern										
		Saugen/Bürstsaugen										
Holz, auch gewachst		Kehren										
		Nasswischen										
		Feuchtwischen										
		Polieren										
		Cleanern										
		Wachsen										
		Grundreinigen										
Estrich		Kehren										
		Nasswischen										
		Grundreinigen										
Natur- und Kunststein		Kehren										
		Feuchtwischen										
		Nasswischen										
		Grundreinigen										
		Polieren										
		Beschichten										
Aschenbecher		Leeren und Reinigen										
Feuerlöscher/Wandleuchten		Entstauben										
Fußmatten/Lichtschalter		Reinigen										
Türen		Griffspuren entfernen/Reinigen										
Sitzgruppen		Entstauben/Saugen/Reinigen										
Treppenhandläufe		Entstauben										
Treppengeländer		Entstauben/Reinigen										

Abb. 69: Leistungsverzeichnis für Gebäudeinnenreinigung. Bereich = Flure und Treppenhäuser

BEREICH	SANITÄRE ANLAGEN [10]												

Bodenbelag Kacheln Ausstattung	qm Anzahl	Tätigkeiten	Häufigkeit									mtl.	jährlich
			wöchentlich										
			Mo	Di	Mi	Do	Fr	Sa	So				
Natur- und Kunststein		Nasswischen/Grundreinigen											
Fliesen		Nasswischen/Grundreinigen											
Urinale		Reinigen											
WC-Schüsseln		Reinigen											
Waschbecken		Reinigen											
Armaturen		Reinigen											
Ablagen		Reinigen											
Spiegel		Polieren											
Wandfliesen		Ledern/Grundreinigen											
Handtuch- u. Seifenspender		Reinigen/Nachfüllen/Bestücken											
WC-Papier		Bestücken											
Türen		Griffspuren entfernen/Reinigen											
Wannen		Reinigen											
Duschen		Reinigen											
Bidets		Reinigen											
SONSTIGES													

Abb. 70: Leistungsverzeichnis für Gebäudeinnenreinigung. Bereich = Sanitäre Anlagen

7 Anhang

7.1 Das Internationale Einheitensystem (SI) und seine Beziehungen zu den im Text verwendeten Maßeinheiten

Nach dem Gesetz über Einheiten im Meßwesen vom 2.7.1969 werden viele vertraute Maßeinheiten mit Wirkung vom 1.1.1978 durch neue gesetzliche Einheiten abgelöst. Im Zusammenhang dieser Veröffentlichung besonders wichtig:

Energie- bzw. Wärmeeinheiten (Arbeit)

$$1 \text{ kcal} = 1{,}163 \text{ Wh}$$
$$1\,000 \text{ kcal} = 1 \text{ Mcal} = 1{,}163 \text{ kWh}$$
$$1\,000\,000 \text{ kcal} = 1 \text{ Gcal} = 1\,163 \text{ kWh}$$

$$0{,}238 \text{ kcal} = 1 \text{ kJ}$$
$$1 \quad \text{ kcal} = 4{,}1868 \text{ kJ}$$
$$860 \quad \text{ kcal} = 1 \text{ kWh}$$
$$1 \text{ kWh} = 3{,}6 \text{ MJ}$$
$$1 \text{ kWh} = 1 \quad \text{KJ/S}$$
$$277 \quad \text{kWh} = 1 \quad \text{GJ}$$

Wärmeleistungseinheiten

$$1 \text{ kcal/h} = 1{,}163 \text{ W}$$
$$1\,000 \text{ kcal/h} = 1 \text{ Mcal/h} = 1{,}163 \text{ kW}$$
$$1\,000\,000 \text{ kcal/h} = 1 \text{ Gcal/h} = 1\,163 \text{ kW}$$

$$0{,}277 \text{ kW} = 1 \quad \text{MJ/h}$$
$$1 \quad \text{kW} = 3{,}6 \text{ MJ/h}$$
$$1 \text{ kW} = 1 \quad \text{кJ/S}$$

Teil	Vorsatz	Vorsatz-zeichen
10^{-1} (0,1)	Dezi	d
10^{-2} (0,01)	Zenti	c
10^{-3} (0,001)	Milli	m
10^{-6} (0,000 001)	Mikro	μ
10^{-9} (0,000 000 001)	Nano	n
10^{-12} (0,000 000 000 001)	Piko	p

Vielfaches	Vorsatz	Vorsatz-zeichen
10^{1} (10)	Deka	da
10^{2} (100)	Hekto	h
10^{3} (1000)	Kilo	k
10^{6} (1000 000)	Mega	M
10^{9} (1000 000 000)	Giga	G

Beispiele: 1 dm = 0,1 m
           1 mm = 0,001 m

Beispiele: 1 kW = 1000 W
           1 MW = 1000 000 W

 Bekanntmachung der Neufassung der Richtlinien für die Ermittlung des Verkehrswertes von Grundstücken (Wertermittlungs-Richtlinien 1976 — WertR 76)

Vom 31. Mai 1976

Die Richtlinien für die Ermittlung des Verkehrwertes von Grundstücken (Wertermittlungs-Richtlinien 1976 — WertR 76) vom 31. Mai 1976, in Ergänzung der Wertermittlungsverordnung in der Fassung der Bekanntmachung vom 15. August 1972 (Bundesgesetzbl. I S. 1416) werden nachstehend bekanntgegeben.

Diese Richtlinien treten an die Stelle der Wertermittlungs-Richtlinien in der Fassung vom 27. Juli 1973 (Beilage zum Bundesanzeiger Nr. 182 vom 27. September 1973).

Bonn, den 31. Mai 1976
B III 10 — B 1301 — 110/76
RS I 1 — 43 05 04 — 1

Der Bundesminister
für Raumordnung, Bauwesen und Städtebau
Im Auftrag
Dr. Oltmanns

Technische Lebensdauer von baulichen Anlagen und Baustellen

Bezeichnung	Bauart/Baustoff	Jahre
1 Allgemeine Hochbauten		
1.1 Wohn- und Verwaltungsbauten		
einfache ländliche Ausführung	massiv oder Fachwerk	80—100
normale städtische Ausführung	massiv oder Fachwerk	100
bessere städtische Ausführung (Sonderfall)	massiv oder Fachwerk	100—120
monumentale städtische Ausführung (Ausnahmefall)	massiv	150
1.1 Bauten für Industrie, Handel und Gewerbe		
Hallen- und Industriebauten		
einfache Ausführung	Holz oder gleichwertig	50— 60
bessere Ausführung	massiv oder Stahl	80
Lagerhäuser		
einfache eingeschossige Ausführung	Holz oder gleichwertig	60
bessere eingeschossige Ausführung	massiv oder Stahl	80
mehrgeschossige Ausführung	massiv oder Stahl	80—100
Getreidesilos, Kühlhäuser	massiv	100
Heiz-, Wasser-, Pumpwerke	massiv	100
	Leichtbauart	25— 40
Schornsteine für feste Brennstoffe	massiv	60
Schornsteine für Ölfeuerung mit säurefester Auskleidung	massiv	35— 45
	Blech	25— 30
Gewächshäuser oder ähnliche Bauten	Holz oder Stahl	20— 30
Einzel- oder Reihengaragen		
einfache Ausführung	massiv	40— 60
bessere Ausführung	massiv	80—100
1.3 Baracken auf Fundamenten	Holz oder gleichwertig	20— 30
1.4 Luftschutzbauten (Bunker) DM/m³/1936		
Nicht entfestigte Hoch- und Tiefbunker * 70—75	massiv	200
Entfestigte, für wirtschaftliche Zwecke ausgebaute Bunker ** 20—25	massiv	150
Entfestigte, für wirtschaftliche Zwecke nicht ausgebaute Bunker ** 12—15	massiv	150

* Für den umbauten Raum sind die vorhandenen Wand- und Deckenstärken zu berücksichtigen.

**Für den umbauten Raum sind entsprechend der jetzigen Nutzung verminderte Wand- und Deckenstärken zu berücksichtigen.

Bezeichnung	Bauart/Baustoff	Jahre
2 Landwirtschaftliche Bauten		
2.1 Wohnbauten		
einfache ländliche Ausführung		
(Landarbeiterhäuser)	massiv oder Fachwerk	80–100
normale ländliche Ausführung	massiv oder Fachwerk	100
normale ländliche Ausführung	massiv oder Fachwerk	100
bessere ländliche Ausführung		
(Sonderfall)	massiv oder Fachwerk	100–120
beste ländliche Ausführung		
(Ausnahmefall)	massiv oder Fachwerk	150
Baracken auf Fundamenten	Holz	20– 3-
2.2 Wirtschafts- und Stallgebäude, Werkstätten		
einfache Ausführung	Leichtbau	30
normale Ausführung	Holz oder gleichwertig	60
bessere Ausführung	massiv oder Fachwerk	80–100
2.3 Scheunen und Schuppen		
einfache Ausführung	Leichtbau	30
normale Ausführung	Holz oder gleichwertig	60
bessere Ausführung	massiv oder Fachwerk	80–100
2.4 Dungstätten und Jauchegruben	Mauerwerk oder Stampfboden	30
	Stahlbeton	4-– 60
2.5 Bauten für die Vorratshaltung		
eingeschossige Lagerräume		
einfache Ausführung	Leichtbau	30
normale Ausführung	Holz oder gleichwertig	60
bessere Ausführung	massiv oder Fachwerk	80–100
Gärfutter und Gärkartoffelsilos	Primitivbau	5– 10
	Holz, Metall, Kunststoff oder massiv	20– 40
2.6 Hofbeläge	massiv	30– 60
3 Wasserbauliche Anlagen		
3.1 Schleusen, Wehre		
baulicher Teil	Holz	30
	Beton	120
	Stahl	80
maschineller Teil		
Tore	Stahl	70
Antriebe	Stahl	30
Wehrverschlüsse	Stahl oder Holz	70

Bezeichnung	Bauart/Baustoff	Jahre
3.2 Absperr-, Entlastungs- und Einlaufbauwerke		
baulicher Teil	Beton	120
maschineller Teil		70
3.3 Sonstige Anlagen		
Kanalbrücken		120
Landungsbrücken, Lanstege		20— 40
Krananlagen		25
Betankungsanlagen		50
Dalben		10
Baken		5
Pumpwerke		
baullicher Teil	Beton	100
maschineller Teil		40
Ufermauern	Beton	120
Molen	Stahl	80
	Stahl oder Beton	15
Deiche		unbegrenzt
See- und Schiffahrtszeichen		
baulicher Teil		120
maschineller Teil		15
Leuchttürme		120
Funksender u. dgl.		15
4 Bauteile		
4.1 Dachhaut	doppelte Papplage	20— 30
	Zementziegel	40— 50
	Asbestzement	70— 80
	Dachziegel	100
	Schiefer	100
	Stahlblech, verzinkt	25— 30
	Zinkblech	40— 50
	Kupferblech	100
4.2 Dachstuhl	Holz	80—100
	Stahl	80—100
4.3 Dachrinnen, Fallrohre	Stahlblech, verzinkt	15— 20
	Zinkblech	40
	Kupferblech	100
4.4 Putz		
Außenwandputz	Kalk- oder Kalkzementmörtel	40— 60
	Trockenmörtel (Edelputz)	40— 60
	Zementmörtel	40— 80

Bezeichnung	Bauart/Baustoff	Jahre
Innendeckenputz auf Putzträgern		
in Wohn- und Arbeitsräumen	alle Mörtelgruppen	80
desgl. in Naßräumen	alle Mörtelgruppen	25— 30
Innendeckenputz auf Massivdecken		
in Wohn- und Arbeitsräumen	alle Mörtelgruppen	100
desgl. in Stallräumen	alle Mörtelgruppen	40— 50
Innenwandputz in Wohn- u. Arbeitsräumen	alle Mörtelgruppen	100
desgl. in Stallräumen	alle Mörtelgruppen	50— 60

4.5 Fußböden

Bezeichnung	Bauart/Baustoff	Jahre
Estrich	Zementmörtel auf Unterbeton	100
Plattenböden im Mörtelbett		
in Wohn- und Arbeitsräumen	Hartbrandziegel	80—100
	Natursteinplatten	100
	Steinzeugplatten	100
desgl. in Stallräumen	Hartbrandziegel	30— 40
	Spezial-Stallbodenplatten	30— 50
Holzböden	Weichholz	40— 60
	Hartholz	80—100
Beläge	Textilbeläge	5— 10
	Spachtelmasse	10— 20
	Linoleum	20— 30
	Korkplatten	30— 40
	Kunststoff	30— 40
Treppenstufen	Weichholz	50— 60
	Hartholz	100
	Natur- und Kunststein	100

4.6

Bezeichnung	Bauart/Baustoff	Jahre
Stalleinrichtungen	Holz	20— 25
Preßgitter	Stahlrohr	20— 30
Tränkebecken		10— 15
Buchtenabtrennungen	Stahlrohr und verzinkter Maschendraht sowie Holz	10— 20

4.7 Tischler-(Schreiner-)Arbeiten

Bezeichnung	Bauart/Baustoff	Jahre
Einfachfenster	Weichholz	30— 50
	Hartholz	50— 80
Innenfenster von Doppelfenstern	Weichholz	50— 80
Fensterbänke	Weichholz	20— 40
	Hartholz	40— 60
Heizkörperverkleidungen	Weichholz	50— 70
Einbaumöbel	Weich- oder Hartholz	60—100
Vertäfelungen	Weich- oder Hartholz	100
Brettverschalungen imprägniert	Weichholz	25— 30
Innentüren	Weich- oder Hartholz	100
Außentüren	Weichholz	30— 50
	Hartholz	80—100

Bezeichnung	Bauart/Baustoff	Jahre
Fensterläden	Weichholz	20— 30
Rolläden	Weichholz	20— 30
4.8 Schlosser- und Schmiedearbeiten		
Türbeschläge	Schmiedeeisen	40— 60
Fenstebeschläge	Schmiedeeisen	30— 50
Gitter und Geländer, außen	Schmiedeeisen	40— 50
Gitter und Geländer, innen	Schmiedeeisen	100
4.9 Tapezier- und Malerarbeiten		
Tapeten geringer Qualität	Papier	4— 8
Tapeten mittlerer Qualität	Papier	5— 10
Tapeten sehr guter Qualität	Papier	10— 12
Tapeten	Kunst- und Webstoffe	15— 20
Innenanstrich von Wohn- und Arbeitsräumen	Kalkfarbe	3— 5
	Binderfarbe	5— 8
	Mineral- u. Kaseinfarbe	8— 15
Innenanstrich auf Mauerwerk und Holz	Ölfarbe	15— 20
Innenanstrich in Küchen und Naßräumen	Binderfarbe	3— 5
Außenanstrich auf Putz	Ölfarbe	3— 8
Außenanstrich auf Holz	Ölfarbe	3— 5
Außenanstrich	Mineral- u. Kaseinfarbe	5— 8
Heizkörper	Spezialfarbe	5— 10
Holzfußboden	Fußbodenfarbe	4— 10
4.10 Elektrotechnische Anlagen		
Leitungen unter Putz	Kupfer	50— 60
Leitungen auf Putz	Kupfer	30— 40
Feuchtraumleitungen, z.B. in Ställen	Kupfer	25— 30
Schalter und Steckdosen		10— 20
Blitzschutzanlage, oberhalb der Erde	Kupfer	100
Blitzschutzanlage in der Erde	verzinktes Eisen	20— 40
Koch- und Heizgeräte		
elektr. Heißwasserbereiter	Kupferschalter emaill.	10— 15
	Stahlblechmantel	10— 15
4.11 Sanitäre Anlagen		
Wasserrohrleitungen	Stahl verzinkt	15— 40
	Blei	30— 60
	Kupfer/Kunststoff	60— 80
Gasrohrleitungen	s. w. v.	
	Stahlrohr schwarz	50— 60
Badewannen, Wasch- und Klosettbecken, Ausguß- u. Spülbecken	Stahlblech emailliert	20— 40
	Feuerton/Porzellan	40— 60
Armaturen	Messing, Messing vernickelt	20— 40

Bezeichnung	Bauart/Baustoff	Jahre
Kohlebadeöfen	Kupfermantel	40— 50
	Zinkmantel	20— 40
Gasbadeöfen	Kupferschlange	20— 40
Waschkesseleinsaätze	Gußeisen emailliert	20— 40
	Kupfer	25— 50
4.12 Zenralheizungsanlagen		
Rohrleitungen für Warmheizungen	Stahlrohr schwarz	20— 50
	Kupfer	60— 80
Rohrleitungen für Niederdruck-Dampfheizungen		
Dampfleitung	Stahlrohr schwarz	35— 50
Kondenzleitungen	Stahlrohr schwarz	15— 30
Heizkörper	Grauguß	60— 80
	Stahl	5— 20
Heizplatten	Stahl	10— 30
Konvektoren	Kupfer, Messing mit Alu-Lamellen	60— 80
Ventile und Hähne	Messing, Rotguß	30— 40
Niederdruckdampfkessel	Grauguß	15— 30
Warmwasserheizkessel	Grauguß	20— 40
	Stahl	15— 30
4.13 Einzelheizungsanlagen		
Warmluftblechkanäle	Schwarzblech	20— 30
	Stahlblech verzinkt	50— 60
	Kunststoff, Asbestzement	50— 80
Warmluftöfen		25— 30
Kachelöfen transportabel		15— 25
Kachelöfen feststehend		40— 50
Kachelherde für Kohle und Gas		20— 30
Kachelherde für Kohle		25— 35
Eiserne Herde für Kohle oder Kohle und Gas		15— 20
Eiserne Öfen	Stahlblech ausgemauert	15— 20
	Gußeisen ausgemauert	20— 30
Ölöfen	Stahl/Guß	15— 25

Bezeichnung	Bauart/Baustoff	Jahre
1 Entwässerungs- und Versorgungseinrichtungen		
1.1 Entwässerungsanlagen		
Rohrleitungen	Beton/Stahlbeton (Schmutzwasser)	30— 50
	Beton/Stahlbeton (Regenwasser)	40— 60
	Steinzeug	80—100
	Ortbeton mit Innenauskleidung	100
Einstieg- und Kontrollschächte	Beton/Stahlbeton	60— 80
	Kanalklinker	80—100
Kläranlagen		
mechanische und biologische Anlagen		
baulicher Teil	Beton oder Stahlbeton	30— 60
desgl. maschinelle Teile		20— 40
Sickergruben (je nach Bau- u. Bodenart)	Beton	5— 20
Kleinkläranlagen	Beton	30— 60
1.2 Wasserversorgungsanlagen		
Rohrleitungen		40— 60
Rohrbrunnen	Metall- oder Kiesfilter	20— 40
Schachtbrunnen	Beton/Mauerwerk	50— 70
1.3 Gasversorgungsanlagen		
Hochdruckrohrleitungen	Stahl	40— 80
Normaldruckrohrleitungen	Stahl/Guß	35— 50
1.4 Elektr. Versorgungsanlagen		
Hochspannungsfreileitungen	Kupfer/Aluminium	40— 50
Niederspannungsfreileitungen	Kupfer/Aluminium	30— 40
Maste	Stahl mit Betonfundament, Stahlbeton	35— 45
	Holz	10— 20
Hochspannungskabel	Kupfer mit Blei- oder Kunststoffmantel	40— 50
Niederspannungskabel	wie vor	30— 40
Straßenbeleuchtungsanlagen	Stahlbetonmaste	30— 40
2 Bodenbefestigungen		
Voraussetzung: durchschnittliche und der Deckenart angepaßte Belastung sowie laufende Unterhaltung		
Schotterdecken ohne Oberflächenbehandlung		5
Schotterdecke mit Oberflächenbehandlung		5— 10

Bezeichnung	Bauart/Baustoff	Jahre
Schwarzdecken mit min. 3 cm Deckschicht und ausreichendem Unterbau aus Kies, Schotter, Bitukies oder Beton	Makadam- oder hohl-raumarme Bauweise	15— 25
Zementbetondecken min. 15 cm Stärke mit Unterbau	Beton	15— 30
Pflaster auf Kiesbettung	Naturstein	15— 30
Pflaster auf Betonunterbau mit Fugenverguß	Naturstein	30— 50

3 Einfriedungen

Bezeichnung	Bauart/Baustoff	Jahre
Holzzäune ohne Massivsockel		
einfacher Schutzanstrich	Weichholz	10— 20
imprgniert	Weichholz	15— 25
desgl., jedoch	Hartholz	20— 30
Holzzäune mit Massivsockel		5 mehr
Drahtzäune ohne Massivsockel		
Maschendraht mit Holzpfosten (Eiche)		15— 20
Drahtzäune mit Massivsockel		
Maschendraht mit Stahl- oder Betonpfosten		30— 40
desgl., jedoch mit Stahlrahmen		40— 50
Mauern max. ½ Stein stark	massiv	30— 60
Mauern min. 1 Stein stark	massiv	50— 75

4 Sonstige Anlagen

Bezeichnung	Bauart/Baustoff	Jahre
Rohr-, Heiz- und Kabelkanäle, außen isoliert	massiv	50— 60
Gleisanlagen		35
Signalanlagen		30
Tankanlagen		
Unterirdische (erdgelagerte) und oberirdische (durch Bauwerk geschützte) Lagerbehälter (Tank)	Stahl	30— 50
Batterie-Behälter in Räumen	Stahl	15— 30

*Technische Lebensdauer von besonderen Betriebseinrichtungen und Gerät
und jährliche vH-Sätze für technische Wertminderung (Alter)*

In der Wertermittlung ist im Einzelfall festzulegen, ob Anlagen und Einrichtungen gemäß DIN 276 zu den besonderen Betriebseinrichtungen oder zum Gerät zu zählen sind.

Bezeichnung	Jahre	v.H.
1 Einrichtungen gewerblicher Betriebe		
1.1 Verteilungsanlagen		
Dampf-, Gas-, Wasser-, Preßluft-, Öl- und Benzinleitungen, Heizungs-, Belüftungs- und Entlüftungsanlagen: elektrische Leitungen, Schalteranlagen	14–20	5– 7
1.2 Krafterzeugungsanlagen		
Kessel- und Heizungsanlagen, Kraftmaschinen, Dampfmaschinen, Dampfturbinen, Lokomobile, ortsfeste Verbrennungsmotoren, Wasserkraftmaschinen; elektrische Maschinen und Einrichtungen, Pumpen, Gebläse, Kompressoren	17–20	5– 6
1.3 Förderanlagen und Transporteinrichtungen		
Aufzüge, Hebezeuge, Kräne; Transportanlagen, Förderbänder (keine Fabrikationsfließbänder), Gleisanlagen, Weichen u. ä.	20–25	4– 5
1.4 Maschinen und Fertigungseinrichtungen in der Metallbearbeitung		
Normalmaschinen		
Drehbänke, Automaten, Bohrmaschinen, Fräsmaschinen, Schneide-, Schleifamschinen, Hobel-, Säge-, Feilmaschinen, Blechbearbeitungsmaschinen, Schweiß-, Schmiedemaschinen, Gießereimaschinen u. ä.	17–25	4– 6
Spezialmaschinen		
Kompressoren, Gebläse, Prüfmaschinen, Versuchsanlagen, Diamantzentriermaschinen, nicht mechanische Schweiß- und Lötanlagen u. ä.	10–13	8–10
Hochleistungsmaschinen für Sonderzwecke	8–10	10–12
Maschinen und Fertigungseinrichtungen in der Holzbearbeitung		
Normalmaschinen		
Gatter, Sägemaschinen, Fräs-, Rohr-, Schleif- und Putzmaschinen, Hobelmaschinen, Drehbänke	17–25	4– 6
Spezialmaschinen		
Kappsägen, Kettensägen u. ä., elektrische Handhobelmaschinen, sonstige Spezialmaschinen	13–17	6– 8
Hochleistungsmaschinen für Sonderzwecke	10–13	8–10
Maschinen und Fertigungseinrichtungen in der Textilindustrie		
Normalmaschinen		
Spinnerei-, Zwirn-, Spulmaschinen, Schär-, Bäum-, Zettel- und Schlichtmaschinen, Webstühle, Lege, Meß-, Wickel- und Doubliermaschinen, Wirk- und Strickmaschinen, Näh- und Kettelmaschinen, Veredelungsmaschinen, Druckwalzen u. ä.	17–25	4– 6

Bezeichnung	Jahre	v.H.
Spezialmaschinen		
Maschinen der Textilfertigung mit Spezialeinrichtungen,		
Spezialwebstühle	13–17	6– 8
Hochleistungsmaschinen vorstehender Arten	8–11	9–12
Sonstige Maschinen und Fertigungseinrichtungen		
Normalmaschinen	17–25	4– 6
Spezialmaschinen und -einrichtungen	13–17	6– 8
Hochleistungsmaschinen, Apparaturen u. ä.	10–13	8–10
1.5 Werkstatteinrichtungen		
Technische Öfen, Glüh-, Härte- und Anlaßöfen, Trockenanlagen;		
Sandstrahlgebläse u. ä., Vermetallungsanlagen, Putzeinrichtungen;		
Gießereieinrichtungen, galvanische Anlagen	10–13	8–10
1.6 Werkzeuge		
Hand- und Montagewerkzeuge	5	20
Maschinelle Werkzeuge (Rohr-, Schleifmaschinen,		
Preßluftstampfer u. ä.)	11–13	8– 9
Elektrische und optische Prüf- und Meßeinrichtungen	20	5
Sonstige Prüf- und Meßeinrichtungen	8	13
Modelle	2,5	40
1.7 Büro- und Betriebsinventar		
Büro- und Betriebsmöbel	20	5
Büromaschinen	10	10
1.8 Fahrzeuge		
Lokomotiven aller Art, Loren u. ä., jedoch mit der Ausnahme von		
Transportkarren (25 vH)	10	5
Pkw und Lkw	10	10
Pferdefuhrwerke und Geschirre	20	5
1.9 Baugerät, Baumaschinen und Einrichtungen		
Die Nutzungsdauer ist der jeweils gültigen Geräteliste für die		
Bauwirtschaft zu entnehmen		
Fahrzeuge sind jedoch nur bei ständigem Einsatz im Baugewerbe		
nach diesen Grundsätzen zu behandeln. Bei nur gelegentlichem		
Einsatz sind die Sätze der Gruppe 8 anzuwenden.		
2 Einrichtungen des Hotel- und Gaststättengewerbes		
Möbel aus Holz	25	4
sonstige Ausstattungsgegenstände	25	4
Polstermöbel	13	8
Betten, Steppdecken, Matratzen u. ä.	20	5
Gardinen, Vorhänge, Teppiche	10	10
Orientteppiche	100	1
Bett-, Tisch-, Haushaltwäsche	5	20
Elektro- und Gasgeräte, Beleuchtungskörper	10	10
Radio- und Musikapparate	8	12
Kücheneinrichtungen	20	5

Bezeichnung	Jahre	v.H.
Küchengeräte	10	10
Geschirr aller Art einschl. Kristall	4	25
Geschirr aus Edelmetall	10	10
Bestecke	10	10
Bestecke aus Edelmetall	17	6
Herde und Öfen	20	5
Garten- und Korbmöbel	7	15
Gartengeräte	10	10
Büroeinrichtung	20	5
Büromaschinen	10	10

Spezialmaschinen des Gaststättengewerbes, sonstige Maschinen und maschinelle Einrichtungen sind nach den Grundsätzen des Abschnitts 1 zu behandeln.

3 Einrichtungen in land- und forstwirtschaftlichen Betrieben

Bezeichnung	Jahre	v.H.
3.1 Schlepper und Transportmittel		
Vierradschlepper, Einachsschlepper, Motormäher	10—15	7—10
luftbereifte Ackerwagen	15—20	5— 7
3.2 Maschinen für Bodenbearbeitung, Bestellung, Düngung und Pflege		
Schlepperpflüge	10—14	7—10
Bodenfräsen	8	12
Acker- und Netzeggen, Kultivatoren	10—20	5— 7
Scheibeneggen	12	8
Walzen	17—20	5— 6
Kombikrümler	10	10
Drillmaschinen für Schlepper	14	7
Kartoffellegemaschinen	10	10
Kalk- und Handelsdüngerstreuer	10—12	8—10
Stalldungstreuer	10	10
Vielfachgeräte, Hackmaschinen	10—12	8—10
Maschinen und Geräte für den Pflanzenschutz und Brandbekämpfung	10	10
Beregnungsanlagen	15	7
Rodungsgerät	7	15
Pflanzmaschinen, Boden- und Motorfräsen, Motorsägen, Motorwinden	5	20
3.3 Halmfruchterntemaschinen		
Gespanngrasmäher	20	5
Schlepperanbaumähwerk	12	8
Heubearbeitungsmaschinen	12—14	7— 8
Feldhächsler	8	12
Schlepperanbaulader (Front- und Hecklader)	10—15	7—10
Pick-up-Lader, Pick-up-Pressen	10—12	8-10
Ladewagen	10	10
Mähbinder (Gespannzeug)	20	5
Mähbinder (Schlepperzug)	15	7

Bezeichnung	Bauart/Baustoff	Jahre	
Mähdrescher		10	10
Drehmaschinen		20	5
3.4 Hackfruchterntemaschinen			
Kartoffel-Schleuderroder		14	7
Kartoffel-Vorratsroder		12	8
Kartoffel-Sammelroder, Zuckerrüben-Sammelkopfroder		8	12
übrige Zuckerrüben-Erntemaschinen		10—14	7—10
3.5 Maschinen für die Hof- und Viehwirtschaft			
Elektromotoren		20	5
Höhenförderer		15—17	5— 7
Fördergebläse		15	7
Körnergebläse		15—17	5— 7
Gebläsehäcksler		14	7
Greiferaufzüge für Heu und Stroh, Pressen für Heu und Stroh (ohne Pick-up)		20	5
Getreidetrocknungsanlagen		15	7
Reinigungsanlagen		15—20	5— 7
Kartoffelsortierer und -verlader		10—15	7—10
Schrot-, Quetsch- und Mahlmühlen		20	5
Futtermuser, Rübenschneider		10—15	7—10
Häckselmaschinen, Kartoffeldämpfkolonne		15	7
Elektrofutterdämpfer		10—20	5—10
Melkmaschinenanlagen		15—17	5— 7
Milchkühlanlagen mit künstlicher Kälte		10—15	7—10
Stallentmistungsanlagen, Jauchepumpen		12	8
4 Hausrat			
Bei Pauschalberechnung		33	3
Bei Einzelberechnung			
Möbel aus Holz		50	2
Polstermöbel		20	5
Betten, Steppdecken, Matratzen u. ä.		33	3
Gardinen, Vorhänge, Teppiche; Tisch-, Bett-, sonstige Gebrauchs-, Leibwäsche, Kleidung		17	6
Orientteppiche		100	1
sonstige handgeknüpfte Teppiche		50	2
Elektro- und Gasgeräte; Beleuchtungskörper		20	5
Flügel, Klaviere, Streich- und Blasinstrumente		50	2
Sonstige Musikinstrumente und Apparate		20	5
Herde, Öfen		33	3
Küchengeräte, Bestecke		33	3
Bestecke aus Edelmetall		50	2
Küchen- und Tafelgeschirr, Kristall, Keramik u. ä.		10	10
Geschirr aus Edelmetall		50	2
Gartenmöbel, Gartengerät		10	10
sonstige Ausstattungsgegenstände		50	2

7.3 Vertrag über Inspektion/Wartung* von technischen Anlagen und Einrichtungen
(Muster) [11]

für   : ....

Gebäude   : ....
                       ....

Betreiber
der Anlage   : ....

Baudienst-
stelle   : ....

Auftraggeber   : ....

Auftragnehmer
Firma   : ....
                       ....
                       ....

Zwischen   ....
                       — nachstehend Auftraggeber genannt —

und der Firma   ....
                       — nachstehend Auftragnehmer genannt —

wird folgender Inspektionsvertrag/Wartungsvertrag* abgeschlossen:

*) Nichtzutreffendes ist zu streichen!

§ 1

Gegenstand des Vertrages

1.1 Gegenstand des Vertrages sind Leistungen des Auftragnehmers an technischen Anlagen und Einrichtungen, die in der Bestandsliste vom .... aufgeführt sind. Die Bestandsliste ist Vertragsbestandteil (Anlage 1).
(Die Bestandsliste wird vom Auftraggeber ggf. vom Auftragnehmer und der zuständigen Baudienststelle gemeinsam aufgestellt.)

§ 2

Leistungen des Auftragnehmers

2.1 Dem Auftragnehmer werden Leistungen an den in der Bestandsliste aufgeführten technischen Anlagen und Einrichtungen gemäß Arbeitskarte vom .... übertragen. Die Arbeitskarte ist Vertragsbestandteil (Anlage 2).

2.2 Die Arbeitskarte weist in Kurzform alle an der Anlage auszuführenden Arbeitsgänge und deren Zeitabstände aus. (Einstellungen, Kontrollmessungen u.a.m.)
Die bei den Kontrollmessungen festgestellten Meßwerte sind in die Arbeitskarte einzutragen. (Die Arbeitskarte wird vom Auftraggeber, der staatlichen Baudienststelle und dem Auftragnehmer gemeinsam aufgestellt.)

2.3 Zusätzliche Leistungen nach § 4 (z. B. Raparaturen), sowie die hierfür benötigten Ersatzteile, sind auf der Arbeitskarte aufzuführen.

2.4 Der Auftraggeber kann die in der Arbeitskarte festgelegten Leistungen innerhalb eines Leistungsjahres ergänzen, erweitern oder reduzieren, wenn es eine Änderung der Betriebsweise erfordert oder erlaubt, oder wenn es die Erhaltung der Betriebsbereitschaft des technischen Gewerks oder die Forderung nach rechtzeitigem Erkennen von Mängeln und Schäden notwendig erscheinen läßt. Die Leistungsänderung ist zwischen Auftraggeber und Auftragnehmer schriftlich festzulegen.
Die mit der Leistungsvergütung verbundene Änderung erfolgt gemäß § 9.1.

* Nichtzutreffendes ist zu streichen.

§ 3

Zeitliche Durchführung der Leistung

3.1 Der Zeitpunkt der Leistungen ist in der Arbeitskarte festgelegt. Die Durchführung der Leistungen ist mit dem Auftraggeber spätestens 1 Woche vorher zu vereinbaren.

3.2 Die Arbeitskarte enthält alle während des einzelnen Leistungsjahres notwendigen Leistungen. Das erste Leistungsjahr beginnt am ....

3.3 Die Leistungen werden während der normalen betriebsüblichen Arbeitszeiten ausgeführt. (Montag bis Freitag zwischen 7.00 und 16.00 Uhr, ausgenommen Feiertage.) Aus betrieblichen Gründen kann der Auftraggeber hiervon abweichende Arbeitszeiten festlegen. Dies ist vom Auftragnehmer entsprechend zu berücksichtigen.
Der Auftragnehmer verpflichtet sich, auch außerhalb der in der Arbeitskarte festgelegten Termine Störungen und Mängel nach Auftragserteilung durch die zuständige staatliche Baudienststelle unverzüglich zu beheben.

$$\S\,4$$

Zusätzliche Arbeiten

4.1 Zusätzliche Leistungen sind solche, die über die in § 2 festgelegten Leistungen des Auftragnehmers hinausgehen (z. B. Reparaturen). Sie können vom Auftraggeber gesondert gefordert werden.

4.2 Umbaumaßnahmen, Veränderungen und Erweiterungen fallen nicht unter die Bestimmungen dieses Vertrages.

4.3 Die im Rahmen der Gewährleistungspflicht des Auftragnehmers vorzunehmende Mängelbeseitigung wird durch die nachstehende Regelung nicht berührt.

4.4 Festgestellte oder vermutete Mängel und Schäden, welche die Sicherheit und Betriebsbereitschaft der Anlage gefährden oder gefährden können, sind schriftlich, in dringenden Fällen vorweg mündlich oder telefonisch vom Auftragnehmer dem Auftraggeber oder dessen Vertretung mitzuteilen.

4.5 Ist eine unverzügliche Schadensbeseitigung für einen sicheren Betrieb der Anlage unumgänglich, so ist diese im Einvernehmen mit dem Auftraggeber oder dessen Vertreter sofort durchzuführen.

4.6 Stellt der Auftragnehmer einen für Personen gefährlichen Zustand an der Anlage fest, so muß er diesen Zustand sofort beheben oder die Anlage stillegen und den Betreiber unverzüglich benachrichtigen.

4.7 Für zusätzliche Leistungen hat der Auftragnehmer dem Auftraggeber rechtzeitig ein Angebot einzureichen. Von dem Angebotsverfahren kann abgewichen werden, sofern Lohn- und Materialkosten für die Schadensbeseitigung den Betrag von DM .... nicht überschreiten, oder wenn eine sofortige Schadensbehebung (§ 4.5) unumgänglich ist.

$$\S\,5$$

Pflichten des Auftraggebers bzw. Betreibers

5.1 Der Betreiber der Anlage und seine Erfüllungsgehilfen sind verpflichtet, die Betriebsvorschriften, Verordnungen und Unfallverhütungsvorschriften für die Anlage zu beachten und deren Einhaltung zu erwirken.

5.2 Auf Anforderung des Auftragnehmers wird der Auftraggeber für Leistungen, bei denen nach der Unfallverhütungsvorschrift — oder durch sonstige Erfordernisse — ein zweiter Mann notwendig ist, eine geeignete — keine —* Hilfskraft beistellen.

5.3 Der Auftraggeber oder sein Stellvertreter bescheinigen dem Fachmonteur die Durchführung der Leistung auf der Arbeitskarte, wobei die fachliche Verantwortung für die Arbeitsausführung dem Auftragnehmer verbleibt.

5.4 Der Auftraggeber hat dem Auftragnehmer zur Durchführung seiner Leistungen nach § 2 die vorhandenen Einrichtungen und Versorgungsanschlüsse — soweit üblich und notwendig — zur Verfügung zu stellen und weitgehend ungehinderten Zugang zu den Anlagen und Versorgungsanschlüssen zu verschaffen.

* Nichtzutreffendes ist zu streichen.

§ 6

Pflichten des Auftragnehmers

6.1 Alle Leistungen dürfen nur von qualifiziertem Fachpersonal durchgeführt werden. Die Leistungen müssen den allgemein anerkannten Tegeln der Technik entsprechen.

6.2 Werden infolge gesetzlich vorgeschriebener Prüfungen an der Anlage Leistungen erforderlich, die zeitlich mit den unter § 3 vereinbarten Terminen nicht zusammenfallen, sind dies zusätzliche Leistungen. Der Auftragnehmer ist verpflichtet — bei rechtzeitiger Verständigung durch den Auftraggeber — diese Arbeiten zu übernehmen.

6.3 Der Auftragnehmer hat dem Auftraggeber und dessen Prüfungsbehörden über seine Leistungen kurzfristig und ohne besondere Vergütung Auskunft zu erteilen.

Diese Auskunftspflicht besteht so lange, bis das Rechnungsprüfungsverfahren für die vertraglichen Leistungen von der letzten Prüfungsinstanz abgeschlossen ist.

§ 7

Arbeitsbericht

7.1 Die ausgefüllte Arbeitskarte ist Teil des Arbeitsberichts, der unverzüglich nach Abschluß der jeweiligen Leistungen aufzustellen und dem Auftraggeber auszuhändigen ist. Darin müssen die ausgeführten Arbeiten mit dem Erledigungsvermerk und die evtl. eingebauten Ersatzteile mit Begründung aufgeführt sein. Bei Störungsbeseitigungen sind die Gründe für den Ausfall der Anlage anzugeben. Gegebenenfalls ist anzugeben, welche zusätzlichen Leistungen in Zukunft zu erwarten sind oder welche Veränderungen vorsorglich durchgeführt werden sollten, um die weitere Funktion der Anlage und ihre Betriebssicherheit sowie die Einhaltung der Unfallverhütungsvorschriften und geltenden Verordnungen zu gewährleisten.

Die Erledigungsvermerke auf der Arbeitskarte sowie der Arbeitsbericht sind vom Monteur selbst anzufertigen. (Für den Arbeitsbericht kann die Rückseite der Arbeitskarte verwendet werden.)

§ 8

Vergütung

8.1 Die Leistungen nach § 2 werden grundsätzlich jeweils nach Ablauf des Leistungsjahres vergütet. Die Vergütung beträgt pro Leistungsjahr

Netto-Pauschale: . . . .   DM . . . .

Mehrwertsteuer: . . . .%   DM . . . .

____

Brutto-Pauschale: . . . .   DM . . . .

Umfaßt der Vertragsgegenstand nach § 1 mehrere technische Anlagen, Geräte und Einrichtungen, so wird die Brutto-Pauschale wie folgt aufgeschlüsselt:

. . . .

. . . .

. . . .

In diesem Betrag sind alle Nebenkosten wie z. B. Lohn, Weggebühren und Auslösungen sowie Material, das üblicherweise gemäß dieses Vertrages — ausgenommen § 4 — gehört, enthalten.

8.2 Entgegen der Regelung nach § 8.1 sind Abschlagszahlungen — nicht —* möglich.

Folgender Modus wird vereinbart.: ....

....

....

8.3 Die Rechnung ist auf den Auftraggeber auszustellen und zu richten an

....

....

8.4 In der Vergütungspauschale nach § 8.1 sind anteilmäßig enthalten:

Lohn und lohngebundene Kosten .... %

Material .... %

Fahrkosten .... %

8.5 Die gesonderten Rechnungen für zusätzliche Leistungen nach § 4 müssen vom Auftragnehmer in Lohn- und Materialkosten prüfbar aufgeschlüsselt werden.

§ 9

Änderung der Vergütung

9.1 Bei einer Änderung der Leistung (§ 2.4) wird auf der Preisbasis des § 8 für die geänderte Leistung eine neue Vergütungspauschale im gegenseitigen Einvernehmen festgelegt.

9.2 Falls sich die Kosten für Löhne, Auslösungen und Fahrgelder aufgrund tarifvertraglicher Festlegungen nach dem Zeitpunkt der letzten Preisfestlegung um mehr als .... % ändern, sind die Vertragsparteien berechtigt, eine Anpassung der Vergütungspauschale entsprechend der Änderung der Lohn-, Auslösungs- und Fahrgeldanteile zu verlangen. Dabei sind diese ursprünglichen Anteile und deren Veränderungen prüfbar nachzuweisen. Tariflich bedingte Änderungen müssen von derjenigen Vertragspartei nachgewiesen werden, die eine Änderung der seither festgesetzten Vertragspreise wünscht.

§ 10

Haftung

10.1 Der Auftragnehmer haftet für ordnungsgemäße Erfüllung seiner Leistungen.

10.2 Der Auftragnehmer haftet für Schäden, die auf schuldhafte Verletzung seiner Vertragspflichten zurückzuführen sind.

* Nichtzutreffendes ist zu streichen.

§ 11

Vertragsdauer

11.1 Die Dauer des Vertrages beträgt mindestens 1 Jahr. Der Vertrag verlängert sich stillschweigend um ein weiteres Jahr, falls er nicht spätestens 3 Monate vor Ende des laufenden Leistungsjahres schriftlich gekündigt wird.

11.2 Eine fristlose Kündigung ist nur aus wichtigem Grund möglich.

§ 12

Erfüllungsort, Streitigkeiten

12.1 Erfüllungsort für die Leistungen des Auftragnehmers ist der Aufstellungsort der technischen Anlagen und Einrichtungen.

12.2 Bei Streitigkeiten aus dem Vertrag soll der Auftragnehmer zunächst die zuständige Oberfinanzdirektion anrufen.

12.3 Liegen die Voraussetzungen für eine Gerichtstandvereinbarung nach § 38 der Zivilprozeßordnung vor, so richtet sich der Gerichtstand für Streitigkeiten aus dem Vertrag nach dem Sitz der für die Prozeßvertretung des Auftraggebers zuständigen Stelle.

§ 13

Schriftform

13.1 Änderungen und Ergänzungen dieses Vertrages bedürfen der Schriftform. Desgleichen bedürfen alle den Vertrag betreffenden wesentlichen Mitteilungen der Schriftform.

. . . . , den . . . . , den . . . .

. . . .

      (Der Auftraggeber)   (Der Auftragnehmer)

Zum Vertrag über Inspektion/Warten *) von technischen Anlagen und Einrichtungen

vom . . . .

Bestandsliste   für . . . .

Betreiber
der Anlage: . . . .   Baudienststelle: . . . .

Auftraggeber: . . . .   Auftragnehmer: . . . .

lfd. Nr.	Anlage, Anlageteil	Standort (Gebäude Stockwerk, Raum Nr.)	Kennwerte, tech. Daten, Anzahl der Inspektionen pro Jahr *) Bemerkungen

*) Nichtzutreffendes ist zu streichen

Zum Vertrag über Inspektion/Warten *) von technischen Anlagen und Einrichtungen

vom . . . .

Arbeitskarte   für   . . . .

Betreiber
der Anlage: . . . .   Baudienststelle: . . . .

Auftraggeber: . . . .   Auftragnehmer: . . . .

1	2	3	4	5
	Teil des techn. Gewerks	Beschreibung der auszuführenden Leistungen		Erledigungsvermerke Beobachtungen, Mängel, evtl. zusätzl. Leistung, gemessene Werte, evtl. Ersatzteile

*) Die Inspektion / Wartung wurde durchgeführt   Dat.: . . . .

. . . .
             Betreiber   Auftragnehmer

*) Nichtzutreffendes ist zu streichen!

zum Vertrag über Inspektion / Wartung *) von technischen Anlagen und Einrichtungen

vom . . . .

Arbeitskarte   für . . . .

1	2	3	4	5
	Teil des techn. Gewerks	Beschreibung der auszuführenden Leistungen		Erledigungsvermerke Beobachtungen, Mängel, evtl. zusätzl. Leistung, gemessene Werte, evtl. Ersatzteile

*) Die Inspektion / Wartung wurde durchgeführt   Dat.: . . . .

. . . .

Betreiber   Auftragnehmer

*) Nichtzutreffendes ist zu streichen!

7.4 Wartungsvertrag für Kessel- und Öl-/Gasfeuerungsanlagen
(Muster) [11]

zwischen

. . . .

— nachstehend Auftraggeber genannt —
und der Firma

. . . .

— nachstehend Auftragnehmer genannt —
wird, vorbehaltlich der Genehmigung durch . . . .

. . . .

dieser Wartungsvertrag abgeschlossen:

§ 1

Gegenstand des Vertrages

1.1 Gegenstand dieses Vertrages sind Leistungen im Gebäude

. . . .

1.2 *Kesselanlage* ausgeführt von der Firma:

Heizkessel-Nr.	1	2	3	4
Bauart				
Heizmedium				
Fabrikat und Type				
Baujahr				
Heizfläche: m²				
Leistung: kcal/h				

Feuerungsanlage ausgeführt von der Firma: ....

....

Öl/Gasbrenner Nr.	1	2	3	4

Brennstoff

Bauart

Type und Fabrikat

Baujahr und Nr.

Durchsatz: von/bis kg/h m_n^3/h

eingestellte Leistung:
kcal/h

§ 2

Leistungen

2.1 Wartung, Pflege und periodische Inspektion der Öl/Gasfeuerungsanlage nach beiliegender Arbeitskarte in Abständen gemäß § 3.

2.2 Störungsbehebung
Behebung von gemeldeten Störungen, auch nachts und an Sonn- und Feiertagen.

2.3 Kesselreinigung
Die feuer- und gasberührten Flächen der Heizkessel und der Schornsteinanschlüsse sind von allen Ablagerungen zu reinigen.
Diese Ablagerungen sind restlos zu entfernen.
Festgestellte Kesselschäden und Undichtheiten sind dem Auftraggeber unverzüglich mitzuteilen.

2.4 Kesselkonservierung
Eine Kesselkonservierung ist / ist nicht durchzuführen. Die Konservierung hat im Auftragsfall unmittelbar im Anschluß an eine Kesselreinigung zu erfolgen.

§ 3

Terminablauf

3.1 Die Leistungen nach Ziffer 2.1 sind zu erbringen:
Hauptinspektion
vom 1. September bis 30. September und
kleine Inspektion
vom 2. Januar bis 31. Januar eines jeden Jahres.

3.2 Die Leistungen nach Ziff. 2.3 sind bis spätestens 31. Mai eines jeden Jahres zu erbringen.

3.3 Der Zeitpunkt für die Durchführung der Leistungen nach Ziff. 2.1 und 2.3 ist dem Auftraggeber rechtzeitig vorher anzukündigen.

§ 4

Reparaturen

4.1 Sind über den Rahmen des § 2 hinaus Reparaturleistungen zu erbringen, so werden diese nach Lohn- und Materialkosten getrennt über den Betreiber der Anlage dem Bauamt gesondert in Rechnung gestellt.

4.2 Die bei der Inspektion festgestellten Mängel werden vom Auftragnehmer sofort beseitigt.
Bei erforderlichen Reparaturen, deren Lohn- und Materialkosten 100,— DM überschreiten, ist vorher durch den Betreiber der Anlage das Einverständnis des zuständigen Bauamtes einzuholen.

§ 5

Pflichten des Auftraggebers bzw. des Betreibers

5.1 Der Inhaber der Anlage hat die für die Leistungen nach § 2 benötigten Elektro- und Wasseranschlüsse zur Verfügung zu stellen.

5.2 Der Auftraggeber bzw. der Betreiber bescheinigen dem Fachmonteur die Durchführung seiner Arbeiten auf der Zweitfertigung der Arbeitskarte. Die Beseitigung vorgefundener Mängel, deren Behebung nicht zu den Vertragsleistungen gehört, sind auf einem besonderen Monteurstundenzettel aufzuführen.
Eine Durchschrift des Monteurstundenzettelts verbleibt dem Auftraggeber bzw. dem Betreiber der Anlage.
Mit der geleisteten Unterschrift gilt die Arbeit als abgenommen, wobei die fachliche Verantwortung für die Arbeitsausführung dem Auftragnehmer verbleibt.

5.3 Falls gegen die Unterzeichnung der Arbeitskarte und des Monteurstundenzettels Bedenken bestehen, so ist der Auftraggeber verpflichtet, sich deswegen innerhalb von 8 Tagen mit dem Auftraggeber in Verbindung zu setzen.

5.4 Der Auftraggeber verpflichtet sich, zum angekündigten Zeitpunkt nach Ziffer 3.3 dem Auftragnehmer Zugang zu den Anlagen zu verschaffen.

§ 6

Pflichten des Auftragsnehmers

6.1 Mit der Wartung, Inspektion und Reinigung wird ein Fachmonteur beauftragt.

6.2 Alle Arbeiten nach Ziffer 2.1, 2.3, 2.4 werden während der normalen, betriebsüblichen Arbeitszeit ausgeführt. (Montag bis Freitag zwischen 7.00 und 16.00 Uhr, ausgenommen Feiertage).

6.3 Nach Abschluß der Arbeiten ist dem Auftraggeber die ausgefüllte Arbeitskarte zu übergeben.

§ 7

7.1 Vergütung der Leistungen nach 2.1 und 2.2

Öl/Gasbrenner Nr.	1	2	3	4
DM netto/Jahr				
MWSt. .... %				
DM brutto/Jahr				

Vergütung DM ..../Jahr

7.2 Die Vergütung der Leistungen nach Ziff. 2.3:

Kessel Nr.	1	2	3	4
DM netto/Jahr				
MWSt. .... %				
DM brutto/Jahr				

Vergütung DM ..../Jahr

7.3 Die Kosten für Materialien, die vom Auftragnehmer für den Wartungsdienst zur Verfügung zu stellen sind — wie Putzwolle, Reinigungsstoffe, Schmieröl und Kleinteile wie z. B. Dichtungen — sind in der Vergütung enthalten. In der Vergütung sind alle Nebenkosten wie Lohn, Wegegebühr, Spesen und Auslösung enthalten.

7.4 Nicht eingeschlossen im Pauschalpreis nach Ziff. 7.1 sind die Kosten für die Beseitigung von Störungen, die entstanden sind durch:

> Fehlerhafte Bedienung der Anlagen durch Nichtbeachtung der Betriebsanweisung
> Beschädigung durch Fahrlässigkeit
> Leere Heizölbehälter bzw. Unterbrechung der Gaslieferung
> Verwendung ungeeigneter Heizöle
> Fehlende Stromzufuhr
> Defekte Sicherungen und Zuleitungen
> Eingriffe Dritter und höhere Gewalt

7.5 Nach erfolgter Inspektion ist die Rechnung in doppelter Fertigung auf den Auftraggeber auszustellen und zu richten an ....

....

§ 8

Änderung der Vergütung

8.1 Falls sich die Kosten für die Löhne, Auslösungen und Fahrgelder auf Grund tariflicher oder behördlicher Festlegungen nach dem Zeitpunkt der letzten Preisfestsetzung ändern, sind die Vertragsparteien berechtigt, den Vertragspreis im Verhältnis der Lohn-, Auslösungs- und Fahrgeldanteile und im Maße der prozentualen Kostenänderung zu berichtigen. Tariflich oder behördlich bedingte Veränderungen müssen von derjenigen Vertragspartei prüfbar nachgewiesen werden, die eine Änderung des seither festgesetzten Vertragspreises wünscht.

§ 9

Haftung

9.1 Der Auftragnehmer haftet für ordnungsgemäße Erfüllung seiner Leistungen.

9.2 Der Auftragnehmer haftet nur für solche Schäden, die nachweislich auf schuldhafte Verletzung seiner Pflichten aus diesem Vertrag zurückzuführen sind.

9.3 Der Vertrag läßt die Rechte und Pflichten des Eigentümers der Anlage und des Benutzers unberührt.

§ 10

Vertragsdauer

10.1 Die Gültigkeitsdauer des Wartungsvertrages beträgt mindestens 1 Jahr. Der Vertrag verlängert sich stillschweigend um ein weiteres Jahr, falls er nicht spätestens 3 Monate vor Ende des laufenden Wartungsjahres schriftlich gekündigt wird.

10.2 Eine Kündigung ist nur dann möglich, wenn ein wichtiger Grund vorliegt.

§ 11

Erfüllungsort und Gerichtsstand ist der Sitz des Auftraggebers. Änderungen und Ergänzungen dieses Vertrages bedürfen der Schriftform.

. . . . , den . . . . , den . . . .

. . . .

      (Der Auftraggeber)   (Der Auftragnehmer)

Arbeitskarte zum Wartungsvertrag für Ölfeuerungsanlagen

Die Hauptinspektion umfaßt alle aufgeführten Leistungen. Die kleine Inspektion umfaßt die Punkte 1, 5, 6, 7, 8, 10. Bei der Wartung ist für jede Ölfeuerungsanlage eine Arbeitskarte auszufüllen.

Gebäude: ....

Ölfeuerungsanlage Nr.: .... (lfd. Nr. gem. Wartungsvertrag § 1)

Type und Fabrikat: .... Baujahr u. Nr. ....

   1. Aufgetretene Störungen seit der letzten Kontrolle:

       . . . .

       . . . .

       . . . .

   2. Überprüfen der ölführenden Leitungen einschl. Armaturen vom Tank bis zum Ölbrenner, Reinigung des Ölfilters.
Funktionskontrolle des Tankinhaltsanzeigers.

   3. Funktionskontrolle und Überprüfen aller Kontakte der Regel- und Sicherheitseinrichtungen, Thermostate, Pressostate, Wassermangelsicherung, Ölfeuerungsautomat, Warnanlage.

   4. Gegebenenfalls Reinigen von Kontakten, Überprüfung von Betriebs- und Störlampen.

   5. Prüfung der Betriebssicherheit des Notschalters und Feststellung von evtl. fehlenden Sicherheitsorganen.

   6. Umfassende Reinigung des Brenners:
Elektroden, Düsenstock, Düsen, Brennerrohr, Stauscheibe, Drallkopf, Pumpenfilter, Ventilatorrad.

   7. Kontrolle des Flammrohres oder Trichters,
der Stauringstellung zur Düse,
der Düsen und Düsenleitung,
der Pumpe (Vacuum und Druck)
der Magnetventile auf Dichtheit bei entsprechendem Druck,
des Elektrodenabstandes und des Zündkabels.

   8. Lagerstellen ölen,

   9. Prüfen der Luftklappe auf Verstellbarkeit,

 10. Allgemeine Funktionskontrolle und Überprüfung der Verbrennung.

 11. Es sind folgende Werte zu messen und ggf. durch Änderung der Brennereinstellung zu korrigieren:

	Ruß-zahl	Schornstein-zug	Rauchgas-temp.	Heizraum-temp.	CO_2 Gehalt d. Rauchg.	Pumpendruck	Kesselwirkungsgrad
		mm WS	°C	°C	Vol %	atü	%
1. Messung							
2. Messung nach erfolgter Korrektur							

12. Überprüfung der Kesselauskleidung
Zustand: . ...

. . ..

. . ..

13. Kontrolle von Rauchgasklappe und Zugregler.

Zusätzlich vereinbarte Arbeiten im Rahmen des Wartungsprogramms:

. . ..

. . ..

. . ..

Ersatzteile gegen besondere Berechnung:

. . ..

. . ..

Zusätzlicher Arbeitsaufwand gegen besondere Berechnung:

. . ..

. . ..

Bestätigung der Werte nach Immissionsschutzgesetz:

. . ..

Wartungsarbeiten ausgeführt: ....

(Kundendienstmonteur)

Ort: .... Datum: ....

(Unterschr. d. Auftraggebers)

7.5 Wartungs- und Inspektionsvertrag für Aufzüge und Hebebühnen
(Muster) [11]

Zwischen   . . . .

— nachstehend Auftraggeber genannt —

und der Firma   . . . .

— nachstehend Auftragnehmer genannt —

wird folgender Wartungs- und Inspektionsvertrag abgeschlossen:

§ 1

Gegenstand und Grundlagen des Vertrages

1.1 Gegenstand dieses Vertrages sind Leistungen

in   . . . .

. . . .

1.2 für folgende Anlage:
Art der Aufzugsanlage:
Fabrikat:
Fabr. Nr.:
Standort:

§ 2

Leistungen

2.1 Wartung, Pflege und periodische Inspektion der o. a. Anlagen und der zugehörigen Sicherheitseinrichtungen mit allen Teilen in Abständen gem § 4.

2.2 Der Wartungs- und Pflegedienst umfaßt die fachtechnisch notwendigen Nachstellarbeiten an elektrischen Kontakten, Schaltern und Relais in der Wartungszeit sowie das Schmieren und Reinigen gemäß Arbeitskarte. Die ausgewechselten Teile werden gesondert in Rechnung gestellt.

§ 3

Leistungsabgrenzung

Leistungen, die nicht unter den Wartungsvertrag fallen:

3.1 Die Untersuchung und Beseitigung festgestellter oder vermuteter Mängel (einschl. Auswechslung abgenutzter Teile), soweit sie nicht durch einfaches Nachstellen ohne Lösung festverschraubter Abdeckungen bzw. ohne Demontage behoben werden können.

3.2 Die Säuberung des Maschinenraumes (ggf. des Rollenraumes) und der Schachtgrube. Jedoch obliegt dem Fachmonteur innerhalb seines Wartungsdienstes die verantwortliche Aufsicht und Absicherung.

§ 4

Terminablauf

4.1 Die Wartung erfolgt jeweils in monatlichen*, vierteljährlichen* Abständen.

Erstmals im Monat ....

gerechnet vom Tage der Unterzeichnung an.

* Nichtzutreffendes ist zu streichen!

§ 5

Mängelbeseitigung

5.1 Bei den Wartungsarbeiten festgestellte oder vermutete Mängel, welche die Sicherheit und Betriebsbereitschaft der Aufzugsanlage gefährden, sind schriftlich, in dringenden Fällen mündlich oder telefonisch vom Personal des Auftragnehmers dem Auftraggeber oder dessen Vertretung mitzuteilen.

5.2 Stellt das Wartungspersonal einen gefährlichen Zustand fest, so wird die Aufzugsanlage stillgesetzt und der Auftraggeber oder dessen Vertretung verständigt.

5.3 Für Lieferungen und Leistungen (Reparaturen), die im § 2 nicht aufgeführt sind, hat der Auftragnehmer dem Auftraggeber rechtzeitig ein entsprechendes Angebot einzureichen oder eine sonstige Vereinbarung über dessen Durchführung und Berechnung herbeizuholen.

5.4 Die im Rahmen der Gewährleistungsfrist des Lieferers der Anlage vorzunehmende Mängelbeseitigung wird durch die Regelung nach § 6 (Reparaturen) nicht berührt.

§ 6

Reparaturen

6.1 Die bei der Inspektion festgestellten Mängel werden von der Firma sofort beseitigt. Bei erforderlichem Einbau von Ersatzteilen, deren Kosten 100,– DM übersteigen und wozu mehr als acht Stunden Montagezeit benötigt werden, ist vorher das Einverständnis des zuständigen Bauamtes einzuholen.

Ist der zuständige Sachbearbeiter oder dessen Vertreter des Bauamtes nicht fernmündlich zu erreichen, so kann im Falle der Gefahr der Betreiber bzw. Nutznießer der sofortigen Mängelbeseitigung zustimmen.

6.2 Der Auftragnehmer verpflichtet sich, außerhalb der Inspektion auftretende Mängel nach Auftragserteilung durch das Bauamt unverzüglich zu beheben.

6.3 Die über den Rahmen des § 2 hinausgehenden Reparaturleistungen werden mit Lohn- und Materialkosten dem Bauamt gesondert berechnet.

§ 7

Pflichten des Auftraggebers bzw. des Betreibers

7.1 Der Aufzugsbesitzer oder der mit der Leitung des Betriebes beauftragte Stellvertreter ist verpflichtet, die Betriebsvorschriften für Aufzüge gem. der Aufzugsverordnung zu beachten und deren Einhaltung durch den Aufzugswärter zu veranlassen sowie für ordnungsgemäße Beleuchtung des Maschinenraumes, des Fahrkorbers, der Schachtzugänge und ggf. des Rollenraumes zu sorgen.
Auch ist ein unfallsicherer Zugang zu diesen Räumen, die Freihaltung des Maschinenraumes von allen nicht zum Aufzugsbetrieb gehörenden Gegenständen und das Aufrechterhalten einer zuverlässigen Entwässerung wasserfangender Schachtgruben sicherzustellen.

7.2 Der Aufzugsbesitzer hat an geeigneter Stelle im Maschinenraum das erforderliche Schmier- und Reinigungsmaterial — vor Verschmutzung geschützt — aufzubewahren.

7.3 Auf Anforderung des Auftragnehmers wird der Auftraggeber für Wartungsarbeiten, bei denen nach den UVV ein zweiter Mann erforderlich ist, eine — keine —* geeignete Hilfskraft beistellen.

7.4 Der Auftraggeber oder sein Stellvertreter bescheinigen dem Fachmonteur auf dessen Monteurstundenzettel die Durchführung der Wartung. Die Beseitigung vorgefundener Mängel, deren Behebung nicht zu den Vertragsleistungen gehören, sind auf einem besonderen Monteurstundenzettel aufzuführen. Eine Durchschrift des Monteurstundenzettels verbleibt dem Inhaber des Aufzuges oder seinem Stellvertreter. Mit der geleisteten Unterschrift gilt die Arbeit als abgenommen, wobei die fachliche Verantwortung für die Arbeitsausführung dem Auftragnehmer verbleibt.

7.5 Falls gegen die Unterzeichnung des Monteurstundenzettels Bedenken bestehen, so ist der Auftraggeber verpflichtet, sich deswegen innerhalb 3 Tagen mit dem Auftragnehmer in Verbindung zu setzen.

7.6 Der Auftraggeber stellt Putz- und Schmiermittelmaterial (einschl. Getriebeöl) zur Verfügung.

§ 8

Pflichten des Auftragnehmers

8.1 Mit der Wartung und Inspektion wird ein Fachmonteur beauftragt.

8.2 Der Auftragnehmer stellt bei rechtzeitiger Verständigung durch den Auftraggeber für die gesetzlich vorgeschriebenen Prüfungen durch Sachverständige die notwendigen Arbeitskräfte und Belastungsgewichte gegen gesonderte Berechnung.

8.3 Die Beseitigung von Betriebsstörungen der Aufzugsanlage ist möglichst umgehend vorzunehmen und wird gesondert in Rechnung gestellt.

8.4 Alle Arbeiten werden während der normalen betriebsüblichen Arbeitszeit ausgeführt (Montag—Freitag zwischen 7.00 und 16.00 Uhr, ausgenommen Feiertage).
Werden Wartungsarbeiten auf Wunsch des Aufzugsbetreibers außerhalb der normalen Arbeitszeit ausgeführt, so werden diese Überstunden zu den betriebsüblichen Verrechnungssätzen des Auftragnehmers in Rechnung gestellt.

* Nichtzutreffendes ist zu streichen!

§ 9

Inspektionsbericht

9.1 Nach Abschluß der Arbeiten ist dem Beauftragten des Auftraggebers ein Inspektionsbericht, ggf. in Form einer Arbeitskarte zu übermitteln. Darin sollten die ausgeführten Arbeiten stichwortartig angegeben und die eingefügten Ersatzteile aufgeführt werden. Dazu gehört die Angabe des vermutlichen Grundes für den Ausfall.

9.2 Ggf. ist zusätzlich mitzuteilen, welche Reparaturen in Zukunft zu erwarten sind oder welche Veränderungen vorsorglich durchgeführt werden sollen, um die weitere Funktion der Anlage und die Einhaltung der Unfallverhütungsvorschriften zu gewährleisten.

§ 10

Vergütung

10.1 Die Vergütung je Wartung beträgt .... DM netto, zuzüglich .... % Mehrwertsteuer.
Zahlbar nach Rechnungsstellung. In diesem Betrag sind alle Nebenkosten, wie Lohn, Weggebühr und Auslösung enthalten.

10.2 Die Rechnung ist auf den Auftraggeber auszustellen und zu richten an

. . . .

. . . .

10.3 Die Abrechnung der Reparaturarbeiten erfolgt nach den jeweils geltenden, vereinbarten Montageverrechnungssätzen.

§ 11

Änderung der Vergütung

11.1 Falls sich die Kosten für Löhne, Auslösungen und Fahrgelder auf Grund tarifvertraglicher Festlegungen nach dem Zeitpunkt der letzten Preisfestsetzung ändern, sind die Vertragsparteien berechtigt, eine Anpassung des Vertragspreises entsprechend der Änderung der Lohn-, Auslösungs- und Fahrgeldanteile zu verlangen. Dabei sind diese ursprünglichen Anteile und deren Veränderungen prüfbar nachzuweisen. Tariflich bedingte Änderungen müssen von derjenigen Vertragspartei nachgewiesen werden, die eine Änderung des seither festgesetzten Vertragspreises wünscht.

§ 12

Haftung

12.1 Der Auftragnehmer haftet für alle Schäden an der Anlage, die durch mangelhafte oder nicht rechtzeitige Wartung entstehen.

12.2 Eine weitergehende Schadenersatzpflicht des Auftragnehmers tritt nur ein, wenn der entstandene Schaden durch Vorsatz oder grobe Fahrlässigkeit des Auftragnehmers selbst, seines gesetzlichen Vertreters oder Erfüllungsgehilfen verursacht wird.

12.3 Der Vertrag läßt die Rechte und Pflichten des Eigentümers der Aufzugsanlage und des Benutzers unberührt.

§ 13

Vertragsdauer

13.1 Die Dauer des Wartungsvertrages beträgt mindestens 1 Jahr. Der Vertrag verlängert sich stillschweigend um ein weiteres Jahr, falls er nicht spätestens 3 Monate vor Ende des laufenden Wartungsjahres schriftlich gekündigt wird.

13.2 Eine fristlose Kündigung ist nur aus wichtigem Grund möglich.

§ 14

Erfüllungsort und Gerichtsstand ist der Sitz des Auftraggebers. Änderungen und Ergänzungen dieses Vertrages bedürfen der Schriftform.

. . . . , den . . . . , den . . . .

. . . .

       (Der Auftraggeber)   (Der Auftragnehmer)

7.6 Kundendienstvertrag
(Muster) [11]

Zwischen . . . .

vertreten durch . . . .

und

der Firma . . . .

wird folgender Vertrag über die Wartung einer Ölfeuerungsanlage abgeschlossen:

Abonnement . . . . (ohne Ersatzteildienst).

Der Kundendienstvertrag beginnt am . . . . und wird für die Dauer eines Jahres abgeschlossen. Er verlängert sich jeweils um ein Jahr, wenn er nicht mindestens drei Monate vor Vertragsablauf gekündigt wird.

Zu warten sind folgende Anlagen:

. . . .

. . . .

. . . .

. . . .

Der Preis für den Kundendienst beträgt pauschal . . . . DM je Jahr; er ist im voraus/nach Rechnungstellung fällig.

Für den Wartungsvertrag gelten die dem Vertrag beigefügten allgemeinen Verkaufs-, Lieferungs- und Zahlungsbedingungen

der Firma . . . .

Die Firma . . . . .verpflichtet

sich zu folgenden Leistungen:

a) zu einer Hauptrevision der Brenneranlage vor der Heizperiode,
  - dabei sind insbesondere der Öltank, die Ölleitungen und Armaturen sowie die Brennereinstellung und die Brennerfunktionen, ferner die Brennkammer zu überprüfen. Der Brenner ist auf die beste Leistung durch Messung von CO_2, Rußbild und Kaminzug einzustellen —

b) zu je einer Kontrollrevision während und nach der Heizperiode,
  - dabei sind insbesondere der Kaminzug, die Brennereinstellung und die Brennerfunktionen sowie der Öltank, die Fotozelle und die Filter zu prüfen —

c) zu einer kostenlosen Störungsbehebung während des ganzen Jahres, wobei die Ersatzteile kostenlos ein- und ausgebaut werden.

Im Wartungsdienst sind Arbeiten nicht enthalten, die erforderlich werden

bei Beschädigung der Anlage durch fehlerhafte Bedienung infolge Nichtbeachtung der Betriebsvorschrift oder durch Fahrlässigkeit,

als Folge falsch eingestellter Zeitschaltuhren oder Thermostate,

infolge von Mängeln an den Heizkesseln,

bei nicht rechtzeitigem Nachfüllen der Heizöltanks,

nach Erneuerung oder Ausbesserung der Brennkammer,

bei schadhaften Sicherungen und Zuleitungen, bei Stromausfall bzw. fehlerhaften elektr. Anschlüssen,

bei Störungen, die durch Eingriffe Dritter bedingt sind,

nach Verwendung ungeeigneter Heizöle

und infolge Änderungen der Schamottierung.

Im Wartungsdienst ist ferner nicht inbegriffen

die Reinigung der Heizkessel und Ölvorratsbehälter sowie der Ölleitungen.

. . . .
    Ort, Datum

. . . .
    (Auftraggeber)   (Auftragnehmer)

200

7.7 Das Gebäudereiniger-Handwerk

Richtlinien für Vergabe und Abrechnung
(Stand: 1. Dezember 1973)

zuständig: Bundesinnungsverband des Gebäude-Reiniger-Handwerks, 5300 Bonn

Inhaltsverzeichnis

5.5 Gebäudeinnenreinigung
5.6 Krankenhausreinigung
5.7 Industriereinigung
5.8 Besondere Reinigungsarbeiten.

0 Allgemeines
0.1 Die Richtlinien gelten für alle Gebäudereinigungsarbeiten
0.2 Die Ausschreibungsunterlagen sind den Bewerbern mit einem Anschreiben zu übergeben, das
    alle Angaben enthält, die für die Beteiligung an der·Ausschreibung wichtig sind

1 Art der Reinigungsleistung

1.1 Baureinigung
Die Baureinigung umfaßt die Beseitigung von Bauverschmutzungen bei Neu- und Umbauten sowie
nach Renovierungsarbeiten während der Bauzeit und/oder zur Fertigstellung des Bauwerkes

1.2 Fassadenreinigung
Die Fassadenreinigung umfaßt die Reinigung und Oberflächenbehandlung von Fassaden, Fassaden-
elementen, Beleuchtungsanlagen, Transparenten und Lichtreklamen, Licht- und Wetterschutz-
anlagen, Markisen, Lamellen, Blenden

1.3 Glasreinigung
Die Glasreinigung umfaßt die Reinigung von Verglasung ein-, zwei- oder mehrseitig
Mit der Glasreinigung kann die Reinigung und Pflege der Rahmen und Einfassungen gesondert
vergeben werden

1.4 Gebäudeinnenreinigung
Die Gebäudeinnenreinigung umfaßt die Reinigung und Pflege der Fußböden und Bodenbeläge, der
Decken und Wände, der sanitären und klimatechischen Anlagen sowie der Gegenstände der Raumausstattung in bestimmten Zeitabständen:
a) in kürzeren Abständen
   (täglich bis einmal wöchentlich)
b) als Überholungsreinigung
   (einmal wöchentlich bis einmal jährlich)

1.5 Krankenhausreinigung
Die Krankenhausreinigung umfaßt die Reinigung und Pflege der Fußböden und Bodenbeläge, der
Decken und Wände, der sanitären und krankenhaustechnischen Anlagen und Einrichtungen sowie
der Gegenstände der Raumausstattung im gesamten Krankenhausbereich (Krankenzimmer, Flure,
Operations- und Behandlungsräume, Verwaltungsräume, Schwesternzimmer) im Hinblick auf die
speziellen Anforderungen der einzelnen Abteilungen oder der Zweckbestimmung des Hauses unter
Berücksichtigung der hygienischen Notwendigkeiten

1.6 Industriereinigung
Die Industriereinigung umfaßt die Reinigung von industriellen Gebäuden und Anlagen im Produktionsbereich sowie die Spezialentstaubung in Industrieobjekten.

1.7 Besondere Reinigungsarbeiten

Ein- oder mehrmalige Reinigung, Pflege und Oberflächenbehandlung an oder in

    Denkmälern und Kultstätten

    Theatern, Kirchen u. ä.

    Messen und Ausstellungen

    Flughäfen, Bahnhöfen

    Sportstätten

    Außenanlagen

2 Grundsätzliches zur Leistungsbeschreibung

2.1 Die Leistungsbeschreibung soll nach Lage des Einzelfalles enthalten:

2.101 Angaben über Art und Lage des Reinigungsobjektes

2.102 Beschreibung der zu behandelnden Flächen und Gegenstände

2.103 Angaben über Stückzahl und Aufmaß, die für die Abrechnung nach Position 5 notwendig sind

2.104 Art der Verschmutzung

2.105 Angaben über frühere Behandlungen

2.106 Den Arbeitsablauf erschwerende Umstände

2.107 Voraussichtlicher Beginn und zur Verfügung stehende Ausführungszeit

2.108 Besonders vorgeschriebene Arbeitszeiten sowie Arbeitszeitbeschränkungen und -unterbrechungen

2.109 Vom Auftragnehmer vorzuhaltende technische Einrichtungen (Gerüste, Fahrleitern, Hebebühnen)

2.110 Nebenleistungen nach Position 4

2.111 Angaben über kostenfreie Benutzung von Abstellräumen für Maschinen, Geräte und Material des Auftragnehmers

2.112 Angaben über kostenfreie Lieferung von Wasser und elektrischer Energie

2.113 Angaben über kostenfreie Benutzung der vom Auftraggeber gestellten Gerüste und Einrichtungen

2.114 Angabe, ob bestimmte Arbeitsverfahren oder Behandlungsmittel nicht eingesetzt werden sollen

2.115 Angabe, ob besondere Maßnahmen vorzusehen sind zum Schutze von Personen, Bauteilen, Werkteilen, Ausstattungs- und Einrichtungsgegenständen, elektrischen und sanitären Anlagen und Leitungen, Maschinenanlagen, Außenanlagen u. ä.

2.2 Baureinigung

2.201 Angaben über Art und Verwendungszweck des Bauwerkes (Verwaltung, Kaufhaus, Krankenhaus, Tiefgarage o. ä.)

2.202 Raum- und Flächenaufteilung

2.203 Angaben über die Art und Beschaffenheit der zu behandelnden Flächen

2.204 Angaben über Gegenstände der Raumausstattung, sanitäre und technische Anlagen und Einrichtungen

2.205 Angabe, ob es sich um eine im Verlauf der Bauzeit

        notwendige Zwischenreinigung

oder   nach Fertigstellung des Bauwerkes durchzuführende Schlußreinigung handelt

und ob die Erstpflege an Flächen und Gegenständen auszuführen ist

2.3 Fassadenreinigung

2.301 Angaben über Art und Beschaffenheit der zu behandelnden Baustoffe

2.302 Angaben über Art und Beschaffenheit der an der Fassade angebrachten Elemente und Anlagen

2.303 Angaben über den Zeitpunkt der Erstellung der Fassade und der Elemente

2.304 Angabe, wann die letzte Reinigung durchgeführt wurde

2.305 Angabe, ob die Reinigung einmalig oder in bestimmten Zeitabständen durchzuführen ist

2.4 Glasreinigung

2.401 Angaben über Art und Beschaffenheit der zu reinigenden Glasflächen

2.402 Angaben über Konstruktionsmerkmale der Fenster und Verglasungen und ihre Befestigung mit oder in anderen Bauteilen

2.403 Angaben über Art, Werkstoff und Beschaffenheit der Einfassungen der Verglasungen

2.404 Angaben, ob die Reinigung ein-, zwei- oder mehrseitig auszuführen ist

2.405 Angaben, ob die Reinigung einmalig oder in bestimmten Zeitabständen durchzuführen ist

2.5 Gebäudeinnenreinigung

2.501 Angaben über Art und Verwendungszweck des Bauwerkes (Verwaltung, Kaufhaus, Krankenhaus, Tiefgarage o. ä.)

2.502 Angaben über Raum- und Flächenaufteilung und Verwendungszweck

2.503 Angaben über die Art und Beschaffenheit der zu behandelnden Flächen

2.504 Angaben über Gegenstände der Raumausstattung, sanitäre und technische Anlagen und Einrichtungen

2.505 Angaben, welche Reinigungs- und Pflegearbeiten in welchen Zeitabständen durchzuführen sind

2.6 Krankenhausreinigung

2.601 Angaben über Art und Verwendungszweck des Bauwerkes (Krankenhaus, Sanatorium, Alters- oder Pflegeheim, Schwesternwohnheim, Kinderhort)

2.602 Raum- und Flächenaufteilung und Verwendungszweck

2.603 Angaben über die Art und Beschaffenheit der zu behandelnden Flächen

2.604 Angaben, welche besonderen hygienischen Maßnahmen notwendig sind

2.605 Angaben über Gegenstände der Raumausstattung, sanitäre und technische Anlagen und Einrichtungen

2.606 Angaben, welche Reinigungs- und Pflegearbeiten in welchen Zeitabständen durchzuführen sind

2.607 Angaben, in welchen Bereichen Volldesinfektion durchgeführt werden muß

2.608 Angabe, welche besonderen Dienstleistungen vom Auftragnehmer zu erbringen sind

2.609 Angabe, ob für bestimmte Bereiche der Einsatz besonders ausgebildeter Kräfte notwendig ist

2.7 Industriereinigung

2.701 Angaben über die Art und Beschaffenheit der zu reinigenden Gebäude und Anlagen

2.702 Raum- und Flächenaufteilung und Verwendungszweck

2.703 Angaben über die Art und Beschaffenheit der zu behandelnden Flächen

2.704 Angaben über die Konstruktion der zu reinigenden Bauteile, Anlagen und Gegenstände

2.705 Angabe, ob die zu entfernenden Verschmutzungen besondere Eigenschaften haben, z. B. explosive Stäube, brennbare Schmutzarten

2.706 Angabe, welche besonderen Dienstleistungen vom Auftragnehmer zu erbringen sind

2.707 Angabe, ob für bestimmte Bereiche der Einsatz besonders ausgebildeter Kräfte notwendig ist

2.8 Besondere Reinigungsarbeiten

2.801 Angaben über Art und Beschaffenheit der zu behandelnden Flächen und Gegenstände

2.802 Raum- und Flächenaufteilung und Verwendungszweck

2.803 Angabe über die Konstruktion der zu reinigenden Gegenstände, Anlagen und Bauteile

2.804 Angabe, wann die letzte Reinigung durchgeführt wurde

2.805 Angabe, ob die Reinigung einmalig oder in bestimmten Zeitabständen durchzuführen ist

2.806 Angabe, ob für bestimmte Arbeiten der Einsatz besonders ausgebildeter Kräfte notwendig ist

2.807 Angabe, ob frühere Behandlungsarbeiten vorgenommen wurden

3 Ausführung

3.1 Allgemeines

Der Auftragnehmer hat sich vom Umfang und der Möglichkeit der Durchführung der Leistung an Ort und Stelle zu überzeugen. Werden hierbei erkennbare Mängel festgestellt oder hat er andere Bedenken, so muß er diese dem Auftraggeber unverzüglich schriftlich mitteilen (vgl. auch VOB/B § 4 Abs. 3 und VOL/B § 5 Abs. 4)

Die Ausführung der Arbeiten hat den Vorschriften der Berufsgenossenschaften, des Auftraggebers und der Bauaufsicht zu entsprechen

3.2 Baureinigung

3.201 Entfernen der Bauverschmutzungen im Laufe der Bauzeit als Zwischenreinigung nach Leistungsverzeichnis

3.202 Entfernen der Bauverschmutzungen nach Beendigung der Bauzeit nach Leistungsverzeichnis

3.203 Reinigung, Pflege und Oberflächenbehandlung der in der Leistungsbeschreibung angegebenen Flächen, Gegenstände, Anlagen und Einrichtungen zur Bezugsfertigstellung

3.3 Fassadenreinigung

3.301 Reinigung und Oberflächenbehandlung mit oder unter Ausschluß der einfassenden Bauteile nach Leistungsverzeichnis

3.302 Reinigung der an der Fassade angebrachten Elemente und Anlagen

3.303 Stellt sich bei der Ausführung der Reinigungsarbeiten heraus, daß Schäden an den zu bearbeitenden Flächen erst nach der Reinigung sichtbar werden, ist der Auftraggeber unverzüglich zu benachrichtigen

3.4 Glasreinigung

3.401 Reinigung der Glasflächen ein-, zwei- oder mehrseitig entsprechend der Ausschreibung in bestimmten Zeitabständen

3.402 Reinigung und Pflege der Einfassungen, Rahmen, Bekleidungen und Zargen nach dem Leistungsverzeichnis in bestimmten Zeitabständen

3.403 Stellt sich bei der Ausführung der Reinigungsarbeiten heraus, daß Schäden an den zu bearbeitenden Flächen erst nach der Reinigung sichtbar werden, ist der Auftraggeber unverzüglich zu benachrichtigen.

3.5 Gebäudeinnenreinigung

3.501 Reinigung, Pflege und Oberflächenbehandlung der Fußböden und Bodenbeläge, der Decken und Wände, der sanitären und klimatechnischen Anlagen sowie der Gegenstände der Raumausstattung nach Leistungsverzeichnis in den vorgegebenen Zeitabständen

3.502 Durchführung von Arbeiten mit besonderen Behandlungsmitteln (z. B. desinfizierend, antistatisierend und schädlingsabweisend wirkenden Mitteln) nach Leistungsnachweis

3.503 Besondere Dienstleistungen, die nicht direkt Gegenstand der Reinigungsleistung sind (z. B. Austauschen von Handtüchern, Wäscher-Service, Küchenhilfe, Geschirrspülen) nach Leistungsverzeichnis

3.6 Krankenhausreinigung

3.601 Reinigung, Pflege und Oberflächenbehandlung der Fußböden und Bodenbeläge, der Decken und Wände, der sanitären und krankenhaustechnischen Anlagen und Einrichtungen sowie der Gegenstände der Raumausstattung nach Leistungsverzeichnis in den vorgegebenen Zeitabständen

3.602 Durchführung von Arbeiten mit besonderen Behandlungsmitteln (desinfizierend, antistatisierend und schädlingsabweisend wirkenden Mitteln) nach Leistungsverzeichnis

3.603 Durchführung von Volldesinfektionen in bestimmten Bereichen in bestimmen Zeitabständen nach Leistungsverzeichnis

3.604 Gestellung von Personal für besondere Dienstleistungen im Krankenhaus (z. B. Gehilfendienst, Küchendienst, Bäderdienst) nach Leistungsverzeichnis

3.605 Besondere Dienstleistungen, die nicht Gegenstand der Reinigungsleistung sind (z. B. Wäsche-Service, Bring- und Holdienst, Tagesfrauen) nach Leistungsverzeichnis

3.7 Industriereinigung

3.701 Reinigung und Oberflächenbehandlung in industriellen Gebäuden und Anlagen im Produktionsbereich nach Leistungsverzeichnis

3.702 Die Entstaubung der Bauelemente, Konstruktionen, Flächen usw. mit oder ohne einfassende Bauelemente und Einrichtungen nach Leistungsverzeichnis

3.703 Entfetten der Fußböden, Decken und Wände, Konstruktionen, Maschinen und maschinellen Anlagen nach Leistungsverzeichnis

3.704 Durchführung von Arbeiten mit besonderen Behandlungsmitteln (z. B. korrosionshemmende, desinfizierend, antistatisierend, schädlingsabweisend wirkende Mittel, Schutzaufträge oder witterungsbedingte Einflüsse oder Industrieabgase) nach Leistungsverzeichnis

3.705 Besondere Dienstleistungen, die nicht Gegenstand der Reinigungsleistung sind (z. B. Gestellung von Hilfspersonal für Aus- und Einräum-, sowie Transportarbeiten, Kantinenhilfen, Zulieferarbeiten für Automaten) nach Leistungsverzeichnis

3.706 Reinigen von Waschkauen und deren Einrichtungen in bestimmten Zeitabständen nach Leistungsverzeichnis

3.8 Besondere Reinigungsarbeiten

3.801 Reinigung, Pflege und Oberflächenbehandlung von Denkmälern und Kultstätten nach Leistungsverzeichnis

3.802 Reinigung, Pflege und Oberflächenbehandlung der Fußböden und Bodenbeläge, der Decken und Wände, der sanitären und klimatechnischen Anlagen sowie der Gegenstände der Raumausstattung in Theatern, Kirchen, Bahnhöfen, Flughäfen usw. nach Leistungsverzeichnis

3.803 Durchführung von Arbeiten mit besonderen Behandlungsmitteln (z. B. desinfizierend, antistatisierend und schädlingsabweisend wirkenden Mitteln) in Theatern, Kirchen, Bahnhöfen, Flughäfen usw. nach Leistungsverzeichnis

3.804 Besondere Dienstleistungen, die nicht Gegenstand der Reinigungsleistung sind (z. B. Garderobendienst, Toilettenbetreuung, Wäsche-Service) nach Leistungsverzeichnis

3.805 Reinigungs- und Unterhaltungsarbeiten an und in Sportstätten (Außen- und Innenanlagen) nach Leistungsverzeichnis

3.806 Reinigung von Außenanlagen, Tribünen, Hallen, Trainingsstätten usw. nach Leistungsverzeichnis

4 Nebenleistungen

Nebenleistungen sind Leistungen, die auch ohne Erwähnung in der Leistungsbeschreibung zur
vertraglichen Leistung gehören (vgl. auch VOB/B DIN 1961 § 2 Ziff. 1) und durch den vereinbarten Preis abgegolten sind

4.1 Folgende Leistungen gelten als Nebenleistungen:
4.101 Messungen für das Ausführen und Abrechnen der Arbeiten einschließlich des Vorhaltens der
Meßgeräte und Stellen der Arbeitskräfte
4.102 Schutz und Sicherheitsmaßnahmen nach den Unfallverhütungsvorschriften und polizei-
lichen Vorschriften
4.103 Heranbringen von Wasser, Gas und Strom von den vom Auftrageber angegebenen Anschluß-
stellen zu den Verwendungsstellen
4.104 Vorhalten der Kleingeräte und Werkzeuge
4.105 Befördern aller Reinigungs-, Pflege- und Hilfsmittel, auch wenn sie vom Auftraggeber bei-
gestellt werden, von den Lagerstellen zu den Verwendungsstellen und etwaiges Rückbeför-
dern
4.106 Vorhalten von Leitern bis 4 m Höhe einschließlich Gurten, Leinen und dergleichen
4.107 Die Verwendung der zum Schutz anderer Bauelemente üblichen und erforderlichen Abdeckungen einschließlich der dazugehörigen Materialien
4.108 Die Beseitigung aller von den Arbeiten des Auftragnehmers herrührenden Verunreinigungen

4.2 Folgende Leistungen sind Lebenleistungen, wenn sie nicht durch besondere Ansätze in der
Leistungsbeschreibung erfaßt sind
4.201 Einrichten und Räumen der Baustelle
4.202 Vorhalten der Baustelleneinrichtung einschließlich der Geräte und dergleichen
4.203 Abladen und Lagern der vom Auftraggeber gestellten Reinigungs-, Pflege- und Behandlungsmittel an der Baustelle, soweit sie während der Ausführung der Bauleistungen angeliefert
werden
4.204 Anbringen und Entfernen eigener oder fremder Schutzvorkehrungen (Klebestreifen, Schutz-
folien, Abdeckungen u. ä.)

4.3 Folgende Leistungen sind keine Nebenleistungen
4.301 Besondere Leistungen nach VOB/A § 9 Abs. 2, letzter Satz
4.302 Aufstellen, Vorhalten und Entfernen von Schutzvorrichtungen und Einrichtungen zur
Sicherung des öffentlichen Verkehrs (ggfs. auch innerhalb des Gebäudes)
4.303 Beseitigen oder Sichern von Hindernissen wie Leitungen, Kabel, Bäumen u. ä.
4.304 Benutzung von Leitern ab 4 m Höhe
4.305 Stellen von Hilfsgerüsten, Fensterstühlen, Bootsmannsstühlen und Fahrkörben, die Bereit-
stellung von mechanischen Fahrleitern, Hebebühnen u. ä.
4.306 Beseitigen der von Arbeiten anderer Unternehmer herrührenden groben Verschmutzungen
sowie Abfahren von Bauschutt
4.307 Aufwendungen für Inanspruchnahme fremder Grundstücke, Räumlichkeiten u. ä. sowie
fremder Leistungen oder Einrichtungen z. B. Krananlagen und deren Bedienung
4.308 Besondere Maßnahmen zum Schutze gegen Beschädigungen von Gebäudeteilen, Anlagen
und deren Verkehrswege

4.309 Demontage und Montage sowie Transport von Gegenständen aller Art, die zur Ausführung der Reinigungsarbeiten erforderlich sind

4.310 Demontage und Montage von Beleuchtungskörpern, Sonnenblenden, Vorhängen usw. sowie Aus- und Einräumen von Ausstattungs- und Einrichtungsgegenständen

4.311 Aufwendungen für behördliche Genehmigungen

4.312 Zusätzliche Aufwendungen, wenn vom Auftraggeber Wasser und Energie nicht gestellt werden können

4.313 Aufwendungen für die an den Objekten verbleibenden Verankerungen zur Befestigung nach den Vorschriften der Berufsgeossenschaft

5 Aufmaß und Abrechnung

5.1 Allgemeines

Reinigungs- und Nebenleistungen sollen grundsätzlich so vergeben werden, daß die Vergütung nach Leistung bemessen wird (Leistungsvertrag) und zwar:

a) in der Regel zu Einheitspreisen für technisch und wirtschaftlich einheitliche Teilleistungen, deren Menge nach Maß oder Stückzahl vom Auftraggeber in den Ausschreibungsunterlagen anzugeben ist (Einheitspreisvertrag).

b) in geeigneten Fällen für eine Pauschalsumme, wenn die Leistung nach Ausführungsart und Umfang genau zu bestimmen ist und mit einer Änderung bei der Ausführung nicht zu rechnen ist (Pauschalvertrag)

Reinigungs- und Nebenleistungen geringeren Umfanges, die überwiegend Lohnkosten verursachen, können im Stundenlohn vergeben werden.

Bei der Vergabe ist festzulegen, wie Entgelte (Löhne und Gehälter), entgeltgebundene Kosten, Allgemeinkosten, Stoffe, Gerätevorhaltung und andere Kosten zu vergüten sind. Ebenfalls, ob besondere Berechnungen für Gestellung von Maschinen und Großgeräte vorgenommen werden müssen.

Wird während der Ausführung der Reinigungs- und Nebenleistungen eine einwandfreie Preisermittlung möglich, so soll ein Leistungsvertrag abgeschlossen werden. Wird das bereits Geleistete nicht in den Leistungsvertrag einbezogen, so ist auf klare Leistungsabgrenzung zu achten.

Der Auftragnehmer übernimmt die Gewähr für die fachgerechte Ausführung der Leistung gemäß § 13 VOB/B bzw. § 14 VOL/B.

5.2 Baureinigung

5.201 Für Aufmaß und Abrechnung sind zu Grunde zu legen bei Neubauten und Umbauten die Rohbaumaße. Die Rohbaumaße können aus den nach der Ausführung berichtigten Zeichnungen entnommen werden

5.202 Bei Abrechnung nach Rohbaumaß werden Aussparungen (z. B. für Öffnungen, Pfeilervorlagen, Heizkörpernischen) bis 0,10 qm Einzelgröße nicht berücksichtigt

5.203 Treppen nach Abwicklung (Tritt- und Stoßfläche), Podeste u. ä. nach Flächenmaß

5.204 Verkleidungen und Bespannungen nach Flächenmaß

5.205 Glasflächen nach 5.4

5.206 Heizkörper, sanitäre Anlagen, technische Anlagen u. ä. nach Flächenrohmaß, sonst Aufmaß nach lfd. m oder Stückzahl

5.207 Ausstattungs- und Einrichtungsgegenstände je nach Größenordnung entweder nach Flächenmaß, nach Stückzahl oder pauschal nach Leistungsverzeichnis

5.208 Lichttechnische Anlagen, Beleuchtungskörper u. ä. entweder nach Größe und Flächenmaß oder nach System, Stückzahl oder pauschal nach Leistungsverzeichnis

5.3 Fassadenreinigung

5.301 Bei Teil- bzw. Gesamtreinigung oder Oberflächenbehandlung eines Bauwerkes wird das abzurechnende Aufmaß durch die äußeren Kanten begrenzt, die Länge wird horizontal in der größten Abwicklung des Objekts gemessen, die Höhe von der Erdoberfläche bis zur Oberkante, Öffnungen werden durchgemessen

Wangen u. ä. bis zu 0,50 m Tiefe bleiben unberücksichtigt

5.302 Bei Abrechnung nach Flächenmaß wird der Umfang desselben nach Aufmaß bzw. Ausführungszeichnung ermittelt

5.303 Glasflächen nach 5.4

5.304 Jalousien, Markisen, Schutzvorrichtungen u. a. getrennt nach Stoffart, Bauart und Abmessung nach Stück

5.305 Sonnenblenden und Konstruktionen, in denen Jalousien, Markisen und sonstige Schutzvorrichtungen angebracht sind, nach größten lichten Maß oder durch Flächenrohmaß ab 0,50 m Breite, sonst Aufmaß nach lfd. m oder Stückzahl

5.306 Lichttechnische Anlagen mit Überdeckungen nach größtem Flächenmaß, ohne Überdeckungen nach Systemen oder Stückzahl

5.4 Glasreinigung

5.401 Bei der Glasflächenreinigung werden die Rohbaumaße gemäß Bauzeichnung oder Aufmaß festgelegt, berechnet wird nach lichter Öffnung. Als lichte Öffnung gelten

für Fenster, Türen, Rolläden u. dergl. das kleinste Rohbaulichtmaß

Glastrennwände und Glastüren von lichte Friese links bis rechts und von oben bis unten

Glasbausteinflächen Ausbaulichtmaß

Die Abrechnung der so ermittelten Flächen wird für eine zweiseitige Reinigung zu Grunde gelegt, sofern im Leistungsverzeichnis nicht ausdrücklich andere Angaben gemacht werden

5.402 Ganzglaskonstruktionen (Hallen, Kirchen, Säle usw.), die abzurechnende Fläche wird durch die äußeren Kanten des Bauwerks begrenzt

Glasdecken, lichte Öffnung nach Flächenmaß

Glasdächer, Aufmaß nach Flächenmaß

Die Abrechnung der so ermittelten Flächen wird für eine einseitige Reinigung — oben oder unten, außen oder innen — zu Grunde gelegt, sofern im Leistungsverzeichnis nicht ausdrücklich andere Angaben gemacht werden

5.403 Bei der Reinigung und Pflege von Rahmen und Umfassungen von Glasflächen werden die Rohbaumaße gemäß Bauzeichnung oder Aufmaß festgelegt, berechnet wird nach lichter Öffnung

Die Abrecnung der so ermittelten Flächen wird für eine zweiseitige Reinigung zu Grunde gelegt, sofern im Leistungsverzeichnis nicht ausdrücklich andere Angaben gemacht werden

5.404 Ist eine Berechnung nach 5.401, 5.402 oder 5.403 nicht möglich, und wird eine andere Aufmaßermittlung zu Grunde gelegt, so ist dieses Aufmaß klar zu erläutern. Die so ermittelten Maße müssen aus der Zeichnung erkennbar sein.

5.5 Gebäudeinnenreinigung

5.501 Bei Teil- bzw. Gesamtreinigung, Pflege und Oberflächenbehandlung wird das abzurechnende Aufmaß nach dem Rohbaumaß ermittelt. Das Rohbaumaß kann aus den berichtigten Zeichnungen entnommen werden.

Bei Abrechnung nach Rohbaumaß werden Aussparungen (z. B. für Öffnungen, Pfeilervorlagen, Heizkörpernischen) bis 0,10 qm Einzelgröße nicht berücksichtigt.

Ist eine Berechnung nach diesem Aufmaß nicht möglich, und wird eine andere Aufmaßermittlung zu Grunde gelegt, so ist dieses Aufmaß klar zu erläutern. Die so ermittelten
Maße müssen aus der Zeichnung erkennbar sein.

Ein Pauschalabzug bei einer evtl. Umrechnung von Rohbaumaß auf Ausbaumaß ist wegen
der zu starken Abweichungen unzulässig. Eine Umrechnung setzt in jedem Falle eine neue
Aufmaßermittlung voraus.

5.502 Treppen nach Abwicklung (Tritt- und Stoßfläche), Podeste nach Flächenmaß

5.503 Verkleidungen und Bespannungen nach Flächenmaß

5.504 Glasflächen nach 5.4

5.505 Heizkörper, sanitäre Anlagen, technische Anlagen u. ä. nach Flächenrohmaß, sonst Aufmaß
nach lfd. m oder Stückzahl oder pauschal

5.506 Ausstattungs- und Einrichtungsgegenstände je nach Größenordnung entweder nach Flächenmaß, nach Stückzahl oder pauschal nach Leistungsverzeichnis

5.507 Lichttechnische Anlagen, Beleuchtungskörper u. ä. entweder nach Größe und Flächenmaß
oder nach System, Stückzahl oder pauschal nach Leistungsverzeichnis

5.6 Krankenhausreinigung

5.601 Bei Teil- bzw. Gesamtreinigung, Pflege und Oberflächenbehandlung wird das abzurechnende
Aufmaß nach dem Rohbaumaß ermittelt. Das Rohbaumaß kann aus den berichtigten Zeichnungen entnommen werden.

Bei Abrechnung nach Rohbaumaß werden Aussparungen (z. B. für Öffnungen, Pfeilervorlagen, Heizkörpernischen) bis 0,10 qm Einzelgröße nicht berücksichtigt.

Ist eine Berechnung nach diesem Aufmaß nicht möglich, und wird eine andere Aufmaßermittlung zu Grunde gelegt, so ist dieses Aufmaß klar zu erläutern. Die so ermittelten
Maße müssen aus der Zeichnung erkennbar sein.

Ein Pauschalabzug bei einer evtl. Umrechnung von Rohbaumaß auf Ausbaumaß ist wegen
der zu starken Abweichungen unzulässig. Eine Umrechnung setzt in jedem Falle eine neue
Aufmaßermittlung voraus.

5.602 Treppen nach Abwicklung (Tritt- und Stoßfläche), Podeste nach Flächenmaß

5.603 Verkleidungen und Bespannungen nach Flächenmaß

5.604 Glasflächen nach 5.4

5.605 Heizkörper, sanitäre Anlagen, krankenhaustechnische Anlagen u. ä. nach Flächenrohmaß,
sonst Aufmaß nach lfd. m oder Stückzahl oder pauschal.

5.606 Ausstattungs- und Einrichtungsgegenstände je nach Größenordnung entweder nach Flächenmaß, nach Stückzahl oder pauschal nach Leistungsverzeichnis.

5.607 Lichttechnische Anlagen, Beleuchtungskörper u. ä. entweder nach Größe und Flächenmaß
oder nach System, Stückzahl oder pauschal nach Leistungsverzeichnis.

5.7 Industriereinigung

5.701 Bei Teil- bzw. Gesamtreinigung, Pflege und Oberflächenbehandlung und Entstaubungsarbeiten innerhalb von Gebäuden wird das abzurechnende Aufmaß nach dem Rohbaumaß ermittelt. Das Rohbaumaß kann aus den berichtigten Zeichnungen entnommen werden.

Bei Abrechnung nach Rohbaumaß werden Aussparungen (z. B. für Öffnungen, Pfeilervorlagen, Heizkörpernischen) bis 0,10 qm Einzelgröße nicht berücksichtigt.

Ist eine Berechnung nach diesem Aufmaß nicht möglich, und wird eine andere Aufmaßermittlung zu Grunde gelegt, so ist dieses Aufmaß klar zu erläutern. Die so ermittelten
Maße müssen aus der Zeichnung erkennbar sein.

Ist eine Berechnung nach Flächenmaß infolge der Art der auszuführenden Arbeit nicht
möglich, so erfolgt die Abrechnung nach Zeitaufwand.

5.702 Glasflächen nach 5.4

5.703 Ausstattungs- und Einrichtungsgegenstände je nach Größenordnung entweder nach Flächenmaß, nach Stückzahl oder pauschal nach Leistungsverzeichnis.

5.704 Maschinen u. ä. Anlagen, lichttechnische, sanitäre und industrielle Anlagen und Einrichtungen, Dach- und Trägerkonstruktionen entweder nach Größe und Flächenmaß, nach Abwicklung, Zeitaufwand oder pauschal nach Leistungsverzeichnis.

5.705 Bei Teil- oder Gesamtreinigung außerhalb von Gebäuden Abrechnung nach Aufmaß, Zeitaufwand oder pauschal.

5.8 Besondere Reinigungsarbeiten

5.801 Bei Teil- bzw. Gesamtreinigung, Pflege- und Oberflächenbehandlung und Entstaubungsarbeiten innerhalb von Gebäuden (Theater, Kirchen, Flughäfen, Bahnhöfen, Messen und Ausstellungen u. ä.) wird das abzurechnende Aufmaß nach dem Rohbaumaß ermittelt. Das Rohbaumaß kann aus den berichtigten Zeichnungen entnommen werden.

Bei Abrechnung nach Rohbaumaß werden Aussparungen (z. B. für Öffnungen, Pfeilervorlagen, Heizkörpernischen) bis 0,10 qm Einzelgröße nicht berücksichtigt.

Ist eine Berechnung nach diesem Aufmaß nicht möglich, und wird eine andere Aufmaßermittlung zu Grunde gelegt, so ist dieses Aufmaß klar zu erläutern. Die so ermittelten Maße müssen aus der Zeichnung erkennbar sein.

Ist eine Berechnung nach Flächenmaß infolge der Art der auszuführenden Arbeit nicht möglich, so erfolgt die Abrechnung nach Zeitaufwand

5.802 Glasflächen nach 5.4

5.803 Ausstattungs- und Einrichtungsgegenstände je nach Größenordnung entweder nach Flächenmaß, nach Stückzahl oder pauschal nach Leistungsverzeichnis

5.804 Lichttechnische und sanitäre Anlagen, Beleuchtungskörper, Dach- und Trägerkonstruktionen, Bühneneinrichtungen, Abfertigungsanlagen, Flug- und Bahnsteige, entweder nach Größe und Flächenmaß, nach Abwicklung, Zeitaufwand oder pauschal nach Leistungsverzeichnis

5.805 Bei Teil- oder Gesamtreinigung oder Pflegearbeiten außerhalb von Gebäuden Abrechnung nach Aufmaß, Zeitaufwand oder pauschal

Literaturverzeichnis

Benutzte Quellen

[1] DVGW Regelwerk, Wasserversorgung Merkblatt W 410, 1972, ZfGW-Verlag, GmbH. Frankfurt/Main.

[2] Mutschmann/Stimmelmayr, Taschenbuch der Wasserversorgung, Franckh'sche Verlagshandlung.

[3] Hadenfeld, A., Kein Gewinn mit der Zentralversorgung, Systeme der Elektro-Warmwasserbereitung, Sanitär- u. Heizungstechnik, 3/1975.

[4] Grothus, H., Instandhaltung Management Enzyklopädie Band 3, S. 609, München 1970.

[5] Grün, Dr.-Ing., J., Investitions- und Nutzungskosten im Hochschulbereich, Diss., Braunschweig 1975.

[6] Müller, A., Rationalisierung der Gebäudereinigung, Verwaltungsorganisation — Moderne Verwaltungsmittel — 9/75.

[7] Bautz, G., Das Temperaturverhalten von Raumsystemen im Sommer Bauwelt Heft 26, 1975.

[8] Bundesministerium für Raumordnung, Bauwesen und Städtebau, Verwendung wirtschaftlicher Leiterquerschnitte in Stromversorgungsnetzen 1976.

[9] Zentralarchiv für Hochschulbau, Heft 27, Stuttgart 1974, Maßnahmen bei der Planung von Neubauten.

[10] Spiegelblank-Gebäudereinigung, Kiel, Reinigungszeitpläne
Spiegelblank-Gebäudereinigung, Kiel, Leistungsverzeichnis für Gebäudereinigung.

[11] Arbeitskreis TECHNIK im Bau der Staatl. Hochbauverwaltung, Baden-Württemberg.

Weitere Literatur

AEG-Hilfsbuch, Berlin 1965.

Abwasserabgabegesetz, BGBl, Teil 1, 1976, S. 2721.

AMEV, Heizungsbetriebsanweisung: Anweisung für den Betrieb von Zentralheizungs-, lüftungstechnischen und zentralen Warmwasserbereitungsanlagen in öffentlichen Gebäuden, Entwurf 1976.

AMEV, Richtlinien für die Innenraumbeleuchtung mit künstlichem Licht in öffentlichen Gebäuden und Schulen (RibelöG 75), Buch- und Offsetdruckerei Seidl, 5300 Bonn-Beuel.

Arbeitskreis TECHNIK im Bau, Kosten der Betriebstechnischen Anlagen, Gebäudebetriebskosten, Stuttgart 1970.

Autorenkollektiv, Rationelle Energieverwendung, Forum-Verlag, Stuttgart, 1974.

Baumann, Kapmeyer, Muser, Planung, Bau und Unterhaltung von Gebäuden nach dem Energieeinsparungsgesetz, WEKA-Verlag, 1977.

Bautz, G., Vereinfachte Bestimmung der Temperaturstabilität von Raumsystemen im Sommer, Sanitär- und Heizungstechnik, Heft 1, 1977.

Berthold, A., Wirtschaftlich Bauen, — was heißt das. Die Bauverwaltung 5/1966.

Bischoff, G./Gocht, W., Das Energiehandbuch, Vieweg Braunschweig 1976.

Bundesbaugesetz, BGBI. Teil 1, 1976, S. 2256.

Bundesinnungsverband des Gebäudereiniger-Handwerks, Bonn, Das Gebäudereinigen-Handwerk Richtlinien für Vergabe und Abrechnung, 1973.

Bundesministerium der Finanzen, Richtlinien für die Durchführung von Bauaufgaben des Bundes im Zuständigkeitsbereich der Finanzbauverwaltungen (RBBau), Deutscher Bundes-Verlag GmbH, Bonn.

Bundesministerium für das Post- und Fernmeldewesen, Richtlinien für die Gebäudereinigung bei der Deutschen Bundespost, 1972.

Bundesverband Ölfeuerungen und Gasfeuerungen e. V., Reutlingen, Jahrbuch Öl + Gas mit Sonderteil Klimatechnik Band 7, 1966, Verlag Gustav Kopf & Co. KG, Stuttgart.

Daniels, K./Evknot, A., Eine Methode zur Ermittlung der Energiekosten, in: Bauwelt 1971, S. 1732.

Daniels, K., Größere Fenster — Kleinere Betriebskosten, in: Bauwelt 1975, S. 747.

Daniels, K., Wieviel kostet ihr Bürohaus nach dem Bau? Büro-EDV, Mai 1975.

DIN 276 Blatt 1 bis 3, Kosten von Hochbauten.

DIN 4108, Wärmeschutz im Hochbau, mit ergänzenden Bestimmungen und Beiblatt.

DIN 4701, Regeln für die Berechnung des Wärmebedarfs von Gebäuden.

DIN 5035 Blatt 1 bis 3, Innenraumbeleuchtung mit künstlichem Licht.

DIN 18919, Vegetations- und Grünflächen.

DIN 18961 Blatt 1, Kostenkennwerte und Kostenrichtwerte im Hochbau.

DIN 31051 Blatt 1, Instandhaltung; Begriff, 1974.

DIN 32541 Betrieben von Maschinen und vergleichbaren technischen Arbeitsmitteln, Entwurf 1975.

DIN 31051 Blatt 10, Ergänzung zu DIN 31051 Bl. 1 (Entwurf, September 1975).

DIN 31051 Blatt 1, Instandhaltung; Begriffe.

DIN 18961 Vornorm Teil 1 bis Teil 3, Kostenkennwerte und Kostenrichtwerte im Hochbau.

DIN 19236 (Entwurf Juli 1975), Optimierung; Begriffe.

Energieeinsparungsgesetz, BGBI. Teil I, 1976, S. 1873.

Finanzministerium Baden-Württemberg, Dienstanweisung für die Staatliche Hochbauverwaltung Baden-Württemberg (DAW).

Finanzministerium Baden-Württemberg, Energie- und Medienverbrauch in Staatlichen Gebäuden, Stuttgart 1976.

Finanzministerium Schleswig-Holstein, Richtlinien für die Durchführung von Bauaufgaben des Landes (RL Bau) Amtsblatt S — H 1972, Nr. 50, S. 809.

Gesamtverband Gemeinnütziger Wohnungsunternehmen e. V., Köln 1972, Maßnahmen, Kosten und Finanzierung der Instandhaltung von mehrgeschossigen Wohnungsbauten der gemeinnützigen Wohnungswirtschaft.

Gesamtverband Gemeinnütziger Wohnungsunternehmen e. V., Köln, Katalog der kalkulierten Instandsetzungsarbeiten mit Angabe ihrer Häufigkeit innerhalb einer Lebensdauer des Bauwerks von 80 Jahren (nicht veröffentlicht) 1972.

Gößl, Dr.-Ing, N., Gebäudebetriebskosten DAB 9/71.

Gößl, Dr.-Ing. N., Wärmepumpenanlagen, eine Erschließungsvariante für Universitäten.

HIS-GmbH, Kostenplanung, Kostenrichtwerte für den Hochschulbau. Beltz Verlag, Weinheim 1972.

Recknagel/Sprenger, Taschenbuch für Heizung, Lüftung + Klimatechnik, Oldenbourg Verlag 1974.

Informationsstelle Wirtschaftliches Bauen, Richtlinien für die Baukostenplanung, Freiburg 1973.

Innenministerium Nordrhein-Westfalen, Modernisierungsbestimmungen; Modernisierungsprogramm des Bundes und der Länder, Ministerialblatt NW, Ausgabe A, Nr. 39 vom 13. Mai 1976.

Just/Brückner, Wertermittlung von Grundstücken (Wertermittlungsrichtlinien), Kommentar 4. Auflage, Werner-Verlag 1973.

Kleinefenn, A., Synthetisches Kostenmodell, Einführung der laufenden Gebäudekosten. Inst. f. Bauökonomie der Universität Stuttgart, Juli 1972.

LAG-Hochbau, Empfehlungen zum Energiesparenden Bauen.

LAG-Hochbau, Bauwerkszuordnungs-Katalog, Freiburg 1973.

Mayer, E., Raumklima und Energieersparnis, Die Bauverwaltung 1974, S. 446.

Min. d. Finanzen Rheinland-Pfalz, Folgekosten öffentlicher Investitionen, Mainz 1975.

Projekt Consult, Eine Methode zur Berechnung der Instandhaltungskosten, Darmstadt, 1975.

Recknagel/Sprenger, Taschenbuch für Heizung, Lüftung + Klimatechnik, Oldenbourg Verlag 1975.

Schulbauinstitut der Länder, Berlin, Baunutzungskosten im Schulbau; Reinigung und Energie, Studien 25/1975.

Schulbauinstitut der Länder, Berlin, Kostendaten von zehn allgemeinbildenden Schulen, Kurzinformation 9 Heft 70, Berlin 1976.

Schornsteinfegergesetz, BGBl. Teil I, 1969, S. 1634.

Sieverts, E./Wolf, K., Richtwerte für Kosten von Bürohäusern, Bauwelt Heft 37/1975.

Spitta, Albert F., Elektrische Installationstechnik, Siemens-Aktiengesellschaft, 1971.

VDMA, Elektrizitätswirtschaft im industriellen Betrieb, Maschinenbau-Verlag GmbH, Frankfurt/Main 1965.

VDI 2067 (Entwurf) Blatt 1–5, Wirtschaftlichkeitsberechnungen von Wärmeverbrauchsanlagen.

VDI, 2077, Heizkosten.

VDI, 2078, Kühllastregeln.

Wendland, Dr.-Ing., B., Baukostenplanung im technischen Bereich, Rationelles Bauen, September 1974.

Wertermittlungsrichtlinien 1976, Beilage zum Bundesanzeiger Nr. 146 vom 6.8.1976.

WIBERA, Gutachten über die nachhaltig zu kalkulierenden Instandhaltungskosten für Mietpreisberechnungen 1974 (nicht veröffentlicht).

Winkler, W., Hochbaukosten, Flächen, Rauminhalte. Bertelsmann Fachverlag, Düsseldorf 1973.

Zehme, Dr.-Ing., W., Planung und organisatorische Abwicklung von Neubauten aus der Sicht der Bauunterhaltung (1971).

Zehne, Dr.-Ing., W., Folgekosten von Bauten, Bauen + Wohnen, Heft 8/1970 und 12/1973.

Zentralarchiv für Hochschulbau, Stuttgart, Handbuch der Technischen Versorgung, Forum-Verlag GmbH, Stuttgart 1975.

Zentralarchiv für Hochschulbau, Heft 6, Stuttgart, Versorgung und Entsorgung wissenschaftlicher Hochschulen Werner-Verlag GmbH, Düsseldorf, 1968.

Zentralarchiv für Hochschulbau, Stuttgart, Handbuch der Technischen Versorgung, Ausgabe 1975 Forum-Verlag, GmbH Stuttgart.

Zweite Berechnungsverordnung, BGBl. Teil I, 1970, S. 1681.